高等学校信息技术类新方向新动能新形态系列规划教材

教育部高等学校计算机类专业教学指导委员会 –Arm 中国产学合作项目成果

Arm 中国教育计划官方指定教材

物联网
安全与隐私保护

桂小林 ◉ 编著

人民邮电出版社

北 京

图书在版编目（CIP）数据

物联网安全与隐私保护 / 桂小林编著. -- 北京：
人民邮电出版社，2020.9
高等学校信息技术类新方向新动能新形态系列规划教
材
ISBN 978-7-115-53974-8

Ⅰ．①物… Ⅱ．①桂… Ⅲ．①互联网络－应用－安全
技术－高等学校－教材②智能技术－应用－安全技术－高
等学校－教材 Ⅳ．①TP393.4②TP18

中国版本图书馆CIP数据核字(2020)第077775号

内 容 提 要

　　本书从物联网的安全需求出发，参照物联网工程专业规范与国家标准要求，深入浅出地阐述了
物联网安全与隐私保护的技术内涵、体系架构、关键技术，涵盖物联网感知安全、物联网数据安全、
物联网接入安全、物联网系统安全与物联网隐私保护等诸多内容。通过学习上述内容，读者可以强
化自己对物联网安全与隐私保护技术的"认知""理解"以及"实践"。

　　本书可作为普通高等院校物联网工程、计算机科学与技术、信息安全、网络工程等专业的"物
联网信息安全""网络与信息安全""物联网安全与隐私保护"等课程的教材，也可作为网络工程师、
信息安全工程师、计算机工程师、物联网工程师、网络安全用户以及互联网爱好者的学习参考用书
或培训教材。

◆ 编　著　桂小林
　　责任编辑　祝智敏
　　责任印制　王 郁　陈 犇
◆ 人民邮电出版社出版发行　北京市丰台区成寿寺路 11 号
　　邮编　100164　　电子邮件　315@ptpress.com.cn
　　网址　https://www.ptpress.com.cn
　　固安县铭成印刷有限公司印刷
◆ 开本：787×1092　1/16
　　印张：13.5　　　　　　　　　2020 年 9 月第 1 版
　　字数：317 千字　　　　　　　2025 年 1 月河北第 5 次印刷

定价：49.80 元
读者服务热线：(010)81055256　印装质量热线：(010)81055316
反盗版热线：(010)81055315
广告经营许可证：京东市监广登字 20170147 号

编委会

拥抱万亿智能互联未来

在生命刚刚起源的时候,一些最最古老的生物就已经拥有了感知外部世界的能力。例如,很多原生单细胞生物能够感受周围的化学物质,对葡萄糖等分子有趋化行为;并且很多原生单细胞生物还能够感知周围的光线。然而,在生物开始形成大脑之前,这种对外部世界的感知更像是一种"反射"。随着生物的大脑在漫长的进化过程中不断发展,或者说直到人类出现,各种感知才真正变得"智能",通过感知收集的关于外部世界的信息开始经过大脑的分析作用于生物本身的生存和发展。简而言之,是大脑让感知变得真正有意义。

这是自然进化的规律和结果。有幸的是,我们正在见证一场类似的技术变革。

过去十年,物联网技术和应用得到了突飞猛进的发展,物联网技术也被普遍认为将是下一个给人类生活带来颠覆性变革的技术。物联网设备通常都具有通过各种不同类别的传感器收集数据的能力,就好像赋予了各种机器类似生命感知的能力,由此促成了整个世界数据化的实现。而伴随着 5G 的成熟和即将到来的商业化,物联网设备所收集的数据也将拥有一个全新的、高速的传输渠道。但是,就像生物的感知在没有大脑时只是一种"反射"一样,这些没有经过任何处理的数据的收集和传输并不能带来真正进化意义上的突变,甚至非常可能在物联网设备数量以几何级数增长以及巨量数据传输的情况下,造成 5G 网络等传输网络的拥堵甚至瘫痪。

如何应对这个挑战?如何赋予物联网设备所具备的感知能力以"智能"?我们的答案是:人工智能技术。

人工智能技术并不是一个新生事物,它在最近几年引起全球性关注并得到飞速发展的主要原因,在于它的三个基本要素(算法、数据、算力)的迅猛发展,其中又以数据和算力的发展尤为重要。物联网技术和应用的蓬勃发展使得数据累计的难度越来越低;而芯片算力的不断提升使得过去只能通过云计算才能完成的人工智能运算现在已经可以下沉到最普通的设备之上完成。这使得在端侧实现人工智能功能的难度和成本都得以大幅降低,从而让物联网设备拥有"智能"的感知能力变得真正可行。

物联网技术为机器带来了感知能力,而人工智能则通过计算算力为机器带来了决策能力。二者的结合,正如感知和大脑对自然生命进化所起到的必然性决定作用,其趋势将无可阻挡,并且必将为人类生活带来巨大变革。

　　未来十五年，或许是这场变革最最关键的阶段。业界预测到 2035 年，将有超过一万亿个智能设备实现互联。这一万亿个智能互联设备将具有极大的多样性，它们共同构成了一个极端多样化的计算世界。而能够支撑起这样一个数量庞大、极端多样化的智能物联网世界的技术基础，就是 Arm。正是在这样的背景下，Arm 中国立足中国，依托全球最大的 Arm 技术生态，全力打造先进的人工智能物联网技术和解决方案，立志成为中国智能科技生态的领航者。

　　万亿智能互联最终还是需要通过人来实现，具备人工智能物联网 AIoT 相关知识的人才，今后将会有更广阔的发展前景。如何为中国培养这样的人才，解决目前人工智能人才短缺的问题，也正是我们一直关心的。通过和专业人士的沟通发现，出版教材是解决问题的突破口，一套高质量、体系化的教材，将起到事半功倍的效果，能让更多的人成长为智能互联领域的人才。此次，在教育部计算机类专业教学指导委员会的指导下，Arm 中国能联合人民邮电出版社一起来打造这套智能互联丛书——高等学校信息技术类新方向新动能新形态系列规划教材，感到非常的荣幸。我们期望借此宝贵机会，和广大读者分享我们在 AIoT 领域的一些收获、心得以及发现的问题；同时渗透并融合中国智能类专业的人才培养要求，既反映当前最新技术成果，又体现产学合作新成效。希望这套丛书能够帮助读者解决在学习和工作中遇到的困难，能够为读者提供更多的启发和帮助，为读者的成功添砖加瓦。

　　荀子曾经说过："不积跬步，无以至千里。"这套丛书可能只是帮助读者在学习中跨出一小步，但是我们期待着各位读者能在此基础上励志前行，找到自己的成功之路。

安谋科技（中国）有限公司执行董事长兼 CEO　吴雄昂

2019 年 5 月

人工智能是引领未来发展的战略性技术，是新一轮科技革命和产业变革的重要驱动力量，将深刻地改变人类社会生活、改变世界。促进人工智能和实体经济的深度融合，构建数据驱动、人机协同、跨界融合、共创分享的智能经济形态，更是推动质量变革、效率变革、动力变革的重要途径。

近几年来，我国人工智能新技术、新产品、新业态持续涌现，与农业、制造业、服务业等各行业的融合步伐明显加快，在技术创新、应用推广、产业发展等方面成效初显。但是，我国人工智能专业人才储备严重不足，人工智能人才缺口大，结构性矛盾突出，具有国际化视野、专业学科背景、产学研用能力贯通的领军型人才、基础科研人才、应用人才极其匮乏。为此，2018 年 4 月，教育部印发了《高等学校人工智能创新行动计划》，旨在引导高校瞄准世界科技前沿，强化基础研究，实现前瞻性基础研究和引领性原创成果的重大突破，进一步提升高校人工智能领域科技创新、人才培养和服务国家需求的能力。由人民邮电出版社和 Arm 中国联合推出的"高等学校信息技术类新方向新动能新形态系列规划教材"旨在贯彻落实《高等学校人工智能创新行动计划》，以加快我国人工智能领域科技成果及产业进展向教育教学转化为目标，不断完善我国人工智能领域人才培养体系和人工智能教材建设体系。

"高等学校信息技术类新方向新动能新形态系列规划教材"包含 AI 和 AIoT 两大核心模块。其中，AI 模块涉及人工智能导论、脑科学导论、大数据导论、计算智能、自然语言处理、计算机视觉、机器学习、深度学习、知识图谱、GPU 编程、智能机器人等人工智能基础理论和核心技术；AIoT 模块涉及物联网概论、嵌入式系统导论、物联网通信技术、RFID 原理及应用、窄带物联网原理及应用、工业物联网技术、智慧交通信息服务系统、智能家居设计、智能嵌入式系统开发、物联网智能控制、物联网信息安全与隐私保护等智能互联应用技术及原理。

综合来看，"高等学校信息技术类新方向新动能新形态系列规划教材"具有三方面突出亮点。

第一，编写团队和编写过程充分体现了教育部深入推进产学合作协同育人项目的思想，既反映最新技术成果，又体现产学合作成果。在贯彻国家人工智能发展战略要求的基础上，以"共搭平台、共建团队、整体策划、共筑资源、生态优化"的全新模式，打造人工智能专业建设和人工智能人才培养系列出版物。知名半导体知识产权（IP）提供商 Arm 中国在教材编写方面给予了全面支持。本套丛书的主要编委来自清华大学、北京大学、北京航空航天大学、北京邮电大学、南开大学、哈尔滨工业大学、同济大学、武汉大学、西安交通大学、西安电子科技大学、南京大学、南京邮电大学、厦门大学等众多国内知名高校人工智能教育领域。从结果来看，"高等学校信息技术类新方向新动能新形态系列规划教材"的编写紧密结合了教育部关于高等教育"新工科"建设方针和推进产学合作协同育人思想，将人工智能、物联网、嵌入式、计算机等专业的人才培养要求融入了教材内容和教学过程。

第二，以产业和技术发展的最新需求推动高校人才培养改革，将人工智能基础理论与产业界最新实践融为一体。众所周知，Arm 公司作为全球最核心、最重要的半导体知识产权提供商，其产品广泛应用于移动通信、移动办公、智能传感、穿戴式设备、物联网，以及数据中心、大数据管理、云计算、人工智能等各个领域，相关市场占有率在全世界范围内达到 90%以上。Arm 技术被合作伙伴广泛应用在芯片、模块模组、软件解决方案、整机制造、应用开发和云服务等人工智能产业生态的各个领域，为教材编写注入了教育领域的研究成果和行业标杆企业的宝贵经验。同时，作为 Arm 中国协同育人项目的重要成果之一，"高等学校信息技术类新方向新动能新形态系列规划教材"的推出，将高等教育机构与丰富的 Arm 产品联系起来，通过将 Arm 技术应用于教育领域，为教育工作者、学生和研究人员提供教学资料、硬件平台、软件开发工具、IP 和资源。未来有望基于本套丛书，实现人工智能相关领域的课程及教材体系化建设。

第三，教学模式和学习形式丰富。"高等学校信息技术类新方向新动能新形态系列规划教材"提供丰富的线上线下教学资源，更适应现代教学需求，学生和读者可以通过扫描二维码或登录资源平台的方式获得教学辅助资料，进行书网互动、移动学习、翻转课堂学习等。同时，"高等学校信息技术类新方向新动能新形态系列规划教材"还配套提供了多媒体课件、源代码、教学大纲、电子教案、实验实训等教学辅助资源，便于教师教学和学生学习，辅助提升教学效果。

希望"高等学校信息技术类新方向新动能新形态系列规划教材"的出版能够加快人工智能领域科技成果和资源向教育教学转化，推动人工智能重要方向的教材体系和在线课程建设，特别是人工智能导论、机器学习、计算智能、计算机视觉、知识工程、自然语言处理、人工智能产业应用等主干课程的建设。希望基于"高等学校信息技术类新方向新动能新形态系列规划教材"的编写和出版，能够加速建设一批具有国际一流水平的本科生、研究生教材和国家级精品在线课程，并将人工智能纳入大学计算机基础教学内容，为我国人工智能产业发展打造多层次的创新人才队伍。

教育部人工智能科技创新专家组专家
教育部科技委学部委员　　　　　　　焦李成
IEEE/IET/CAAI Fellow　　　　　　2019 年 6 月
中国人工智能学会副理事长

前言

物联网安全技术不仅涉及传统的网络安全技术与计算机系统安全技术，也同物联网感知、标识、传输和数据处理中的特殊安全问题有关，此外还涉及数据存储、数据计算、数据服务与数据智能等物联网生态链中的新的安全问题。本书针对物联网中的上述安全问题，首先讨论物联网的安全特征与安全体系；然后介绍物联网感知与接入中的安全问题与技术，并从数据和系统两个维度入手探讨物联网的安全威胁、安全防护与隐私保护等技术，如密文检索、密文计算、差分隐私与区块链应用等，以确保全书内容的通俗性与先进性。

本书是为了配合物联网工程专业的主干课程"物联网信息安全"而编写的。全书依据物联网技术与产业特点，在对物联网工程专业内涵、物联网安全与隐私保护知识领域及知识单元等进行深入研究分析的基础上，科学合理地组织内容，目标是提升读者对物联网安全与隐私保护技术的"认知""理解"与"实践"能力。

本书共 6 章，基于分层架构思想，采用由总及层、由浅入深的描述方法，系统地论述了物联网安全与隐私保护的技术内涵、体系结构和关键技术，具体包括：物联网安全体系、物联网感知安全、物联网数据安全、物联网接入安全、物联网系统安全与物联网隐私保护。全书章节安排合理，内容丰富，叙述清楚，难易适度。

本书建议匹配的最少学时为 32 学时，实验最少安排 8 学时。具体学时安排建议：第 1 章 2 学时；第 2~6 章各 6 学时，且各安排 2 个上机实验。为了配合教学，本书为读者免费提供电子教案与习题解答等教辅资源，读者可从人邮教育社区和西安交通大学相关课程网站下载这些资源。

本书由西安交通大学桂小林教授编写。参与本书素材收集与整理工作的师生有夏新文、张学军、蒋精华、田丰、杨攀、姚婧、桂若伟、赵建强等，在此对他们表示衷心感谢。本书在编写过程中参考了大量的书刊与网络资料，吸取了多方面的宝贵意见与建议，在书中未能全部注明出处，在此对原著作者深表感谢。

限于编者水平有限，书中难免存在表达欠妥之处，敬请读者朋友与专家学者批评指正。

编者
2020 年 6 月于西安

CONTENTS

06

物联网隐私保护 ____155

参考文献 ____201

01

chapter

物联网安全体系

物联网（Internet of Things，IoT）是一个融合计算机、通信和控制等相关技术的复杂系统，因此其面临的信息安全问题更加复杂。本章主要论述物联网的基本概念和特征，探讨物联网的信息安全现状和面临的信息安全威胁，总结物联网的信息安全体系。

1.1 物联网的概念与特征

物联网代表了未来计算与通信技术发展的方向，被认为是继计算机、互联网（Internet）之后信息产业领域的第 3 次发展浪潮。最初，物联网是指基于互联网技术，利用射频识别（Radio Frequency Identification，RFID）技术、产品电子编码（Electronic Product Code，EPC）技术在全球范围内实现的一种网络化物品实时信息共享系统。后来，物联网逐渐演化成了一种融合传统电信网络、计算机网络、传感器网络、点对点（Point to Point，P2P）无线网络、云计算和大数据等信息与通信技术（Information and Communications Technology，ICT）的完整的信息产业链。

1.1.1 物联网的概念

2007 年以来，伴随着网络技术、通信技术、智能嵌入技术的迅速发展，"物联网"一词频繁地出现在世人眼前。"物联网"这一概念的提出，受到了学术界、工业界的广泛关注，特别是它在刺激世界经济复苏和发展方面的预期作用，帮助全世界度过了 2008—2010 年的经济危机。物联网技术已经带来了一场新的技术革命，并推动了云计算、大数据和人工智能的发展。

尽管物联网经过了多年的发展，但其定义尚未统一。物联网一般的英文名称为"Internet of Things"。随着人、机、物融合的日益深入，物联网也被称为"Internet of Everythings"（IoE）。

顾名思义，物联网就是一个将所有物体连接起来而形成的物物相连的互联网络。物联网作为新技术，其定义千差万别。目前，一个被大家普遍接受的定义为：物联网是通过使用射频识别阅读器、传感器、红外感应器、全球定位系统、激光扫描器等信息采集设备或系统，按约定的协议把任何物品与互联网连接起来，进行通信和信息交换，以实现智能化识别、定位、跟踪、监控和管理的一种网络或系统。

通过以上定义可以看出，物联网包含以下 4 部分内容。

（1）多样化感知：感知设备多样化，包括传统的温湿度、压力、流量、位置传感器，新型的智能传感器，以支持物理世界数字化和人员位置的标定。

（2）电子化身份：利用电子标签（Tag）、二维码、视觉和声音进行身份标识，方便信息化系统的构建与使用，以支持人员、物体等的识别与跟踪。

（3）多模式通信：包括各种无线和有线通信手段，如蓝牙、无线通信技术（如 Wi-Fi 等）和近场通信（Near Field Communication，NFC）技术等近距离无线通信技术，第 4 代移动通信技术（The 4th Generation Mobile Communication Technology，4G）、第 5 代移动通信技术（The 5th Generation Mobile Communication Technology，5G）和微波通信技术等中距离无线传输技术，卫星通信技术等远距离无线传输技术等。

（4）智能化管理：通过对感知数据进行深度分析和可视化，对物理世界和信息世界实现有效监控和管理，以增强物联网系统的智能化。

显然，在物联网的定义中，"计算机""传输与通信""检测与控制"被有机地融合在了一起，所以，物联网是典型的 3C（Computer、Communication、Control）融合新技术。

从物联网的定义还可以看出，物联网是对互联网的延伸和扩展，其用户端延伸到了世界上的任何物品。国际电信联盟（International Telecommunication Union，ITU）在《ITU 互联网报告 2005：物联网》中指出，在物联网中，一个牙刷、一条轮胎、一座房屋甚至是一张纸巾都可以作为网络的终端，即世界上的任何物品都能连入网络。物与物之间的信息交互不再需要人工干预，物与物之间可实现无缝、自主、智能的交互。换句话说，物联网是以互联网为基础，主要解决人与人、人与物、物与物的互联和通信问题。

除了上面的定义外，物联网在国际上还有以下几个代表性描述。

国际电信联盟：从时-空-物三维视角看，物联网是一个能够在任何时间（Anytime）、任何地点（Anyplace）实现任何物体（Anything）互联的动态网络，它包括了个人计算机（Personal Computer，PC）之间、人与人之间、物与人之间、物与物之间的互联。

欧盟委员会：物联网是计算机网络的扩展，是一个实现物物互联的网络；这些物体可以有网际互联协议（Internet Protocol，IP）地址，它们被嵌入到复杂系统中，通过传感器从周围环境中获取信息，并对获取的信息进行响应和处理。

中国物联网发展蓝皮书：物联网是一个通过信息技术将各种物体与网络相连，以帮助人们获取所需物体相关信息的巨大网络；物联网通过使用射频识别阅读器、传感器、红外感应器、全球定位系统、激光扫描器等信息采集设备或系统，通过无线传感网、无线通信网络把物体与互联网连接起来，实现物与物、人与物的实时通信和信息交换，以达到智能化识别、定位、跟踪、监控和管理的目的。

1.1.2　物联网的体系结构

认识任何事物都要有一个从整体到局部的过程，尤其对于结构复杂、功能多样的系统更是如此，物联网也不例外。首先，需要了解物联网的整体结构；然后，讨论其中的细节。物联网具有一个开放性体系结构，由于处于发展阶段，因此不同的组织和研究群体，针对物联网提出了不同的体系结构。但不管是三层体系结构还是四层体系结构，其关键技术都是相通和类同的。下面介绍一种物联网四层体系结构，在此基础上进行组合即可实现物联网三层体系结构。

目前，国内外的研究人员在描述物联网的体系结构时，多将国际电信联盟电信标准分局（ITU-T）在 2002 年提出的建议中描述的泛在传感器网络（Ubiquitous Sensor Network，USN）结构作为基础，它自下而上分为感知网络层、泛在接入层、中间件层、泛在应用层 4 个层次，如图 1-1 所示。

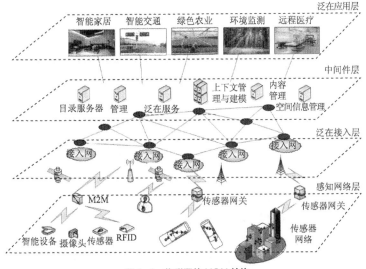

图 1-1　物联网的 USN 结构

USN 结构的一大特点是依托下一代网络（Next Generation Network，NGN）结构，各种传感器在最靠近用户的地方组成无所不在的网络环境，用户在此环境中使用各种服务，NGN 则作为核心基础设施为 USN 提供支持。

显然，基于 USN 的物联网体系结构主要描述了各种通信技术在物联网中的作用，不能完整反映出物联网系统实现中的功能集划分、组网方式、互操作接口、管理模型等，不利于物联网的标准化和产业化。因此需要进一步探索实现物联网系统的关键技术和方法，设计一个通用的物联网系统结构模型。

图 1-2 给出了一种通用的物联网四层体系结构。该结构侧重物联网的定性描述而不是协议的具体定义。因此，物联网可以定义为一个包含感知控制层、数据传输层、数据处理层、应用决策层的四层体系结构。

图 1-2　物联网的四层体系结构

该体系结构借鉴了 ITU 的物联网的 USN 结构思想，采用了自下而上的分层结构。各层的功能描述如下。

感知控制层：感知控制层简称感知层，它是物联网发展和应用的基础，包括条形码识别器、各种类型的传感器（如温湿度传感器、视频传感器、红外探测器等）、智能硬件（如电表、空调等）和网关等。各种传感器通过感知目标环境的相关信息，自行组网以将信息传递到网关接入点，网关再将收集到的数据通过数据传输层提交到数据处理层进行处理。数据处理的结果可以反馈到感知控制层，作为实施动态控制的依据。

数据传输层：数据传输层负责接收感知控制层传来的数据，并将其传输到数据处理层，随

物联网安全与隐私保护

4

后将数据处理结果再反馈回感知控制层。数据传输层包括各种网络与设备,如短距离无线网络、移动通信网络、互联网等,并可实现不同类型网络间的融合,以及物联网感知与控制数据的高效、安全和可靠传输。此外,数据传输层还提供路由、格式转换、地址转换等功能。

数据处理层:数据处理层可进行物联网资源的初始化,监测资源的在线运行状况,协调多个物联网资源(如计算资源、通信设备和感知设备等)之间的工作,实现跨域资源间的交互、共享与调度,实现感知数据的语义理解、推理、决策以及数据的查询、存储、分析与挖掘等。数据处理层利用云计算(Cloud Computing)、大数据(Big Data)和人工智能(Artificial Intelligence,AI)等技术,实现感知数据的高效存储与深度分析。

应用决策层:应用决策层利用经过分析处理的感知数据,为用户提供多种不同类型的服务,如检索、计算和推理等。物联网的应用可分为监控型(物流监控、污染监控)、控制型(智能交通、智能家居)、扫描型(手机钱包、高速公路不停车收费)等。应用决策层可针对不同类别的应用,制定与之相适应的服务内容。

此外,物联网在每一层中还应包括安全、容错等技术,用来贯穿物联网系统的各个层次,为用户提供安全、可用和可靠的应用支持。在物联网的四层体系结构中,数据处理层和应用决策层可以合二为一,统称为应用决策层,这样物联网四层体系结构就变成了三层体系结构,即感知控制层、数据传输层、应用决策层。

1.1.3　物联网的特征

从物联网的定义和体系结构可以看出,物联网的核心功能包括信息(数据)的感知、传输和处理。因此,为了保证能高效工作,物联网应具备 3 个特征:全面感知、可靠传递、智能处理。图 1-3 给出了物联网的 3 大特征描述。

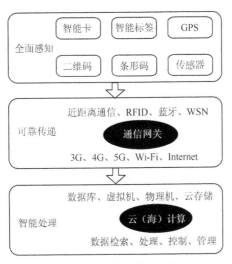

图 1-3　物联网的 3 大特征

(1)全面感知。"感知"是物联网的核心。物联网是由具有全面感知能力的物品和人组成的。为了使物品具有感知能力,需要在物品上安装不同类型的识别装置,如电子标签、条形码、二维码等,与此同时,可以通过温湿度传感器、红外感应器、摄像头等识别设备感知其物理属性和个性化特征。利用这些装置或设备,可随时随地获取物品信息,实现全面感知。

（2）可靠传递。数据传递的稳定性和可靠性是保证物物相联的关键。由于物联网是一个异构网络，不同实体间的协议格式（规范）可能存在差异，因此需要通过相应的软、硬件进行协议格式转换，保证物品之间信息的实时、准确传递。为了实现物与物之间的信息交互，将不同传感器的数据进行统一处理，必须开发出支持多协议格式转换的通信网关。通过通信网关，将各种传感器的通信协议转换成预先约定的统一的通信协议。

（3）智能处理。物联网的目的是实现对各种物品和人进行智能化识别、定位、跟踪、监控和管理等功能。这就需要智能信息处理平台的支撑，通过云（海）计算、人工智能等智能计算技术，对海量数据进行存储、分析和处理，针对不同的应用需求，对物品和人实施智能化的控制。

由此可见，物联网融合了各种信息技术，突破了互联网的限制，将物体接入信息网络，实现了"物物相联的互连网"。物联网支撑信息网络向全面感知和智能应用两个方向拓展、延伸和突破，从而影响着国民经济和社会生活的方方面面。

1.1.4　物联网的起源与发展

1.1.4.1　物联网的起源

物联网概念的起源可以追溯到 1995 年，比尔·盖茨（Bill Gates）在《未来之路》一书中对信息技术未来的发展进行了预测。书中描述了物品接入网络后的一些应用场景，这可以说是物联网概念最早的雏形。但是，由于当时无线网络、硬件及传感器设备发展水平的限制，其并未能引起足够的重视。《未来之路》通俗易懂，充满睿智和远见，并成为了 1996 年度全球最畅销的图书之一。书中涉及的以下内容与我们目前的社会生活息息相关。

（1）音乐销售将出现新的模式。以光盘和磁带等耗材为存储介质的音乐，因为它们的存储介质容易磨损，所以存储问题一直困扰着用户，未来的音乐将被存储在一台服务器上，供用户通过互联网下载和播放。第一代苹果播放器（internet Portable audio device，iPod）于 2001 年 10 月 23 日发布，容量为 5GB。iPod 为 MP3 播放器带来了全新的发展思路，此后市场上类似的产品层出不穷，但 iPod 依然因为它的独特风格而一直受到追捧。

（2）未来用户可以选择收看自己喜欢的节目，而不是被动地等着电视台播放。根据观众的要求播放节目的视频点播系统（Video on Demand，VOD），可以把用户所点击或选择的视频内容传输给该用户。视频点播业务是近年来新兴的传媒方式，是计算机技术、网络通信技术、多媒体技术、电视技术和数字压缩技术等多技术融合的产物。视频点播系统已经融入我们的生活，如爱奇艺、优酷、百度视频、腾讯视频、暴风影音、360 影视等已经成为我们日常娱乐的一部分。

（3）一对邻居在各自家中收看同一部电视剧，然而在中间插播电视广告的时段，两家电视中却出现完全不同的节目：中年夫妻家中的电视广告节目是退休理财服务广告，而年轻夫妇家中的电视广告节目却是假期旅行广告。目前的家用电视已经具备电视剧回放、插播广告等功能。通过对观影数据进行深度分析，对不同公众插播不同的广告，这不久就会成为现实。

（4）如果您计划购买一台冰箱，您将不用再听那些喋喋不休的推销员唠叨，因为电子公告板上有各种正式和非正式的评价信息，传统的现场推销模式将日益被网络购物所取代。目前，在电子商务平台上，决定用户网购的核心因素是商品的"信誉"。

（5）用户遗失或遭窃的照相机将自动发回信息，告诉用户它现在所处的具体位置，甚至当它已经身处其他城市。目前，照相和录像已经成为手机的必备功能。手机对用户日益重要，厂商们也一直在努力减少手机丢失后给用户造成的间接损失。比如，苹果公司给 iPhone 手机增加了找回功能，甚至可以锁定手机，那些被捡到的手机几乎是没有二次利用价值的，这也大大提高了手机被找回的可能性。部分其他品牌手机现在也有类似的功能。

（6）如果孩子需要零花钱，家长可以从电脑钱包里给孩子转账。此外，当我们通过机场安检时，电脑钱包将会与机场购票系统进行连接，以检验用户是否购买了机票。显然，目前可以方便地通过支付宝或微信等的转账功能，为小孩发放零花钱，甚至可以通过手机刷码的方式乘坐公交、高铁和飞机。

（7）未来人们在观看电影《飘》时，可以用自己的面孔替换片中的知名演员，实实在在地体会一下当明星的感觉。目前，虚拟现实（Virtual Reality，VR）技术和增强现实（Augmented Reality，AR）技术，使人置身于虚拟的或真实的场景之中，已经基本实现了，如虚拟实验、虚拟 3D 妆容、虚拟 3D 试衣等。

（8）人们可以亲自进入地图中，方便地找到每一条街道或每一座建筑。目前，通过地图观看 3D 街景已经成为现实，但将个人融入街景还有待实现。

由此可见，理想是创新的源泉和发展的动力。有理想才能有创新。

1.1.4.2　物联网的发展

1998 年，麻省理工学院提出了基于 RFID 技术的唯一编码方案，即产品电子编码（Electronic Product Code，EPC），并以 EPC 为基础，研究了从网络上获取物品信息的自动识别技术。

在此基础上，1999 年，美国自动识别技术（AUTO-ID）实验室首先提出了"物联网"的概念。研究人员利用物品编码和 RFID 技术对物品进行编码标识，再通过互联网把 RFID 装置和激光扫描器等各种信息传感设备连接起来，实现物品的智能化识别和管理。

当时对物联网的定义还很简单，主要是指把物品编码、RFID 与互联网等技术结合起来，通过网络实现物品的自动识别和信息共享。

如前文所述，物联网概念的正式提出是在国际电信联盟发布的《ITU 互联网报告 2005：物联网》报告中。该报告对物联网的概念进行了扩展，提出物品的 3A 化互联，即任何时间、任何地点、任何物体之间的互联，这极大地丰富了物联网概念所包含的内容，涉及的技术领域也从 RFID 技术扩展到了传感器技术、纳米技术、智能嵌入技术、智能控制技术、泛在通信技术等。

2007 年，美国率先在马萨诸塞州的剑桥城打造了全球第一个全城无线传感网。2009 年 1 月，国际商业机器（International Business Machines，IBM）公司首席执行官彭明盛提出了"智慧地球"的概念，强调传感技术等感知技术的应用，并提出了建设智慧型基础设施的建议。

（1）国外计划

2009 年 6 月，欧盟委员会正式提出了《欧盟物联网行动计划》。该计划强调 RFID 的广泛应用，并关注物联网环境下的信息安全与隐私保护。

2009 年 8 月，日本提出了 i-Japan 战略，强调电子政务和社会信息服务应用。

上述计划的共同点是：融合各种信息技术，突破互联网的限制，将物体接入信息网络，实现"物联网"；在泛在网络的基础上，将信息技术应用到各个领域，从而影响国民经济和社会生活的方方面面；信息产业的发展正在由信息网络向全面感知和智能应用两个方向拓展、延伸和突破。

（2）国内发展

1999 年，中国科学院启动了传感网的研究。2009 年 8 月 7 日，"感知中国"的理念被提出。2010 年，教育部设立了"物联网工程"这一本科新专业。

2011 年 11 月，《物联网"十二五"发展规划》正式出台，明确指出物联网发展的 9 大领域，并提出到 2015 年，我国要初步完成物联网产业体系的构建。2014 年 5 月，工业和信息化部印发《工业和信息化部 2014 年物联网工作要点》，为物联网的进一步发展提供了有效指引。

物联网是在国际一体化、工业自动化和信息化不断发展和相互融合的背景下产生的。业内专家普遍认为，物联网一方面可以提高经济效益，大大节约成本，另一方面可以为全球经济复苏提供技术动力。

由此可见，以计算为核心的第一次信息产业浪潮推动了信息技术进入智能化时代，以网络为核心的第二次信息产业浪潮推动了信息技术进入网络化时代，在以感知为核心的第三次信息产业浪潮中，物联网将推动信息技术进入社会化时代，实现物理世界与信息网络的无缝对接。

1.1.4.3　物联网与四次工业革命

工业正在全球范围内发挥越来越重要的作用，其是推动科技创新、经济增长和社会稳定的重要力量。2011 年 4 月，在汉诺威工业博览会上，德国政府正式提出了工业 4.0（Industry 4.0）战略，目标是建立一个高度灵活的个性化和数字化的产品与服务的生产模式，旨在支持工业领域新一代革命性技术的研发与创新，以提高德国工业的竞争力，并在新一轮工业革命中占领先机。

工业 4.0（又称为第四次工业革命）的核心就是物联网，其目标就是实现虚拟生产与现实生产环境的有效融合，以提高企业生产率。作为世界工业发展的风向标，德国工业界的举动深深影响着全球工业的发展。

从 18 世纪中叶以来，人类历史上先后发生了三次工业革命，均主要发源于西方国家，并由他们的创新所主导。中国在第四次工业革命中第一次与世界同步，并立于浪潮前头。

（1）蒸汽机的发明开创了第一次工业革命

1760—1840 年开创的"蒸汽时代"，标志着农耕文明向工业文明的过渡，是人类发展史上的一个伟大奇迹。工业革命首先出现于棉纺织业。1733 年，机械师约翰·凯伊（John Kay）发明了"飞梭"，大大提高了织布的速度。1765 年，织工詹姆斯·哈格里夫斯（James Hargreaves）发明了"珍妮纺织机"，揭开了工业革命的序幕。从此，在棉纺织业中出现了螺机、水力织布机等先进机器。

不久，在采煤、冶金等许多工业部门，也都陆续引入了机器进行生产。随着机器生产越来越多，原有的动力（如畜力、水力和风力等）已经无法满足需要。

1785 年，詹姆斯·瓦特（James Watt）制成的改良型蒸汽机投入使用，为生产提供了更加便利的动力，并得到了迅速推广，大大推动了机器的普及和发展，人类社会由此进入了"蒸汽时代"。

1807 年，美国人罗伯特·富尔顿（Robert Fulton）制成的以蒸汽为动力的汽船试航成功。

1814 年，英国人乔治·史蒂芬森（George Stephenson）发明了"蒸汽机车"。

1825 年，史蒂芬森亲自驾驶的一列托有 34 节小车厢的火车试车成功，从此人类的交通运输进入了一个以蒸汽为动力的时代。

1840 年前后，英国的大机器生产基本上取代了传统的工厂手工业，工业革命基本完成。

英国成为了世界上第一个工业国家。

此后，工业革命逐渐从英国向西欧大陆和北美传播。后来，扩展到了世界其他地区。第一次工业革命是技术发展史上的一次巨大革命，它开创了以机器代替手工劳动的时代。

（2）电力的发明开创了第二次工业革命

1840—1950 年进入的"电气时代"，使电力、钢铁、铁路、化工、汽车等重工业得以兴起，石油成为新能源，并促使交通的迅速发展，世界各国的交流更为频繁，并逐渐形成了一个全球化的国际政治、经济体系。

1866 年，德国工程师维尔纳·冯·西门子（Werner von Siemens）发明了世界上第一台大功率发电机，这标志着第二次工业革命的开始。随后，电灯、电车、电影放映机相继问世，人类进入了"电气时代"。

以煤气和汽油为燃料的内燃机的发明和使用，是第二次工业革命的另一个标志。1862 年，法国科学家罗沙（Rochse）对内燃机热力过程进行理论分析之后，提出了提高内燃机效率的要求，这就是最早的四冲程工作循环。1876 年，德国发明家奥托（Otto）运用罗沙的原理，创制了第一台以煤气为燃料的往复活塞式四冲程内燃机。

（3）计算机的发明开创了第三次工业革命

两次世界大战之后的第三次工业革命开创了"信息时代"，全球信息和资源交流变得更为迅速，大多数国家和地区都被卷入全球化进程之中，世界政治经济格局进一步确立，人类文明的发达程度也达到了空前的高度。如今，信息革命方兴未艾，还在全球扩散和传播。

（4）物联网技术的出现开创了第四次工业革命

第四次工业革命以物理信息系统融合技术为核心，目标是实现"人—机—物"的深度融合。图 1-4 对四次工业革命的发展概况进行了总结。由图中可以看出，从第三次工业革命到第四次工业革命的转变只经历了四十来年，较之前三次工业革命的时间间隔短了很多，这也充分说明物联网技术发展的速度之快，以及其对工业发展的显著推动作用。

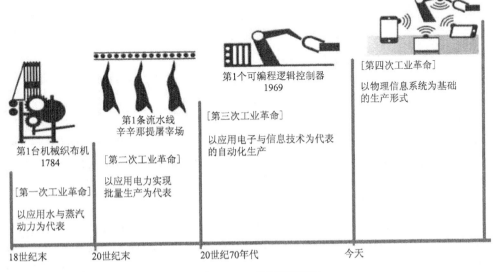

图 1-4　四次工业革命的发展概况

1.1.4.4　物联网与智能制造

从"互联网＋"到智能制造，都离不开物联网的技术支撑。物联网已被国务院列为我国重点规划的战略性新兴产业之一。事实上，最近几年，智能制造也取得了辉煌的成就。

（1）中国研发了空中造楼机，挑战建造超高层建筑，领先世界。使用诸多传感器与控制器的空中造楼机，拥有四千多吨的顶升力，在千米高空开展施工作业毫无难度。而且它还能在 8 级大风中平稳运行，4 天建造一层楼的施工速度更是惊艳国内外。

（2）中国研发的穿隧道架桥机，令世界为之震撼。近几年，中国高铁的发展速度令世人瞩目，逢山开路、遇水架桥，中国速度的背后，离不开一种独一无二的机械装备——穿隧道架桥机。穿隧道架桥机前后左右共安装有上百个传感器，具有转向、防撞、测速等多种功能。根据这些传感器数据，可以判断穿隧道架桥机的运行情况，进而实现对施工作业的精准控制。

（3）中国的"挖隧道神器"——隧道掘进机。2015 年 12 月 24 日，我国首台双护盾硬岩隧道掘进机（Tunnel Boring Machine，TBM）研制成功。该机器具有掘进速度快、适合较长隧道施工的特点。每台隧道掘进机上均配备了采用物联网技术的探测系统和控制系统，如激震系统等，使用的传感器包括接收传感器、破岩震源传感器、噪声传感器等。

显然，随着物联网的发展，我国智能制造技术的潜能不断被激发，呈现出了勃勃生机。

1.2　物联网安全问题分析

1.2.1　物联网的安全问题

物联网的安全问题是多方面的，包括传统的网络安全问题、计算系统的安全问题和物联网感知过程中的特殊安全问题等。下面简要介绍物联网系统中一些特殊的安全问题。

（1）物联网标签扫描引起信息泄露

由于物联网的运行靠的是标签扫描，而物联网设备的标签中包含着有关身份验证的相关信息和密钥等非常重要的信息，在扫描过程中标签能够自动回应阅读器，但是查询的结果不会告知所有者。这样，物联网标签扫描时可以向附近的阅读器发布信息，并且射频信号不受建筑物和金属物体阻碍，一些与物品连在一起的标签内的私密信息就有可能被泄露。在标签扫描时发生的个人隐私泄露可能会对个人造成伤害，严重的甚至会危害社会的稳定和国家的安全。

（2）物联网射频标签受到恶意攻击

物联网能够得到广泛的应用在于其大部分应用不用依靠人来完成，这样不仅节省人力，还能提高效率。但是，这种无人化的操作给恶意攻击者提供了机会。恶意攻击者很可能会对射频扫描设备进行破坏，甚至可能在实验室里获取射频信号，对标签进行篡改、伪造等，这些都会威胁到物联网的安全。

（3）标签用户可能被定位跟踪

射频识别标签只能对符合工作频率的信号予以回应，但是不能区分非法与合法的信号，这样，恶意的攻击者就可能利用非法的射频信号干扰正常的射频信号，还可能对标签所有者进行定位跟踪。这样不仅可能会给被定位和跟踪的相关人员造成生命财产安全隐患，还可能会造成国家机密的泄露，给国家带来安全危机。

（4）物联网的不安全因素可能通过互联网进行扩散

物联网建立在互联网基础之上，而互联网是一个复杂多元的平台，其本身就存在不安全的因素，如病毒、木马和各种漏洞等。以互联网为基础的物联网会受到这些安全隐患的干扰，恶意攻击者有可能利用互联网对物联网进行破坏。在物联网中已经存在的安全问题，也会通过互联网进行扩散，进而扩大不利影响。

（5）核心技术依靠国外存在安全隐患

我国的物联网技术兴起较晚，很多技术和标准体系都还不够完备，相较于世界上的发达国家，水平还很低。我国尚未掌握物联网的核心技术，目前只能依靠国外。基于此，恶意攻击者有可能在技术方面设置障碍，破坏物联网系统，影响物联网安全。

（6）物联网加密机制有待健全

目前，网络传输加密使用的是逐跳加密，只对受保护的链进行加密，中间的任何节点都可解读，这可能会造成信息的泄露。在业务传输中使用的是端到端的加密方法，但不对源地址和目标地址进行保密，这也会造成安全隐患。加密机制的不健全不仅威胁物联网安全，甚至可能威胁国家安全。

（7）物联网的安全隐患会加剧工业控制网络的安全威胁

物联网的应用面向社会上的各行各业，有效地解决了远程监测、控制和传输问题。但物联网在感知、传输和处理阶段的安全隐患，可能会延展到实际的工业网络中。这些安全隐患长期在物联网终端、物联网感知节点、物联网传输通路潜伏，伺机实施攻击，破坏工业系统安全，甚至威胁国家安全。

1.2.2　物联网的安全特征

物联网是一个多层次的网络体系，当其作为一个应用整体时，各个层次的独立安全措施简单相加不足以提供可靠的安全保障。物联网的安全特征体现在以下3个方面。

（1）安全体系结构复杂

已有的一些针对传感网、互联网、移动网、云计算等的安全解决方案在物联网环境中可以部分使用，而其余部分不再适用。物联网海量的感知终端，使其面临复杂的信任接入问题；物联网传输介质和方法的多样性，使其通信安全问题更加复杂；物联网感知的海量数据需要存储和保存，这使数据安全变得十分重要。因此，构建适合全面、可靠传输和智能处理环节的物联网安全体系结构是物联网发展的一项重要工作。

（2）安全领域涵盖广泛

首先，物联网所对应的传感网的数量和智能终端的规模巨大，是单个无线传感网无法相比的，需要引入复杂的访问控制问题；其次，物联网所连接的终端设备或器件的处理能力有很大差异，它们之间会相互作用，信任关系复杂，需要考虑差异化系统的安全问题；最后，物联网所处理的数据量将比现在的互联网和移动网大得多，需要考虑复杂的数据安全问题。所以，物联网的安全范围涵盖广泛。

（3）有别于传统的信息安全

即使分别保证了物联网各个层次的安全，也不能保证物联网的安全。这是因为物联网是融合多个层次于一体的大系统，许多安全问题来源于系统整合。例如，物联网的数据共享对安全性提出了更高的要求，物联网的应用需求对安全提出了新挑战，物联网的用户终端对隐私保护的要求也日益复杂。鉴于此，物联网的安全体系需要在现有信息安全体系之上，制定可持续发展的安全架构，使物联网在发展和应用过程中，其安全防护措施能够不断完善。

1.2.3　物联网的安全现状

目前，国内外学者针对物联网的安全问题开展了相关研究，在物联网感知、传输和处理等各个环节均开展了相关工作，但这些研究大部分是针对物联网的各个层次的，还没有形成完整系统的物联网安全体系。

在感知层，感知设备有多种类型，为确保其安全，目前主要进行加密和认证工作，利用认证机制避免标签和节点被非法访问。针对感知层加密，目前已经有了一定的技术手段加以实现，但是还需要提高安全等级，以应对更高的安全需求。

在传输层，主要研究节点到节点的机密性，利用节点与节点之间严格的认证，保证端到端的机密性；利用与密钥有关的安全协议，支持数据的安全传输。

在应用层，目前的主要研究工作是数据库安全访问控制技术，但还需要研究其他相关的安全技术，如信息保护技术、信息取证技术、数据加密检索技术等。

在物联网安全隐患中，用户隐私的泄露是危害用户的极大安全隐患，所以在考虑对策时，首先要对用户的隐私进行保护。目前主要通过加密和授权认证等方法，让只拥有解密密钥的用户才能读取通信中的用户数据以及个人信息，这样能够保证传输过程不被他人监听。但是如此一来，加密数据的使用就会变得极不方便。因此，需要研究支持密文检索和运算的加密算法。

另外，物联网核心技术掌握在世界上比较发达的国家手中，这始终会对没有掌握物联网核心技术的国家造成安全威胁。所以，要想解决物联网的安全隐患，必须加大投入力度，攻克技术难关，快速掌握物联网全生命周期的核心技术。

1.3　物联网的安全体系

信息安全问题是物联网系统中的核心问题。下面介绍信息安全的概念和常用信息安全技术，并从不同角度探讨物联网的安全体系。

1.3.1　信息安全的概念

信息安全（Information Security）是一个广泛而抽象的概念。从信息安全发展来看，在不同时期，信息安全具有不同的内涵。即使在同一时期，由于所站的角度不同，对信息安全的理解也不尽相同。国内外对信息安全的论述大致可分为两大类：一类是指具体的信息系统的安全；另一类是指某一特定行业体系的信息系统（如一个国家的银行信息系统、军事指挥系统等）的安全。但也有观点认为这两类定义都不够全面，还应该包括一个国家的社会信息化状态和信息技术体系不受外来威胁和侵害。这一观点的主要理由是信息安全问题首先是一个关乎国家的社会信息化状态是否处于自主控制之下、是否稳定的宏观问题，其次才是信息技术安全的问题。

国际标准化组织和国际电工委员会在"ISO / IECl7799：2005"协议中对信息安全的定义是："保持信息的保密性、完整性、可用性；另外，也可能包含其他的特性，如真实性、可核查性、抗抵赖性和可靠性等。"

信息安全概念经常与计算机安全、网络安全、数据安全等互相交叉地使用。在不严格要求的情况下，这几个概念几乎可以通用。这是由于随着计算机技术和网络技术的发展，信息的表现形式、存储形式和传播形式都在变化，最主要的信息都是在计算机内存储与处理、在网络上传播的。因此，计算机安全、网络安全以及数据安全都是信息安全的内在要求或具体表现形式，这些因素相互关联，关系密切。信息安全概念与这些概念有相同之处，但也存在一些差异，主要区别在于达到安全所使用的方法、策略以及涉及的领域，信息安全强调的是数据的机密性、完整性、可用性、可认证性以及不可否认性，而不管数据的存在形式是电子的、印刷的还是其他形式的。

1.3.2　信息安全的常用技术

随着技术的发展和应用，信息安全的内容也在不断变化。常用的信息安全技术包括身份认证、访问控制、数据加密、数字签名、入侵检测、内容审计等。

（1）身份认证技术

身份认证也称为"身份验证"或"身份鉴别"，是指在计算机和网络系统中确认访问者身份的过程，即确定该访问者是否具有对某种资源的访问和使用权限，进而使计算机和网络系统的访问策略可靠、有效地执行，防止攻击者假冒合法用户获得资源的访问权限，保证系统和数据的安全，以及授权访问者的合法利益。

（2）访问控制技术

访问控制是按用户身份及其所归属的某定义组来限制用户对某些信息项的访问，或限制其对某些控制功能的使用的一种技术。访问控制通常用于系统管理员控制用户对服务器、目录、文件等网络资源的访问。访问控制可分为自主访问控制和强制访问控制两大类。自主访问控制是指由用户有权对自身所创建的访问对象（如文件、数据表等）进行访问，并可将对这些对象的访问权授予其他用户和从授予权限的用户处收回其访问权限。强制访问控制是指由系统（通过专门设置的系统安全员）对用户所创建的对象进行统一的强制性控制，并按照规定的规则决定哪些用户可以对哪些对象进行哪些操作系统类型的访问，即使是创建者用户，在创建一个对象后，也可能无权访问该对象。

（3）数据加密技术

从信息安全发展的过程来看，在计算机出现以前，信息安全以保密为主，密码学是信息安全的核心和基础。随着计算机的出现和计算机技术的发展，计算机系统安全保密成了现代信息安全的重要内容。网络的出现和网络技术的发展，使得由计算机系统和网络系统结合而成的更大范围的信息系统安全保密成为了信息安全的主要内容。

按照作用的不同，数据加密技术可分为数据传输加密技术和数据存储加密技术。数据传输加密技术的目的是对传输中的数据流加密，通常有线路加密与端对端加密两种。线路加密侧重于线路而不考虑信源与信宿，是通过各线路采用不同的加密密钥对保密信息提供安全保护。端对端加密是指信息由发送端自动加密，并且由传输控制协议/网际协议（Transmission Control Protocol / Internet Protocal，TCP/IP）进行数据包封装，然后作为不可阅读和不可识别的数据穿过互联网；这些信息到达目的地后，将被自动重组、解密，进而成为可读的数据。数据存储加密技术的目的是防止在存储环节上的数据失密，数据存储加密技术可分为密文存储和存取控制两种。密文存储一般是通过加密算法转换、附加密码、加密模块等方法实现的；存取控制则是对用户资格、权限加以审查和限制，以防止非法用户存取数据或合法用户越权存取数据。

（4）数字签名技术

数字签名也称为电子签章，是一种类似写在纸上的普通的物理签名，但是其使用了公钥加密领域的技术来实现，是一种用于鉴别数字信息的方法。数字签名就是只有信息的发送者才能产生的、别人无法伪造的一段数字串，这段数字串同时也是对信息的发送者发送信息真实性的有效证明。数字签名是非对称密钥加密技术与数字摘要技术的典型应用。

（5）入侵检测技术

入侵检测是对入侵行为的检测。通过收集和分析网络行为、安全日志、审计数据等信息，检查网络或系统中是否存在违反安全策略的行为和被攻击的问题。入侵检测作为一种积极主动的安全防护技术，提供了对内部攻击、外部攻击和误操作的实时预防，在网络系统受到危害之前拦截和响应入侵。入侵检测系统（Intrusion Detection System，IDS）是一种对网络传输进行即时监视，在发现可疑传输时发出警报或者采取主动反应措施的网络安全设备。IDS 与其他网络安全设备的不同之处在于，IDS 是一种积极主动的安全防护技术，可以取代防火墙。

（6）内容审计技术

加强网络信息安全管理，保证网络信息内容的合法性、健康性和安全性，已成为网络通信领域亟待解决的重大问题。在此情况下，网络信息内容审计应运而生，为应对网络信息安全问题提供了有效对策。目前，网络信息安全审计作为一种有效的管理措施和取证手段已经被许多国家所接受，并得到了多数认可，成为了保证网络安全不可或缺的重要组成部分，相关理论技术研究也得到了人们越来越多的重视。基于网络信息的内容审计技术可以通过对网络上传输的内容进行审计及时发现问题，并第一时间切断连接，保留日志。该技术不仅可以防止网络上不良信息的泛滥和公司内网涉密信息或商业信息的泄露，而且可以为已出现的不良信息传播和涉密信息泄露的情况提供线索和证据。

1.3.3 面向需求的物联网安全体系

在物联网系统中，主要的安全威胁来自以下几个方面：物联网传感器节点接入过程中的安全威胁、物联网数据传输过程中的安全威胁、物联网数据处理过程中的安全威胁、物联网应用过程中的安全威胁等。这些威胁是全方位的，有些来自物联网的某一个层次，有些来自物联网的多个层次。不管安全威胁的来源如何多样，我们都可以将物联网的安全需求归结为以下几个方面：物联网感知安全、物联网接入安全、物联网通信安全、物联网数据安全、物联网系统安全和物联网隐私安全。针对上述需求，我们可以构建一个以需求驱动的物联网安全体系，具体包括以下内容。

（1）物联网感知安全

物联网感知层的核心技术涉及传感器、条形码和 RFID。传感器在输出电信号时，容易受到外界干扰甚至破坏，从而导致感知数据错误、物联网系统工作异常。黑白相间、形似迷宫的二维码已经深入人们的日常生活。随着智能手机的普及，二维码成为了连接线上、线下的一个重要通道。犯罪分子利用二维码传播手机病毒和不良信息进行诈骗等犯罪活动，严重威胁着消费者的财产安全。

由于 RFID 技术使用电磁波进行通信，并且可存储大量数据，这些信息对于黑客而言具有利用价值，所以其安全隐患较多。例如，攻击者有可能通过窃听电磁波信号"偷听"传输内容。无源 RFID 系统中的 RFID 标签会在收到 RFID 读写器的信号后主动响应，发送"握手"信号，因此，攻击者可以先伪装成一个阅读器靠近标签，在标签携带者毫无知觉的情况下读取标签信息，然后将从标签中偷到的信息——"握手"暗号发送给合法的 RFID 阅读器，进而达到各种非法目的。

显然，物联网的感知节点接入和用户接入离不开身份认证、访问控制、数据加密和安全协议等信息安全技术。

（2）物联网接入安全

在接入安全中，感知层的接入安全是重点。一个感知节点不能被未经认证授权的节点或系统访问，这涉及感知节点的信任管理、身份认证、访问控制等方面的安全需求。在感知层，由于传感器节点受到能量和功能的制约，其安全保护机制较差，并且由于传感器网络尚未完全实现标准化，其中的消息和数据传输协议没有统一的标准，从而无法提供一个统一、完善的安全保护体系。因此，传感器网络除了可能遭受同现有网络相同的安全威胁外，还可能会受到恶意节点的攻击、传输的数据被监听或破坏、数据的一致性差等安全威胁。

物联网除了面临一般无线网络的信息泄露、信息篡改、重放攻击、拒绝服务等多种威胁外，还面临传感节点容易被攻击者物理操纵并获取存储在传感节点中的所有信息，从而控制部分网络的威胁。必须通过其他的技术方案来提高传感器网络的安全性能，如在通信前进行节点与节点的身份认证；设计新的密钥协商方案，使得即使有一小部分节点被操纵，攻击者也不能或很难从获取的节点信息中推导出其他节点的密钥信息；对传输信息加密以解决窃听问题；保证网络中的传感信息只有可信实体才可以访问；保证网络的私密性；采用一些跳频和扩频技术减轻网络堵塞问题。

显然，物联网传输过程的保密性要求信息只能被授权用户使用，不能被恶意用户获取、篡改和重放。常用的接入安全技术包括防侦收（使攻击者侦收不到有用信息）、防辐射（防止有用信息辐射出去）、信息加密（用加密算法加密信息，使对手即便得到加密后的信息也无法读出信息的含义）、物理保密（利用限制、隔离、控制等各种物理措施保护信息不被泄露）等。

另外，物联网授权要求信息在接入和传输过程中保证完整性，未经授权不能改变。即信息在存储或传输的过程中不被偶然或蓄意删除、篡改、伪造、乱序、重放等破坏和丢失。这时候还需要利用数字签名、加密传输等技术手段，保持信息的正确生成、存储和传输。

（3）物联网通信安全

由于物联网中的通信终端呈指数增长，而现有的通信网络承载能力有限，当大量的网络终端节点接入现有网络时，将会给通信网络带来更多的安全威胁。首先，大量终端节点的接入肯定会造成网络拥塞问题，给攻击者带来可乘之机，对服务器产生拒绝服务攻击；其次，由于物联网中设备传输的数据量较小，一般不会采用复杂的加密算法来保护数据，从而可能导致数据在传输过程中遭到攻击和破坏；最后，感知层和网络层的融合也会带来一些安全问题。另外，在实际应用中会大量使用无线传输技术，而且大多数设备都处于无人值守的状态，这使信息安全得不到保障，信息很容易被窃取和恶意攻击，进而给用户带来极大的安全隐患。

（4）物联网数据安全

随着物联网的发展和普及，数据呈现爆炸式增长，个人和组织都追求更高的计算性能，软、硬件维护费用日益增加，使得现有设备已无法满足需求。在这种情况下，云计算、大数据等应运而生。虽然这些新型计算模式解决了个人和组织的设备需求问题，但同时也使他们承担着对数据失去直接控制的危险。因此，针对数据处理中外包数据的安全隐私保护技术显得尤为重要。

由于传统的加密算法在对密文的计算、检索等方面表现得差强人意，因此需要研究可在密文状态下进行检索和运算的加密算法。

物联网安全审计要求物联网具有保密性与完整性。保密性要求信息不能被泄露给未授权的用户；完整性要求信息不受各种破坏。影响信息完整性的主要因素有设备故障误码（由传输、处理、存储、精度、干扰等造成）、攻击等。

（5）物联网系统安全

物联网数据处理过程中依托的服务器系统面临病毒、木马等恶意软件攻击的威胁，因此，物联网在构建数据处理系统时需要充分考虑安全协议的使用、防火墙的应用和病毒查杀工具的配置等。物联网计算系统除了可能面临来自内部工具的安全问题以外，还可能面临来自网络的外包攻击，如分布式入侵攻击（Distributed Denial of Service，DDoS）和高级持续性威胁攻击（Advanced Persistent Threat，APT）。

由于物联网本身的特殊性，其应用安全问题除了现有网络应用中常见的安全威胁外，还存在更为特殊的应用安全问题。物联网应用中，除了传统网络的安全需求（如认证、授权、审计等）外，还包括物联网应用数据的隐私安全需求、服务质量需求和应用部署安全需求等。

（6）物联网隐私安全

除了上述安全指标之外，物联网中还需要考虑隐私安全问题。当今社会，无论是公众人物还是普通人，保护个人隐私已经成为了广泛共识，但隐私究竟是什么却没有明确的界定。隐私一词来自于西方，一般认为最早涉及隐私权的文章是美国人赛缪尔·沃伦（Samuel D. Warren）和路易斯·布兰蒂斯（Louis D. Brandeis）的论文 *The Right to Privacy*（隐私权）。此文发表于1890 年 12 月出版的《哈佛法律评论》（*Harvard Law Review*）上。这篇论文首次提出了保护个人隐私的说法，以及个人隐私权利不受干扰等观点。这篇文章对后来隐私侵权案件的审判和隐私权的研究产生了重要的影响。隐私涉及的内容很广泛，而且对不同的人、不同的文化和民族，隐私的内涵各不相同。

1.3.4　面向系统的物联网安全体系

此外，还可以从物联网的系统载体角度，分析物联网的系统硬件、系统软件、系统运行和系统数据的安全。

（1）物联网系统硬件安全：涉及信息存储、传输、处理等过程中的各类物联网硬件、网络硬件以及存储介质的安全。要保护这些硬件设施不受损坏，能正常提供各类服务。

（2）物联网系统软件安全：涉及物联网信息存储、传输、处理的各类操作系统、应用程序以及网络系统不被篡改或破坏，不被非法操作或误操作，功能不会失效，不被非法复制。

（3）物联网系统运行安全：物联网中的各个信息系统能够正常运行并能及时、有效、准确地提供信息服务。通过对物联网系统中各种设备的运行状况进行监测，及时发现各类异常因素并能及时报警，采取修正措施保证物联网系统正常对外提供服务。

（4）物联网系统数据安全：保证物联网数据在存储、处理、传输和使用过程中的安全。数据不会被偶然或恶意地篡改、破坏、复制和访问等。

1.4 本章小结

本章对物联网和信息安全的概念进行了详细阐述，明确了物联网和信息安全的定义。详述了物联网的概念、特征与体系结构，分析了物联网面临的信息安全威胁，讨论了信息安全的概念和物联网环境下的信息安全技术。

1.5 习题

（1）简述物联网的概念与特征。

（2）简述物联网的体系结构。

（3）调研物联网的起源与发展，说明理想的重要性。

（4）简述物联网与工业 4.0 的关系。

（5）简述物联网与智能制造的关系。

（6）调研中国在基于物联网的智能制造方面取得的主要成就。

（7）物联网的主要安全问题有哪些？

（8）物联网的主要安全特征是什么？

（9）简述物联网的安全需求。

（10）调研并分析物联网的安全现状。

（11）简述物联网的信息安全体系和层次结构。

（12）调研并分析物联网中所涉及的隐私安全问题。

（13）分析物联网感知层的主要安全威胁。

（14）调研物联网在数据传输过程中面临的主要安全威胁。

（15）结合生活，调研物联网的日常隐私安全威胁。

02
chapter

物联网感知安全

在实际应用中，物联网安全技术是一个有机的整体，其各部分的安全技术是互相联系、共同作用于系统的。感知层安全是物联网中最具特色的部分。与此同时，感知层是物联网的信息源，也是物联网各种拓展应用的基础，感知层的安全是整个物联网安全的首要问题。本章讲述物联网感知过程中的安全问题。

感知层安全是物联网中最具特色的部分。感知节点数量庞大，直接面向世间万"物"。物联网相较于传统通信网络，其感知节点大多部署在无人监控的环境中，其节点呈现出多源异构性，又因为各个节点所持有的能量及智能化程度有限，所以无法获得复杂的安全保护能力。显然，感知层安全技术的最大特点是"轻量级"，不管是密码算法还是各种协议，都要求不能复杂。"轻量级"安全技术的结果是感知层安全的等级比网络层和应用层要"弱"，因而在应用时，需要在网络层和感知层之间部署安全汇聚设备。安全汇聚设备将信息进行安全增强之后，再与网络层交换，以弥补感知层安全能力不足这一安全短板。

2.1.1　物联网感知层的安全威胁

物联网感知层的任务是感知外界信息，完成物理世界的信息采集、捕获和识别。感知层的主要设备包括：RFID 阅读器、各类传感器（如温度、湿度、红外、超声、速度等）、图像捕捉装置（摄像头）、全球定位系统装置、激光扫描仪等。这些设备收集的信息通常具有明确的应用目的，例如：公路摄像头捕捉的图像信息直接用于交通监控；使用手机摄像头可以和朋友聊天以及与他人在网络上面对面交流；使用导航仪可以轻松了解当前位置以及前往目的地的路线；使用 RFID 技术的汽车无匙系统，可以自由开关车门。但是，各种感知系统在给人们的生活带来便利的同时，也存在各种安全和隐私问题。例如，使用摄像头进行视频对话或监控，在给人们生活提供方便的同时，也会被具有恶意企图的人利用，从而监控个人的生活，窃取个人的隐私。近年来，黑客通过控制网络摄像头窃取并泄露用户隐私的事件偶有发生。

根据物联网感知的功能和应用特征，可以将物联网感知层面临的安全威胁概括如下。

（1）物理捕获

感知设备存在于户外，且被分散安装，因此容易遭到物理攻击，其信息易被篡改，进而导致安全性丢失。RFID 标签、二维码等的嵌入，使接入物联网的用户不受控制地被扫描、追踪和定位，这极大可能会造成用户的隐私信息泄露。RFID 技术是一种非接触式自动识别技术，它通过无线射频信号自动识别目标对象并获取相关数据，识别工作无须人工干预。由于 RFID 标签设计和应用的目标是降低成本和提高效率，大多采用"系统开放"的设计思想，安全措施不强，因此恶意用户（授权或未授权的）可以通过合法的阅读器读取 RFID 标签的数据，进而导致 RFID 标签的数据在被获取和传输的过程中面临严重的安全威胁。另外，RFID 标签的可重写性使标签中数据的安全性、有效性和完整性也可能得不到保证。

（2）拒绝服务

物联网节点为节省自身能量或防止被木马控制而拒绝提供转发数据包的服务，造成网络性能大幅下降。感知层接入外在网络（如互联网等），难免会受到外在网络的攻击。目前，最主要的攻击除非法访问外，主要是拒绝服务攻击。感知节点由于资源受限，计算和通信能力较低，因此对抗拒绝服务的能力比较弱，可能会造成感知网络瘫痪。

（3）木马病毒

由于安全防护措施的成本、使用便利性等因素的存在，某些感知节点可能不会采取安全防护措施或者很简单的信息安全防护措施，这可能会导致假冒和非授权服务访问问题产生。例如，物联网感知节点的操作系统或者应用软件过时，系统漏洞无法及时修复，物体标识、识别、认证和控制就易出现问题。

（4）数据泄露

物联网通过大量感知设备收集的数据种类繁多、内容丰富，如果保护不当，将存在隐私泄露、数据冒用或被盗取问题。如果感知节点所感知的信息不采取安全防护措施或者安全防护的强度不够，则这些信息可能会被第三方非法获取。这种信息泄露在某些时候可能会造成很大的危害。

2.1.2　物联网感知层的安全机制

针对物联网感知层面临的安全威胁，目前采用的物联网安全保护机制主要有以下 5 种。

（1）物理安全机制：常用的 RFID 标签具有价格低、安全性差等特点。这种安全机制主要通过牺牲部分标签的功能来实现安全控制。物理安全机制是物联网感知层有别于物联网其他部分的安全机制，也是本章讨论的重点内容之一。

（2）认证授权机制：主要用于证实身份的合法性，以及被交换数据的有效性和真实性。主要包括内部节点间的认证授权管理和节点对用户的认证授权管理。在感知层，RFID 标签需要通过认证授权机制实现身份认证。

（3）访问控制机制：保护体现在用户对于节点自身信息的访问控制和对节点所采集数据信息的访问控制，以防止未授权的用户对感知层进行访问。常见的访问控制机制包括强制访问控制、自主访问控制、基于角色的访问控制和基于属性的访问控制。

（4）加密机制和密钥管理：这是所有安全机制的基础，是实现感知信息隐私保护的重要手段之一。密钥管理需要实现密钥的生成、分配以及更新和传播。RFID 标签身份认证机制的成功运行需要加密机制来保证。

（5）安全路由机制：保证当网络受到攻击时，仍能正确地进行路由发现、构建，主要包括数据保密和鉴别机制、数据完整性和新鲜性校验机制、设备和身份鉴别机制以及路由消息广播鉴别机制。

2.2　物联网的 RFID 安全分析

2.2.1　RFID 的起源与发展

RFID 技术是一种非接触式全自动识别技术，通过射频信号自动识别目标对象并获取相关数据，无须人工干预，可以工作于各种恶劣的环境。在 20 世纪 30 年代，美军就将该技术应用于飞机的敌我识别。在第二次世界大战期间，英国为了识别返航的飞机，在盟军的飞机上安装了一个无线电收发器，控制塔上的探询器会向返航的飞机发射一个询问信号，飞机上的收发器接收到这个信号后，会回传一个信号给探询器，探询器根据接收到的回传信号来识别敌我。这是有记录的第一个 RFID 敌我识别系统，也是 RFID 技术的第一次实际应用。

1948 年，哈利·斯托克曼（Harry Stockman）发表了题为《利用反射功率进行通信》的文章，奠定了 RFID 系统的理论基础。在过去的半个多世纪里，RFID 技术的发展经历了以下几个阶段：20 世纪 50 年代是 RFID 技术和应用的探索阶段；20 世纪 60 年代到 80 年代期间，方向散射理论以及其他电子技术的发展为 RFID 技术的商业应用奠定了基础，同时出现了第一个

RFID 商业应用系统——商业电子防盗系统；20 世纪 90 年代末，为了保证 RFID 设备和系统之间的相互兼容，RFID 技术的标准化得到了不断发展，全球电子产品码协会（EPC Global）应运而生，RFID 技术开始逐渐应用于社会的各个领域；21 世纪初，RFID 标准已经初步形成，有源电子标签、无源电子标签及半无源电子标签均得到了发展。

RFID 技术的基本原理是利用电磁信号和空间耦合（电感或电磁耦合）的传输特性实现对象信息的无接触传递，从而实现对静止或移动物体的非接触自动识别。与传统的条形码技术相比，RFID 技术具有以下优点。

（1）快速扫描。条形码单次只能扫描一个，而 RFID 阅读器可同时读取多个 RFID 标签。

（2）体积小型化、形状多样化。RFID 标签在读取上并不受尺寸大小与形状的限制，无须为了读取精确度而要求纸张的尺寸和印刷品质。此外，RFID 标签可向体积小型化与形状多样化发展，以应用于不同产品。

（3）抗污染能力和耐久性强。传统条形码的载体是纸张，容易受到污染，但 RFID 标签对水、油和化学药品等物质具有很强的抵抗性。此外，由于条形码是附于塑料袋或外包装纸箱上的，因此特别容易受到折损，RFID 标签是将数据存在芯片中的，因此可以免受污损。

（4）可重复使用。条形码印刷后无法更改，RFID 标签则可重复新增、修改、删除内部存储的数据，方便信息更新。

（5）可穿透性阅读。在被覆盖的情况下，RFID 能够穿透纸张、木材和塑料等非金属或非透明的材质，并能够进行穿透性通信。而条形码扫描机则必须在近距离且没有物体遮挡的情况下，才可以扫描条形码。

（6）数据的记忆容量大。一维条形码的容量通常是 50B，二维条形码最大的容量可存储 2～3000 个字符，RFID 标签最大的容量则有数兆字节。随着记忆载体的发展，数据容量也有不断扩大的趋势。未来物品所须携带的资料量会越来越大，对标签所能扩充容量的需求也会相应增加。

（7）安全性。RFID 承载的是电子式信息，数据内容可由密码保护，不易被伪造与变造。

目前，RFID 技术在中国、美国、德国、日本、韩国等国家和地区已经被广泛应用于工业自动化、智能交通、物流管理和零售业等领域。尤其是近几年，借助物联网的发展契机，RFID 技术展现出了其新的技术价值。

2.2.2　RFID 的核心技术

RFID 技术利用感应、无线电磁波或微波能量进行非接触双向通信，以达到识别与交换数据的目的，其关键设备包括标签、阅读器、天线和 RFID 中间件。

RFID 标签又称为电子标签，由耦合元件及芯片组成，每个标签具有全球唯一的电子编码，通过附着在物体上来标识目标对象。标签内编写的程序可根据应用需求进行实时读取和改写。通常，标签的芯片体积很小，厚度不超过 0.35mm，可以印制在塑料、纸张、玻璃等外包装上，也可以直接嵌入商品内。标签与阅读器之间通过电磁耦合进行通信。与其他通信系统一样，标签可以被看作一个特殊的收发信机。标签通过天线收集阅读器发射到空间的电磁波，芯片再对标签接收到的信号进行编码、调制等各种处理，实现对信息的读取和发送。

根据标签的供电方式、工作方式等的不同，RFID 标签可以进行以下分类。

（1）按标签供电方式分类，分为无源和有源。

（2）按标签工作模式分类，分为主动式、被动式和半主动式。

（3）按标签读写方式分类，分为只读式和读写式。

（4）按标签工作频率分类，分为低频、中高频、超高频和微波。

（5）按标签封装材料分类，分为纸质封装、塑料封装和玻璃封装。

标签的工作频率是其重要特点之一，决定着 RFID 系统的工作原理和识别距离。典型的工作频率为 125kHz、134kHz、13.56MHz、27.12MHz、433MHz、900MHz、2.45GHz、5.8GHz 等。

低频标签的典型工作频率为 125kHz、134kHz，一般为无源标签，主要是通过电感耦合方式与阅读器进行通信，阅读距离一般小于 10cm。低频标签的典型应用有动物识别、容器识别、工具识别和电子防盗锁等。与低频标签相关的国际标准有 ISO 11784/11785 和 ISO 18000-2。低频标签的芯片一般采用 CMOS 工艺，具有省电、廉价的特点，工作频率段不受无线电频率管制约束，可以穿透水、有机物和木材等，适合近距离、低速、数据量较少的应用场景。

中高频标签的典型工作频率为 13.56MHz，其工作方式同低频标签一样，也通过电感耦合的方式进行。高频标签一般会被做成卡状，用于电子车票、电子身份证等。相关的国际标准有 ISO 14443、ISO 15693、ISO 18000-3 等，适用于较高的数据传输速率。

超高频与微波频段标签简称微波标签，其工作频率为 433.92MHz、862～928MHz、2.45GHz、5.8GHz。微波标签可分为有源标签与无源标签两类。当工作时，标签位于阅读器天线辐射场内，阅读器为无源标签提供射频能量，或将有源标签唤醒。超高频标签的读写距离可以达到几百米以上，其典型特点主要集中在是否无源、是否支持多标签读写、是否适合高速识别等应用上。微波标签的数据存储量在 2 kbit 以内，应用于移动车辆、电子身份证、仓储物流等领域。

阅读器又称读写器，是利用射频技术读写标签信息的设备，通常由天线、射频接口和逻辑控制单元三部分组成。阅读器是标签和后台系统的接口，其接受范围受多种因素影响，如电磁波频率、标签的尺寸和形状、阅读器功率、金属干扰等。阅读器利用天线在自身周围形成电磁场，发射特定的询问信号，当标签感应到这个信号后，就会给出应答信号，应答信号中含有标签携带的数据信息。阅读器读取数据后对数据进行梳理，最后将数据返回给后台系统，进行相应的操作处理。阅读器的主要功能如下。

（1）阅读器与电子标签之间的通信。

（2）阅读器与后台程序之间的通信。

（3）对阅读器与标签之间传送的数据进行编码、解码。

（4）对阅读器与标签之间传送的数据进行加密、解密。

（5）在读写作用范围内实现多标签的同时识读，具有防碰撞功能。

由于 RFID 技术可以支持"非接触式自动快速识别"，因此标签识别成为了相关应用最基本的功能，并被广泛应用于物流管理、安全防伪、食品行业和交通运输等领域。实现标签识别功能的典型 RFID 应用系统包括 RFID 标签、阅读器和交互系统三部分。当物品进入阅读器天线的辐射范围后，物品上的标签首先会接收到阅读器发出的射频信号，然后会向阅读器发送存储在其芯片中的数据。阅读器读取数据、解码并直接进行简单的数据处理后，会将数据发送到交互系统。交互系统根据逻辑运算判断标签的合法性，并针对不同设定进行相应的处理和控制。

2.2.3　RFID 的安全问题

RFID 技术虽然获得了广泛应用，但是 RFID 标签本身的一些特点以及射频信道的开放性，导致 RFID 系统存在一定的安全问题。例如，2008 年 8 月，美国麻省理工学院的 3 名学生破解了波士顿地铁卡，由于世界各地的公共交通系统几乎都采用同样的智能卡技术，因此使用这种破解方法可以"免费搭车游世界"。近年来更是不时就会出现类似的破解事件。

RFID 技术受到攻击的主要形式是不法分子盗取 RFID 标签数据和篡改 RFID 标签信息。当 RFID 标签用于个人身份标识时，攻击者可以从标签中读出唯一的电子编码，从而获得标签使用者的个人信息；当 RFID 标签用于物品标识时，攻击者可以通过阅读器确定目标。由于 RFID 标签与阅读器之间是通过无线广播的方式进行数据传输的，因此攻击者可以通过无线监听获得所传输信息的具体内容与含义，然后使用这些信息进行身份欺骗或者偷窃。例如，用户因携带有不安全的 RFID 标签可能导致个人或组织的机密或敏感信息泄露；如果用户佩戴有 RFID 标签的服饰（如手表等）或随身携带有 RFID 标签的药物，攻击者可以用 RFID 阅读器获得标签中的信息，这样不仅可以获得个人财产信息，还可以据此推断出佩戴者的个人喜好与疾病情况等隐私。

信息篡改是指攻击者将窃听到的信息进行修改后，在接受者不知情的情况下再将信息传给原本的接受者的攻击方式。信息篡改是一种未经授权而修改或擦除 RFID 标签中数据的方法。攻击者通过信息篡改可以让标签传达他们想要的信息，恶意破坏合法用户的通信内容，阻止合法用户建立通信链接。

我们可以将对 RFID 系统的攻击分为针对标签与阅读器的攻击和针对后端数据库的攻击。

针对标签与阅读器的攻击包括窃听、中间人攻击、重放攻击、物理破解、拒绝服务攻击等；针对后端数据库的攻击包括标签伪造或复制、RFID 病毒攻击、屏蔽攻击、略读等。

窃听：标签和阅读器之间通过无线广播的方式进行数据传输，如果这些内容没有受到保护，攻击者就能够得到标签和阅读器之间传输的信息及其具体含义，进而可能使用这些信息进行身份欺骗或者偷窃。

中间人攻击：价格低廉的超高频 RFID 标签一般通信距离较短，不容易实现直接的窃听，因此攻击者可能会通过中间人攻击窃取信息。被动的 RFID 标签在收到来自阅读器的查询信息后会主动响应，发送证明自己身份的信息，因此攻击者可以伪装成合法的阅读器靠近标签，在标签携带者不知情的情况下进行读取，并将从标签中读取的信息直接或者经过处理后发送给合法的阅读器，以达到各种非法目的。在攻击过程中，标签和阅读器都认为攻击者是正常通信流程中的另一方。

重放攻击：攻击者将标签的回复记录下来，然后在阅读器询问时播放以欺骗阅读器。例如，主动攻击者将窃听到的用户的某次消费过程或身份验证记录重放，或将窃听到的有效信息经过一段时间后再次传给信息的接收者，骗取系统的信任，达到攻击的目的。重放攻击方法可以复制两个当事人之间的一串信息流，并重放给一个或多个当事人。

物理破解：由于 RFID 系统通常包含大量的系统内合法标签，因此攻击者可以很容易地读取系统内标签。廉价标签通常没有防破解机制，很容易被攻击者破解，进而泄露其中的安全机制和所有隐私信息。一般在物理破解之后，标签将被破坏，不能再继续使用。这种攻击的技术门槛较高，不容易实现。

拒绝服务攻击（淹没攻击）：通过发送不完整的交互请求来消耗系统资源，当数据量超过其处理能力时会导致拒绝服务，扰乱识别过程。例如，当系统中多个标签发生通信冲突，或者一个专门用于消耗 RFID 标签读取设备资源的标签发送数据时，会发生拒绝服务攻击。

标签伪造或复制：类似门禁卡系统中使用的 RFID 卡片复制非常容易且价格低廉，因为这是最简单的没有经过加密的数据。应用于护照、制药等的 RFID 标签伪造非常困难，但在某些场合下仍然会被伪造或复制。

RFID 病毒攻击：RFID 标签本身不能检测其所存储的数据是否有病毒，攻击者可以事先把病毒代码写入标签中，然后让合法的阅读器读取其中的数据，这样病毒就有可能植入系统中。当病毒或者恶意程序入侵数据库后，其可能会迅速传播并摧毁整个系统。

屏蔽攻击：屏蔽是指用机械的方法来阻止 RFID 阅读器对标签进行读取。例如，使用法拉第网罩或护罩阻挡某一频率的无线电信号，使阅读器不能正常读取标签。攻击者还有可能通过电子干扰手段来破坏 RFID 标签读取设备对 RFID 标签的正确访问。

略读：略读是指在标签所有者不知情和没有得到所有者同意的情况下读取存储在 RFID 标签上的数据。它可以通过一个特别设计的阅读器与标签进行交互来得到标签中存储的数据。这种攻击之所以会发生，是因为大多数标签在不需要认证的情况下也会广播其所存储的数据内容。

总之，攻击者实施上述攻击的目的不外乎 3 个：盗取 RFID 标签数据、扰乱 RFID 读写过程、篡改 RFID 标签信息。

2.2.4 RFID 的隐私问题

根据 RFID 的隐私信息来源，可以将 RFID 隐私威胁分为 3 类。

（1）身份隐私威胁：攻击者能够推导出参与通信的节点的身份。

（2）位置隐私威胁：攻击者能够知道一个通信实体的物理位置或粗略地估计出到达该实体的相对距离，进而推断出该通信实体的隐私信息。

（3）内容隐私威胁：由于消息和位置已知，攻击者能够确定通信交换信息的意义。

为了保护 RFID 系统的安全，需要建立相应的安全机制，以实现以下安全目标。

（1）真实性：RFID 标签和 RFID 阅读器能认证数据发送者的真实身份，识别恶意节点。

（2）数据完整性：RFID 阅读器能确保接收到的数据是没有被篡改或者伪造的，能够检验数据的有效性。

（3）不可抵赖性：RFID 标签或 RFID 阅读器能够确保节点不会否认它所发出的消息。

（4）新鲜性：RFID 标签或 RFID 阅读器能够确保接收到的数据的实时性。

2.3 RFID 的安全机制

显然，RFID 隐私保护与成本是相互制约的，如何在低成本的被动标签上提供确保隐私安全的增强技术面临诸多挑战。现有的 RFID 隐私增强技术可以分为两大类：一类是通过物理方法阻止标签与阅读器通信的隐私增强技术，即物理安全机制；另一类是通过逻辑方法增加标签安全机制的隐私增强技术，即逻辑安全机制。RFID 的逻辑机制主要通过基于 Hash 函数的安全认证协议来实现。

通过对 RFID 隐私安全威胁的分析可知，RFID 隐私威胁的根源是 RFID 标签的唯一性和标签数据的易获得性。为了保证 RFID 的隐私安全，防止隐私攻击，可以采用以下 RFID 隐私保护方法。

（1）保证 RFID 标签的 ID 匿名性。标签匿名性（anonymity）是指标签响应的消息不会暴露出标签身份的任何可用信息。加密是保护标签响应的方法之一。尽管标签的数据可被加密，但如果加密的数据在每轮协议中都固定，则攻击者仍然能够通过唯一的标签标识分析出标签的身份，这是因为攻击者可以通过固定的加密数据来确定每一个标签。因此，使标签信息隐蔽是确保标签 ID 匿名的重要方法。

（2）保证 RFID 标签的 ID 随机性。正如前面分析的，即便对标签 ID 信息进行加密，但是因为标签 ID 是固定的，所以未授权扫描也将侵害标签持有者的定位隐私。如果标签的 ID 为变量，标签每次输出都不同，则隐私侵犯者不可能通过固定输出获得同一标签的信息，从而可以在一定范围内解决 ID 追踪问题和信息推断的隐私安全威胁问题。

（3）保证 RFID 标签的前向安全性。所谓 RFID 标签的前向安全，是指隐私侵犯者即便获得了标签内存储的加密信息，也不能通过回溯当前信息获得标签的历史数据。也就是说，隐私侵犯者不能通过联系当前数据和历史数据对标签进行分析以获得消费者的隐私信息。

（4）增强 RFID 标签的访问控制性。RFID 标签的访问控制，是指标签可以根据需要确定读取 RFID 标签数据的权限。通过访问控制，可以避免未授权 RFID 阅读器的扫描，并保证只有经过授权的 RFID 阅读器才能获得 RFID 标签数据及相关隐私数据。访问控制对于实现 RFID 标签隐私保护具有非常重要的作用。

2.3.1 RFID 的物理安全机制

通过无线技术手段进行 RFID 隐私保护是一种物理性手段，可以阻扰 RFID 阅读器获取标签数据，避免 RFID 标签数据被阅读器非法获得。无线隔离 RFID 标签的方法包括电磁屏蔽方法、无线干扰方法、可变天线方法等。

（1）基于电磁屏蔽的方法

利用电磁屏蔽原理，把 RFID 标签置于由金属薄片制成的容器中，无线电信号将被屏蔽，从而可使阅读器无法读取标签信息，标签也无法向阅读器发送信息。最常使用的电磁屏蔽容器就是法拉第网罩。法拉第网罩可以有效屏蔽电磁波，这样无论是外部信号还是内部信号，都将无法穿过。对被动标签来说，在没有接收到查询信号的情况下就没有能量和动机来发送相应的响应信息；对主动标签来说，它的信号无法穿过法拉第网罩，因此也无法被攻击者携带的阅读器接收到。这种方法的缺点是在使用标签时需要把标签从法拉第网罩中取出，这就失去了使用 RFID 标签的便利性。另外，如果要提供广泛的物联网服务，不能总是让标签处于屏蔽状态中，而是需要在更多的时间内使标签能够与阅读器处于自由通信的状态。

（2）基于无线干扰的方法

能主动发出无线电干扰信号的设备可以使其附近的 RFID 阅读器无法正常工作，从而达到保护隐私的目的。这种方法的缺点在于可能会产生非法干扰，使其附近的其他 RFID 系统甚至其他无线系统都不能正常工作。

（3）基于可变天线的方法

利用 RFID 标签物理结构上的特点，IBM 公司推出了可分离的 RFID 标签。其基本设计理念是使无源标签上的天线和芯片可以方便地被拆分。这种可分离的设计可以使消费者改变标签的天线长度，从而大大缩减标签的读取距离，使用时，手持的阅读器设备必须要紧贴标签才可以读取到信息。这样一来，没有用户本人许可，阅读器设备就不可能通过远程方式获取信息。缩短天线后，标签本身还是可以运行的，这样就方便了货物的售后服务和产品退货时的识别。但是，可分离标签的制作成本比较高，标签制造的可行性有待进一步研究。

以上这些安全机制是以牺牲 RFID 标签的部分功能为代价来满足隐私保护要求的。这些方法都可以在一定程度上起到保护低成本的 RFID 标签的目的，但是由于验证、成本和法律等的约束，物理安全机制仍存在着各种各样的缺点。

2.3.2　RFID 的逻辑安全机制

RFID 的逻辑安全机制主要包括改变唯一性方法、隐藏信息方法和同步方法。

2.3.2.1　改变唯一性方法

改变 RFID 标签输出信息的唯一性是指标签在每次响应 RFID 阅读器的请求时，返回不同的 RFID 序列号。不论是跟踪攻击还是罗列攻击，很大程度上是由 RFID 标签每次返回的序列号都相同所致。因此，解决 RFID 隐私安全问题的另一个方法是改变序列号的唯一性。改变 RFID 标签数据需要技术手段支持，根据所采用技术的不同，主要方法包括基于标签重命名的方法和基于密码学的方法。

（1）基于标签重命名的方法是指改变 RFID 标签响应阅读器请求的方式，每次返回一个不同的序列号。例如，在购买商品后，可以去掉商品标签的序列号而保留其他信息（如产品类别码等），也可以为标签重新写入一个序列号。由于序列号发生了改变，因此攻击者无法通过简单的攻击来破坏隐私性。但是，与销毁等隐私保护方法类似，序列号改变后带来的售后服务等问题需要借助其他技术手段来解决。

例如，下面的方案可以让顾客暂时更改标签 ID：当标签处于公共状态时，存储在芯片只读存储器（Read-Only Memory，ROM）里的 ID 可以被阅读器读取；当顾客想要隐藏 ID 信息时，可以在芯片的随机存取存储器（Random Access Memory，RAM）中输入一个临时 ID；当随机存取存储器中存储有临时 ID 时，标签会利用这个临时 ID 回复阅读器的询问；只有把随机存取存储器重置，标签才会显示其真实 ID。这个方法给顾客使用 RFID 技术带来了额外的负担，同时临时 ID 的更改也存在潜在的安全问题。

（2）基于密码学的方法是指加解密等方法，此类方法确保 RFID 标签序列号不被非法读取。例如，采用对称加密算法和非对称加密算法对 RFID 标签数据以及 RFID 标签和阅读器之间的通信进行加密，可使一般攻击者由于不知道密钥而难以获得数据。同样，在 RFID 标签和阅读器之间进行认证，也可以避免非法阅读器获得 RFID 标签的数据。

例如，最典型的密码学方法是利用 Hash 函数给 RFID 标签加锁。该方法使用 metaID 来代替标签的真实 ID，当标签处于封锁状态时，它将拒绝显示电子编码信息，只返回使用 Hash 函数产生的散列值。只有发送正确的密钥或电子编码信息时，标签才会在利用 Hash 函数确认后解锁。哈希锁（Hash-lock）是一种抵制标签未授权访问的隐私增强型协议，是由麻省理工学院和 Auto-ID Center 在 2003 年共同提出的。整个协议只需要采用单向密码学 Hash 函数即可实现简单的访问控制，因此可以保证较低的标签成本。使用哈希锁机制的标签有锁定和非锁定两种状态。在锁定状态下，标签使用 metaID 响应所有的查询；在非锁定状态下，标签向阅读器提供自己的标识信息。

由于这种方法较为直接和经济，因此受到了普遍关注。但是协议采用静态 ID 机制，metaID 保持不变，且 ID 以明文形式在不安全的信道中传输，因此非常容易被攻击者窃取。攻击者因而可以计算或者记录（metaID，key，ID）这一组合，并在与合法的标签或者阅读器交互时假冒阅读器或者标签，实施欺骗。哈希锁协议并不安全，因此出现了各种改进的算法，如随机哈希锁（Randomized Hash Lock）、哈希链（Hash Chain Scheme）协议等，相关协议的工作原理将在本章的"RFID 安全认证协议"部分重点阐述。

另外，为防止 RFID 标签和阅读器之间的通信被非法监听，可以通过公钥密码体制实现重加密（Re-encryption），即对已加密的信息进行周期性再加密，这样因标签和阅读器间传递的加密 ID 信息变化很快，所以标签电子编码信息很难被盗窃，非法跟踪也很困难。但是，由于 RFID 标签资源有限，因此使用公钥加密 RFID 标签的机制比较少见。

近年来，随着计算机技术的发展，出现了一些新的 RFID 隐私保护方法，包括基于物理不可克隆函数（Physical Unclonable Function，PUF）的方法、基于掩码的方法、基于策略的方法、基于中间件的方法等。

从安全的角度来看，基于密码学的方法可以从根本上解决 RFID 隐私问题，但是由于成本和体积的限制，在普通 RFID 标签上几乎难以实现典型的加密方法（如数据加密标准算法）。因此，基于密码学的方法虽然具有较强的安全性，但给成本等带来了巨大的挑战。

2.3.2.2　隐藏信息方法

隐藏 RFID 标签是指通过某种保护手段，避免 RFID 标签数据被阅读器获得，或者阻扰阅读器获取标签数据。隐藏 RFID 标签的技术包括基于代理的技术、基于距离测量的技术、基于阻塞的技术等。

（1）基于代理的 RFID 标签隐藏技术。在基于代理的 RFID 标签隐藏技术中，被保护的 RFID 标签与阅读器之间的数据交互不是直接进行的，而是需要借助一个第三方代理设备（如 RFID 阅读器）。因此，当非法阅读器试图获得标签的数据时，实际的响应是由第三方代理设备发送的。由于代理设备功能比一般的标签强大，因此可以实现加密、认证等很多在标签上无法实现的功能，从而增强隐私保护。基于代理的方法可以对 RFID 标签的隐私起到很好的保护作用，但是由于需要额外的设备，因此成本较高，实现起来也较为复杂。

（2）基于距离测量的 RFID 标签隐藏技术。基于距离测量的 RFID 标签隐藏技术是指 RFID 标签测量自己与阅读器之间的距离，依据距离的不同而返回不同的标签数据。一般来说，为了隐藏自己的攻击意图，攻击者与被攻击者之间需要保持一定的距离，而合法用户（如用户自己）可以近距离获取 RFID 标签数据。因此，如果标签可以知道自己与阅读器之间的距离，则可以认为距离较远的阅读器具有攻击意图的可能性较大，因此可以返回一些无关紧要的数据；而当收到近距离的阅读器的请求时，则返回正常数据。通过这种方法，可以达到隐藏 RFID 标签的目的。基于距离测量的标签隐藏技术对 RFID 标签有很高的要求，而且要实现距离的精确测量也非常困难。此外，如何选择合适的距离作为评判合法阅读器和非法阅读器的标准，也是一个非常复杂的问题。

（3）基于阻塞的 RFID 标签隐藏技术。基于阻塞的 RFID 标签隐藏技术是指通过某种技术，妨碍 RFID 阅读器对标签数据的访问。阻塞的方法可以通过软件实现，也可以通过一个 RFID 设备来实现。此外，通过发送主动干扰信号，也可以阻碍阅读器获得 RFID 标签数据。与基于代理的标签隐藏方法相似，基于阻塞的标签隐藏方法成本高、实现复杂，而且如何识别合法阅读器和非法阅读器也是一个难题。

2.3.2.3　同步方法

阅读器可以将标签所有可能的回复（表示为一系列的状态）预先计算出来，并存储到后台的数据库中，在收到标签的回复时，阅读器只要直接从后台数据库中查找和匹配，即可达到快速认证标签的目的。在使用这种方法时，阅读器需要知道标签所有可能的状态，即和标签保持状态的同步，以此来保证标签的回复可以根据其状态预先进行计算和存储，因此这种方法被称为同步方法。同步方法的缺点是攻击者可以攻击一个标签任意多次，使标签和阅读器失去彼此的同步状态，从而破坏同步方法的基本条件。具体来说，攻击者可以变相地"杀死"某个标签或者让这个标签的行为与没有受到攻击的标签不同，从而识别这个标签并实施跟踪。同步方法的另一个问题是标签的回复是可以预先计算并存储后以备匹配的，与回放的方法相同。攻击者可以记录标签的一些回复信息数据并回放给第三方，以达到欺骗第三方阅读器的目的。

2.3.3　RFID 的综合安全机制

RFID 的物理安全与逻辑安全相结合的综合安全机制主要包括改变 RFID 标签关联性方法。

所谓改变 RFID 标签与具体目标的关联性，就是取消 RFID 标签与其所属依附物品之间的联系。例如，购买带有 RFID 标签的钱包后，该 RFID 标签与钱包之间就建立了某种联系。而改变它们之间的关联，就是采用技术和非技术手段，取消它们之间已经建立的关联（如将 RFID 标签丢弃）。改变 RFID 标签与具体目标的关联性的基本方法包括丢弃、销毁和睡眠。

（1）丢弃

丢弃（discarding）是指将 RFID 标签从物品上取下来后遗弃。丢弃不涉及技术手段，因此简单、易行，但是丢弃的方法存在很多问题：第一，采用 RFID 技术的目的不仅是销售，还包含售后、维修等环节，因此，如果简单地丢弃 RFID 标签后，在退货、换货、维修、售后服务等方面都可能会面临很多问题；第二，丢弃后的 RFID 标签会面临前面所述的垃圾收集威胁，因此并不能解决隐私问题；第三，如果处理不当，RFID 标签的丢弃会带来环保等问题。

（2）销毁

销毁（killing）是指让 RFID 标签进入永久失效状态。销毁可以是毁坏 RFID 标签的电路，也可以是销毁 RFID 标签的数据。例如，如果破坏了 RFID 标签的电路，则该标签将无法向 RFID 阅读器返回数据，此外，即便对其进行物理分析也可能无法获得相关数据。销毁需要借助技术手段，一般需要借助特定的设备来实现，对普通用户而言可能存在一定的困难，因此实现难度较大。与丢弃相比，由于标签已经无法继续使用，因此不存在垃圾收集等威胁。但在标签被销毁后，也会面临售后服务等问题。

销毁命令机制是一种从物理上毁坏标签的方法。RFID 标准设计模式中包含销毁命令，执行销毁命令后，标签所有的功能都将丧失，从而使其不会响应攻击者的扫描行为，进而防止攻击者对标签以及标签的携带者进行跟踪。例如，在超市购买完商品后，即在阅读器获取完标签的信息并经过后台数据库的认证操作之后，就可以"杀死"消费者所购买的商品上的标签，从而起到保护消费者隐私的作用。完全"杀死"标签可以完全防止攻击者的扫描和跟踪，但是这种方法也破坏了 RFID 标签的功能，无法让消费者继续享受以 RFID 标签为基础的物联网服务。例如，如果商品被售出后标签上的信息无法再次使用，则售后服务以及与此商品相关的其他服务项目也就无法进行了。另外，如果销毁命令的识别序列号（PIN）泄露，则攻击者就可以使用这个 PIN 来"杀死"超市中商品上的 RFID 标签，然后就可以将对应的商品带走而不会被察觉。

（3）睡眠

睡眠（sleeping）是指通过技术或非技术手段让标签进入暂时失效状态，当需要的时候可以重新激活标签。这种方法具有显著的优点：由于可以重新激活，因此避免了售后服务等需要借助于 RFID 标签的问题，而且也不会存在垃圾收集威胁和环保等问题。但与销毁一样，需要借助于专业人员和专业设备才能实现标签睡眠。

2.4 基于 Hash 的 RFID 安全认证协议

由于 RFID 安全问题日益突出，因此针对 RFID 安全问题的安全认证协议相继被推出。在这些安全认证协议中，比较流行的是基于 Hash 运算的安全认证协议，它对消息的加密是通过 Hash 算法实现的。Hash 函数可以将任意长度的消息或者明文映射成一个固定长度的输出摘要。这类协议由于简单且对系统硬件资源的需求不高，因此适合在无源 RFID 认证中使用。最常用的 Hash 函数有 MD5 与 SHA-1。

2.4.1 Hash 函数

Hash，一般译作散列、杂凑或哈希，是指把任意长度的输入（又叫作预映射）通过散列算法变换成固定长度的输出，该输出就是散列值。这种转换是一种压缩映射，也就是散列值的空间通常远小于输入的空间，不同的输入可能会散列成相同的输出，因此不可能通过散列值来确定唯一的输入值。简单来说，Hash 函数就是一种将任意长度的消息压缩到某一固定长度的消息摘要的函数。

所有 Hash 函数都有一个基本特性：如果两个散列值是不相同的（根据同一函数），那么这两个散列值的原始输入也是不相同的。这个特性使 Hash 函数具有确定性的结果。另一方面，Hash 函数的输入和输出不是一一对应的，如果两个散列值相同，两个输入值很可能是相同的，但不能肯定二者一定相同（可能出现哈希碰撞）。输入一些数据计算出散列值，然后改变部分输入值，此时一个具有强混淆特性的 Hash 函数就会产生一个完全不同的散列值。

典型的 Hash 函数都有无限定义域，如任意长度的字节字符串和有限的值域、固定长度的比特串等。在某些情况下，Hash 函数可以被设计成在相同大小定义域和值域间一一对应的函数。一一对应的 Hash 函数也称为排列。可逆性可以通过使用一系列对于输入值而言可逆的"混合"运算来体现。

Hash 函数能使对一个数据序列的访问过程更加迅速有效。通过 Hash 函数，数据元素将会被更快地定位。常用 Hash 函数介绍如下。

① 直接寻址法：取关键字或关键字的某个线性函数值为散列地址，即 $H(\text{key})=\text{key}$ 或 $H(\text{key}) = a \cdot \text{key} + b$，其中 a 和 b 为常数（这种 Hash 函数叫作自身函数）。

② 数字分析法：分析一组数据，如一组员工的出生年月日时，我们会发现出生年月日的前几位数字大体相同，这样的话，出现冲突的概率就会很大，但是我们发现年月日的后几位表示月份和具体日期的数字差别很大，如果用后面的数字来构成散列地址，则冲突的概率会明显

降低。因此，数字分析法就是找出数字的规律，尽可能利用这些规律来构造冲突概率较低的散列地址。

③ 平方取中法：将关键字平方后的值的中间几位作为散列地址。

④ 折叠法：将关键字分割成位数相同的几部分（最后一部分位数可以不同），然后将这几部分的叠加和（去除进位）作为散列地址。

⑤ 随机数法：选择一个随机函数，将关键字作为随机函数的种子，并将生成的随机值作为散列地址。该方法通常用于关键字长度不同的场合。

⑥ 除留余数法：将关键字被某个不大于散列表表长 m 的数 p 除后所得的余数作为散列地址，即 $H(key) = key\ MOD\ p, p \leqslant m$。不仅可以对关键字直接取模，也可在折叠、平方取中等运算之后取模。p 的选取很重要，一般取素数或 m；若 p 选得不好，则容易产生碰撞。

了解了 Hash 基本定义后，再介绍一些著名的 Hash 算法，消息摘要（Message-Digest 5, MD5）和 SHA-1 可以说是应用最广泛的 Hash 算法，它们都是以 MD4 为基础而被设计的。

（1）MD4

MD4（RFC 1320）是麻省理工学院的罗纳德·李维斯特（Ronald L. Rivest）教授在 1990 年设计的，MD 是 Message Digest（消息摘要）的缩写。MD4 适用于在 32 位字长的处理器上通过高速软件实现，MD4 是基于 32 位操作数的位操作来实现的。

（2）MD5

MD5（RFC 1321）是李维斯特于 1991 年对 MD4 进行改进所得的版本。MD5 以 512 位分组来处理输入的信息，其输出是 4 个 32 位字的级联，与 MD4 相同。MD5 比 MD4 更复杂，速度较 MD4 慢，但更安全，在抗分析和抗差分方面表现更好。

（3）SHA-1

SHA-1 是由美国国家标准与技术研究院（National Institute of Standards and Technology, NIST）、美国国家安全局（National Security Agency, NSA）设计，与 DSA 一起使用，它针对长度小于 2^{64} 的输入会产生长度为 160 bit 的散列值，因此抗穷举（brute-force）性更好。SHA-1 的设计基于了和 MD4 相同的原理，并且模仿了该算法。

Hash 函数的应用具有多样性，它们经常是为某一应用而专门设计的。例如，加密 Hash 函数假设存在一个要找到具有相同散列值的原始输入的"敌人"，一个好的加密 Hash 函数是一个"单向"操作：对于给定的散列值，没有实用的方法可以计算出一个原始输入，也就是说很难伪造。以加密散列为目的设计的函数（如 MD5）被广泛用于检验 Hash 函数。这样在下载软件的时候，就会在对照验证代码之后再下载正确的文件部分。此代码有可能会因为环境因素的变化（如机器配置或者 IP 地址的改变）而有变动，以保证源文件的安全性。

Hash 算法在信息安全方面的应用主要体现在以下 3 个方面。

（1）文件校验

我们比较熟悉的校验算法有奇偶校验和循环冗余校验（Cyclic Redundancy Check, CRC），这两种校验并没有抗数据篡改的能力，它们在一定程度上能检测并纠正数据传输中的信道误码，但却不能防止对数据的恶意破坏。

MD5 的"数字指纹"特性使其成为了一种应用最广泛的文件完整性校验（Checksum）和算法，不少 UNIX 系统都提供了计算 MD5 Checksum 的命令。

（2）数字签名

Hash 算法也是现代密码体系中的一个重要组成部分。由于非对称算法的运算速度较慢，因此，在数字签名协议中，单向 Hash 函数扮演了一个重要的角色。对 Hash 值（又称"数字摘要"）进行数字签名，在统计上可以认为与对文件本身进行数字签名是等效的。

（3）鉴权协议

鉴权协议又被称作挑战-认证模式，在传输信道可被侦听但不可被篡改的情况下，这是一种简单而安全的方法。

2.4.2 消息摘要

MD5 算法作为一种经典的单向 Hash 函数，在文件校验、数字签名、版权协议、身份认证以及数据加密中都有广泛应用。下文从单向 Hash 函数开始，对 MD5 算法进行简单介绍。

2.4.2.1 背景

MD5 是在 20 世纪 90 年代初由美国麻省理工学院的计算机科学实验室和 RSA 数据安全公司发明的，经 MD2、MD3 和 MD4 发展而来。李维斯特在 1989 年开发出 MD2 算法。在 MD2 算法中，首先对信息进行数据补位，使信息的字节长度是 16 的倍数；然后，以一个 16 bit 的检验和追加到信息末尾，并且根据这个新产生的信息计算出散列值。后来，罗吉尔（Rogier）等人发现如果忽略了检验，计算过程将和 MD2 产生冲突。MD2 算法加密后的结果是唯一的（即不同信息加密后的结果不同）。

为了加强算法的安全性，李维斯特在 1990 年开发出了 MD4 算法。MD4 算法同样需要填补信息以确保信息的比特位长度减去 448 后能被 512 整除（信息比特位长度 mod 512=448）。然后，一个以 64 bit 二进制表示的信息的最初长度被添加进来。信息被处理成 512 bit 迭代结构的区块，而且每个区块要通过 3 个不同的步骤进行处理。登布尔（Den boer）等人很快发现了攻击 MD4 版本中第 1 步和第 3 步的漏洞。MD4 就此被淘汰。

1991 年，李维斯特开发出了技术上更趋近于成熟的 MD5 算法。MD5 在 MD4 的基础上增加了"安全-带子"（safety-belts）的概念。虽然 MD5 比 MD4 更加复杂，但却更为安全。这个算法很明显地由 4 个和 MD4 设计有少许不同的步骤组成。在 MD5 算法中，信息-摘要的大小和填充的必要条件与 MD4 完全相同。

2.4.2.2 单向 Hash 函数

单向 Hash 函数，又称为哈希函数或杂凑函数，是一种把任意长度的输入消息串变化成固定长度的输出串的函数，这个输出串称为该消息的哈希值。也可以说，单向 Hash 函数用于找到一种数据内容和数据存放地址之间的映射关系。由于输入值大于输出值，因此，不同的输入一定有相同的输出，但是因为空间非常大，很难找出，所以，可以把 Hash 函数值称为伪随机数。

目前常见的单向 Hash 函数如下。

（1）MD5 是 RSA 数据安全公司开发的一种单向散列算法，被广泛使用，可以用于将不同长度的数据块（通过暗码运算）转换成一个 128 bit（16 B）的数值。

（2）SHA（Secure Hash Algorithm）是一种较新的散列算法，可以将任意长度的数据通过运算转换成一个 160 bit（20 B）的数值。目前根据比特位的不同有 SHA-1（160 bit），SHA-2（SHA-256：256 bit，SHA-384：384 bit，SHA-512：512 bit）等不同的 SHA 算法。

（3）消息认证代码（Message Authentication Code，MAC）是一种使用密钥的单向函数，可以用于在系统上或用户间认证文件或消息。用于消息认证的密钥散列法（Hash-based Message Authentication Code，HMAC）就是这种函数的其中一种。

（4）循环冗余校验由于实现简单和检错能力强，因此被广泛应用于各种数据校验应用中。循环冗余校验占用系统资源少，用软、硬件均能实现，是进行数据传输差错检测的一种很好的手段。

单向 Hash 函数有一个输入和一个输出，其中输入称为消息（m），输出称为散列值（h）。单向 Hash 函数主要被用于封装或者数字签名，它必须具有以下性质：

① 给定 h，根据 $H(m)=h$ 求 m 在计算上是不可行的；

② 给定 m，要找到另一消息 m' 并满足 $H(m)=H(m')$ 在计算上是不可行的。

上述特性中的任何弱点都有可能破坏使用单向 Hash 函数进行封装或者数字签名的各种协议的安全性。单向 Hash 函数的重要之处就是赋予 m 唯一的"指纹"。如果用户 A 用数字签名算法 $H(m)$ 进行签名，而用户 B 能产生满足 $H(m)=H(m')$ 的另一消息 m'，那么用户 B 就可以声称用户 A 对 m 进行了数字签名。

单向 Hash 函数除了需要具有上述性质外还需要具有的性质有：

① 给定 m，很容易计算出 h；

② 抗碰撞性，即随机找到两个消息 m 和 m'，使 $H(m)=H(m')$ 在计算上不可行。

2.4.2.3 MD5 算法特点与流程

Message-Digest 泛指字节串（Message）的哈希变换，就是把一个任意长度的字节串变换成一个定长的大整数。这种变换只与字节的值有关，与字符集或编码方式无关。MD5 可以将任意长度的"字节串"变换成一个 128 B 的大整数，并且哈希变换是一个不可逆的字符串变换算法。换句话说，即使看到源程序和算法描述，也无法将一个 MD5 的值变换回原始的字符串，从数学原理上说是因为原始的字符串有无穷多个，其功能类似不存在反函数的数学函数。

（1）MD5 算法特点

压缩性：任意长度的数据，算出的 MD5 值的长度都是固定的。

容易计算：很容易从原数据计算出 MD5 值。

抗修改性：对原数据进行任何改动（即使只修改 1 B）所得到的 MD5 值都有很大区别。

强抗碰撞：已知原数据和其 MD5 值，想找到一个具有相同 MD5 值的数据（即伪造数据）是非常困难的。

（2）MD5 算法流程

MD5 算法流程如图 2-1 所示。MD5 算法可以简述为：MD5 以 512 bit 分组来处理输入的信息，且每一分组又被划分为 16 个 32 bit 子分组，经过一系列的处理后，算法的输出由 4 个 32 bit 分组组成，将这 4 个 32 bit 分组级联后将生成一个 128 bit 散列值，该散列值就是要输出的结果。

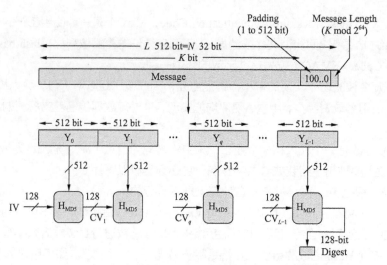

图 2-1 MD5 算法流程

MD5 算法可以分为 5 步，分别是添加填充位、填充长度、初始化缓冲区、循环处理数据和级联输出。

步骤 1：添加填充位

在 MD5 算法中，首先须对信息进行填充，使其位长（Bits Length）对 512 求余的结果等于 448。因此，信息的位长将被扩展至 $N \times 512 + 448$，N 为非负整数，可以是零。填充由一个 1 和后续的 0 组成。

步骤 2：填充长度

以字符串为例。对一个字符串进行 MD5 加密，会先从字符串的处理开始。首先将字符串分割成每 512 bit 为一个分组，形如 $N \times 512 + R$，最后多出来的不足 512 位的 R 部分填充一个 1 和多个 0，直到补足 512 bit。

此外，末尾应预留出 64 bit 记录字符串的原长度。这里应注意，R 为 0 时也要补位，这时候补 512 bit，最高位为 1，整体形如 $1000\cdots00$；如果 R 超出 448，除了要补满这个分组外，还要再补一个 512 bit 的分组（因为 R 超出 448 bit 就不能留出 64 bit 来存放字符串的原长了）。此时最低的 64 bit 用来存放之前字符串的长度 length（长度为字符个数 ×8 bit）的值，如果这个 length 值的二进制位数大于 64 bit，则只保留最低的 64 bit。经过这两步的处理，信息的位长 $=N \times 512 + 448 + 64 = (N+1) \times 512$，即长度恰好是 512 的整数倍。这样做的目的是满足后面步骤中对信息长度的要求。

步骤 3：初始化缓冲区

一个 128 bit 的缓冲区可用于保存 Hash 函数中间和最终的结果。它可以表示为 4 个 32 bit 的寄存器（A，B，C，D）。寄存器初始化为以下十六进制值。

A=67452301，B=EFCDAB89，C=98BADCFE，D=10325476

寄存器内容采用小数在前的格式存储，即将字的低字节存储在低地址字节中，如下所示。

A：01 23 45 67　　　　B：89 AB CD EF
C：FE DC BA 98　　　　D：76 54 32 10

步骤 4：循环处理数据

循环处理数据的流程如图 2-2 所示。这一步以 512 bit 的分组为单位处理消息。包括 4 轮处理。4 轮处理具有相似的结构，但每次都会使用不同的基本逻辑函数，记为 F、G、H、I。

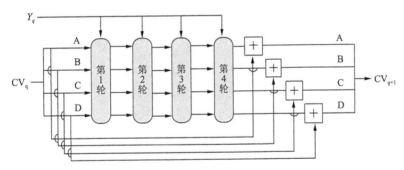

图 2-2　循环处理数据流程

每一轮都会以当前的 512 bit 分组（即图 2-2 中的 Y_q）和 128 bit 缓冲区 A、B、C、D 为输入，并会修改缓冲区的内容。每次使用 64 元素表 $T[1\cdots64]$ 中的 1/4。该 T 表由 sin 函数构造而成。T 的第 i 个元素表示为 $T[i]$，其值等于 $2^{32}\times$abs（sin（i））的整数部分，其中 i 是弧度。abs（sin（i））是一个 0~1 的数，T 的每个元素都是一个可以表示成 32 bit 的整数。每轮的处理会使用不同的基础逻辑函数，如下所示：

$$F(X,Y,Z)=(X\wedge Y)\vee(\neg X\wedge Z)$$
$$G(X,Y,Z)=(X\wedge Z)\vee(Y\wedge\neg Z)$$
$$H(X,Y,Z)=X\otimes Y\otimes Z$$
$$I(X,Y,Z)=Y\otimes(X\vee\neg Z)$$

其中，$\wedge$ 表示按位与，$\vee$ 表示按位或，$\neg$ 表示按位反，$\otimes$ 表示按位异或。

每一轮的操作流程如图 2-3 所示。以第 1 轮操作为例。第 1 轮共进行 16 次操作，每次操作均会首先对 a、b、c、d 中的 3 个做一次非线性函数运算；其次将所得结果加上第 4 个变量、文本的一个子分组 M_i 和一个常数 t_i；再次将所得结果向左环移一个不定的数 S_i，并加上 a、b、c、d 中的一个；最后用该结果取代 a、b、c、d 中的一个。基础逻辑函数 F 是一个逐位运算的函数，H 是逐位奇偶操作符。

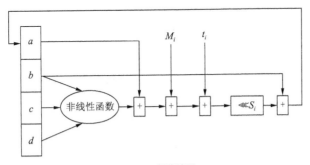

图 2-3　操作流程

首先，定义 $FF(a,b,c,d,M_j,s,t_i)$ 代表的操作为 $a=b+((a+F(b,c,d)+M_j+t_i)<<s)$，同理可以定义剩下 3 轮的操作 GG、HH 和 II 如下所示：

$$GG(a,b,c,d,M_j,s,t_i)\text{ 表示 }a=b+((a+G(b,c,d)+M_j+t_i)<<s)$$
$$HH(a,b,c,d,M_j,s,t_i)\text{ 表示 }a=b+((a+H(b,c,d)+M_j+t_i)<<s)$$
$$II(a,b,c,d,M_j,s,t_i)\text{ 表示 }a=b+((a+I(b,c,d)+M_j+t_i)<<s)$$

然后，可以得到第 1 轮的所有操作：

$$FF(a,b,c,d,M_0,7,0\text{xd76aa478})$$
$$FF(d,a,b,c,M_1,12,0\text{xe8c7b756})$$
$$FF(c,d,a,b,M_2,17,0\text{x242070db})$$
$$FF(b,c,d,a,M_3,22,0\text{xc1bdceee})$$
$$FF(a,b,c,d,M_4,7,0\text{xf57c0faf})$$
$$FF(d,a,b,c,M_5,12,0\text{x4787c62a})$$
$$FF(c,d,a,b,M_6,17,0\text{xa8304613})$$
$$FF(b,c,d,a,M_7,22,0\text{xfd469501})$$
$$FF(a,b,c,d,M_8,7,0\text{x698098d8})$$
$$FF(d,a,b,c,M_9,12,0\text{x8b44f7af})$$
$$FF(c,d,a,b,M_{10},17,0\text{xffff5bb1})$$
$$FF(b,c,d,a,M_{11},22,0\text{x895cd7be})$$
$$FF(a,b,c,d,M_{12},7,0\text{x6b901122})$$
$$FF(d,a,b,c,M_{13},12,0\text{xfd987193})$$
$$FF(c,d,a,b,M_{14},17,0\text{xa679438e})$$
$$FF(b,c,d,a,M_{15},22,0\text{x49b40821})$$

同理，可以得到剩下 3 轮的所有操作，即在将 A、B、C、D 这 4 个幻数按照循环内操作处理之后循环左移一位，从而可以让 4 个幻数有相同的变换次数，使数据影响的分布尽可能平均，保证每位数据的变化都可以引起尽量多的对应哈希值的位变化。

第 2 轮的所有操作：

$$a=GG（a,b,c,d,M_1,5,0\text{xf61e2562}）$$
$$b=GG（d,a,b,c,M_6,9,0\text{xc040b340}）$$
$$c=GG（c,d,a,b,M_{11},14,0\text{x265e5a51}）$$
$$d=GG（b,c,d,a,M_0,20,0\text{xe9b6c7aa}）$$
$$a=GG（a,b,c,d,M_5,5,0\text{xd62f105d}）$$
$$b=GG（d,a,b,c,M_{10},9,0\text{x02441453}）$$
$$c=GG（c,d,a,b,M_{15},14,0\text{xd8a1e681}）$$
$$d=GG（b,c,d,a,M_4,20,0\text{xe7d3fbc8}）$$
$$a=GG（a,b,c,d,M_9,5,0\text{x21e1cde6}）$$
$$b=GG（d,a,b,c,M_{14},9,0\text{xc33707d6}）$$
$$c=GG（c,d,a,b,M_3,14,0\text{xf4d50d87}）$$
$$d=GG（b,c,d,a,M_8,20,0\text{x455a14ed}）$$
$$a=GG（a,b,c,d,M_{13},5,0\text{xa9e3e905}）$$
$$b=GG（d,a,b,c,M_2,9,0\text{xfcefa3f8}）$$
$$c=GG（c,d,a,b,M_7,14,0\text{x676f02d9}）$$
$$d=GG（b,c,d,a,M_{12},20,0\text{x8d2a4c8a}）$$

第 3 轮的所有操作：

$$a=HH（a,b,c,d,M_5,4,0\text{xfffa3942}）$$

$$b=HH（d,a,b,c,M_8,11,0x8771f681）$$
$$c=HH（c,d,a,b,M_{11},16,0x6d9d6122）$$
$$d=HH（b,c,d,a,M_{14},23,0xfde5380c）$$
$$a=HH（a,b,c,d,M_1,4,0xa4beea44）$$
$$b=HH（d,a,b,c,M_4,11,0x4bdecfa9）$$
$$c=HH（c,d,a,b,M_7,16,0xf6bb4b60）$$
$$d=HH（b,c,d,a,M_{10},23,0xbebfbc70）$$
$$a=HH（a,b,c,d,M_{13},4,0x289b7ec6）$$
$$b=HH（d,a,b,c,M_0,11,0xeaa127fa）$$
$$c=HH（c,d,a,b,M_3,16,0xd4ef3085）$$
$$d=HH（b,c,d,a,M_6,23,0x04881d05）$$
$$a=HH（a,b,c,d,M_9,4,0xd9d4d039）$$
$$b=HH（d,a,b,c,M_{12},11,0xe6db99e5）$$
$$c=HH（c,d,a,b,M_{15},16,0x1fa27cf8）$$
$$d=HH（b,c,d,a,M_2,23,0xc4ac5665）$$

第 4 轮的所有操作：

$$a=II（a,b,c,d,M_0,6,0xf4292244）$$
$$b=II（d,a,b,c,M_7,10,0x432aff97）$$
$$c=II（c,d,a,b,M_{14},15,0xab9423a7）$$
$$d=II（b,c,d,a,M_5,21,0xfc93a039）$$
$$a=II（a,b,c,d,M_{12},6,0x655b59c3）$$
$$b=II（d,a,b,c,M_3,10,0x8f0ccc92）$$
$$c=II（c,d,a,b,M_{10},15,0xffeff47d）$$
$$d=II（b,c,d,a,M_1,21,0x85845dd1）$$
$$a=II（a,b,c,d,M_8,6,0x6fa87e4f）$$
$$b=II（d,a,b,c,M_{15},10,0xfe2ce6e0）$$
$$c=II（c,d,a,b,M_6,15,0xa3014314）$$
$$d=II（b,c,d,a,M_{13},21,0x4e0811a1）$$
$$a=II（a,b,c,d,M_4,6,0xf7537e82）$$
$$b=II（d,a,b,c,M_{11},10,0xbd3af235）$$
$$c=II（c,d,a,b,M_2,15,0x2ad7d2bb）$$
$$d=II（b,c,d,a,M_9,21,0xeb86d391）$$

步骤 5：级联输出

处理完所有 512 bit 分组后，将 A、B、C、D 级联输出。输出时应考虑当前机器环境是大端序（Big-Endian，也称大字节序、高字节序，即低位字节排放在内存中的高地址端，高位字节排放在内存中的低地址端）还是小端序（Little-Endian，也称小字节序、低字节序，即低位字节排放在内存中的低地址端，高位字节排放在内存中的高地址端），并需注意字节序的转换。最后输出的结果就是 128 bit 消息摘要。

2.4.3 RFID 安全认证协议

3 次握手的认证协议是 RFID 系统认证的一般模式。第 1 次握手时，阅读器向标签发送信息，当标签接收到信息后，即可明确自身的接收功能是正常的；第 2 次握手时，标签向阅读器发送信息作为应答，当阅读器接收到信息后，阅读器即可明确自身的发送和接收功能都正常；第 3 次握手时，阅读器向标签发送信息，当阅读器接收到信息后，标签可以明确自身的发送功能是正常的。通过 3 次握手，就能明确双方的收发功能均正常，也就是说，可以保证建立的连接是可靠的。在这种认证过程中，属于同一应用的所有标签和阅读器共享同一加密钥，所以 3 次握手的认证协议具有安全隐患。为了提高 RFID 认证的安全性，研究人员设计了大量的 RFID 安全认证协议。RFID 安全认证协议的核心是 Hash 函数。下面介绍几种典型的 RFID 安全认证协议。

2.4.3.1 Hash-Lock 协议

Hash-Lock 协议是一种隐私增强技术，不直接使用真正的节点 ID，而是使用一种短暂性节点（临时节点）ID，这样做的好处是可以保护真实的节点 ID。

为了防止数据信息泄露和被追踪，萨尔马（Sarma）等人提出了基于不可逆 Hash 函数加密的安全协议 Hash-lock。RFID 系统中的标签内存储了两个标签 ID：metaID 与真实 ID。metaID 与真实 ID 是通过 Hash 函数计算标签的密钥 key 而来——对应的，即 metaID=Hash（key）。后台应用系统中的数据库对应存储了标签的 3 个参数：metaID、真实 ID 和 key。

当阅读器向标签发送认证请求时，标签先将 metaID（代替真实 ID）发送给阅读器，然后进入锁定状态；阅读器收到 metaID 后会将其发送给后台应用系统，后台应用系统查找相应的 key 和真实 ID，最后返还给标签；标签将接收到的 key 值进行 Hash 函数取值，判断所取得值与自身存储的 metaID 值是否一致。如果一致，则标签就将真实 ID 发送给阅读器开始认证；如果不一致，则认证失败。

Hash-Lock 协议的流程如图 2-4 所示。

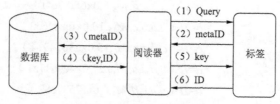

图 2-4 Hash-Lock 协议流程

Hash-Lock 协议的执行过程如下：

（1）阅读器向标签发送 Query 认证请求；

（2）标签将 metaID 发送给阅读器；

（3）阅读器将 metaID 转发给后台数据库；

（4）后台数据库查询自己的数据库，如果找到与 metaID 匹配的项，就将该项的（key，ID）发送给阅读器，其中 ID 为待认证标签的标识，metaID=H（key）；否则，返回给阅读器认证失败信息；

（5）阅读器将从后台数据库接收到的部分信息 key 发送给标签；

（6）标签验证 metaID=Hash（key）是否成立，如果成立，则将其 ID 发送给阅读器；

（7）阅读器比较从标签接收到的 ID 是否与后台数据库发送过来的 ID 一致，如果一致，则认证通过，否则认证失败。

由上述过程可以看出，Hash-Lock 协议中没有 ID 动态刷新机制，并且 metaID 也保持不变，ID 是以明文的形式通过不安全的信道传送的，因此 Hash-Lock 协议非常容易受到假冒攻击和重传攻击，攻击者也可以很容易地对标签进行追踪。也就是说，Hask-Lock 协议没有达到其安全目标。

通过对 Hash-Lock 协议过程进行分析不难看出，该协议没有实现对标签 ID 和 metaID 的动态刷新，并且标签 ID 是以明文的形式进行传输的，这不能防止假冒攻击、重放攻击和跟踪攻击；此外，此协议在数据库中搜索的复杂度 $O(n)$ 是呈线性增长的，还需要 $O(n)$ 次加密操作，这在大规模 RFID 系统中应用得不理想，因此 Hash-Lock 并没有达到预期的安全目标，但是提供了一种很好的安全思想。

2.4.3.2 随机化 Hash-Lock 协议

由于 Hash-Lock 协议的缺陷导致其没有达到预想的安全目标，因此韦斯（Weiss）等人对 Hash-Lock 协议进行了改进，改进过程中采用了基于随机数的询问-应答机制。随机化 Hash-Lock 协议如图 2-5 所示。

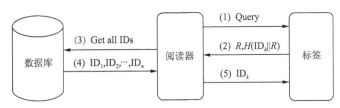

图 2-5　随机化 Hash-Lock 协议

该方法的思想如下：标签内存储了标签 ID_i 与一个随机数产生程序，标签接收到阅读器的认证请求后将（Hash（$ID_i \| R$），R）发送给阅读器，其中 R 由随机数产生程序生成。在收到标签发来的数据后，阅读器请求获得数据库所有的标签 ID_1、ID_2、…、ID_n。阅读器计算是否有一个 ID_k（$1 \leqslant k \leqslant n$）满足 Hash（$ID_k \| R$）=Hash（$ID_i \| R$），如果有，则将 ID_k 发给标签，标签将收到的 ID_k 与自身存储的 ID_i 进行对比并做出判断。

随机化 Hash-Lock 协议的执行过程如下：

（1）阅读器向标签发送 Query 认证请求；

（2）标签生成一个随机数 R，计算 $H(ID_k \| R)$，其中 ID_k 为标签的标志，标签将 R，$H(ID_k \| R)$ 发送给阅读器；

（3）阅读器向后台数据库提出获得所有标签标志的请求；

（4）后台数据库将自己数据库中的所有标签标志（ID_1，ID_2，…，ID_n）发送给阅读器；

（5）阅读器检查是否有某个 ID_j（$1 \leqslant j \leqslant n$）可使 $H(ID_j \| R)$=$H(ID_k \| R)$ 成立，如果有则认证通过，并将 ID_j 发送给标签；

（6）标签验证 ID_j 与 ID_k 是否相同，如果相同，则认证通过。

在随机化 Hash-Lock 协议中，认证通过后的标签标志 ID_k 仍以明文的形式通过不安全信道传送，因此攻击者可以对标签进行有效追踪。同时，一旦获得了标签的标志 ID_k，攻击者就可以对标签进行假冒。当然，该协议也无法抵抗重传攻击。因此，随机化 Hash-Lock 协议也是不安全的。不仅如此，每次标签认证时，后台数据库都需要将所有标签的标志发送给阅读器，二者之间的数据通信量很大。由此可见，该协议也不实用。

2.4.3.3　Hash Chain 协议

由于以上两种协议的不安全性，大久保（Okubo）等人又提出了基于密钥共享的询问-应答安全协议，即 Hash Chain 协议，该协议具有完美的前向安全性。与以上两个协议不同的是，Hash Chain 协议通过两个 Hash 函数 H 与 G 来实现，H 的作用是更新密钥和产生秘密值链，G 用来产生响应。每次认证时，标签会自动更新密钥，且标签和后台应用系统会预先共享一个初始密钥 $k_{t,1}$。该协议如图 2-6 所示。在第 i 次与阅读器交换数据时，标签有其初始值 S_i，标签会发送 $a_i = G(S_i)$ 给阅读器，再根据以前的 S_i 更新密钥 $S_{i+1} = H(S_i)$。其中 G 和 H 都是 Hash 函数。

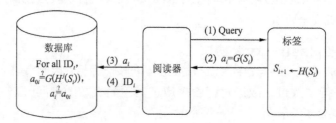

图 2-6　Hash Chain 协议

该协议满足了不可分辨和前向的安全特性。G 是单向方程，因此攻击者能获得标签输出钩，但是不能从 a_i 获得 S_i。G 输出随机值，因此攻击者能观测到标签输出，但不能把 a_i 和 a_{i+1} 联系起来。H 也是单向方程，因此攻击者能篡改标签并获得标签的密钥值，但不能从 S_{i+1} 获得 S_i。该协议的优势很明显，但是有太多的计算和比较过程。为了识别一个 ID，后台服务器不得不计算 ID 列表中的每个 ID。假设在数据库中有 N 个已知的标签 ID，则数据库不得不进行 N 次 ID 搜索、$2N$ 次 Hash 方程计算和 N 次比较。计算机处理负载会随着 ID 列表长度的增加呈线性增加，因此该方法也不适合存在大量标签的情况。

为了克服上述情况，大久保等人提出了一种能够减少可测量性的时空内存折中方案，其协议如图 2-7 所示。其本质也是基于共享密钥的询问-应答协议。但是在该协议中，当使用两个不同 Hash 函数的阅读器发起认证时，标签总是会发送不同的应答。值得说明的是，提出者声称该折中的 Hash-Chain 协议具有完美的前向安全性。

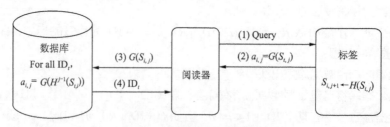

图 2-7　折中的 Hash Chain 协议

在系统运行之前，标签和后台数据库首先要预共享一个初始密钥值 $S_{t,1}$。标签和阅读器之间执行第 j 次 Hash Chain 的过程如下：

（1）阅读器向标签发送 Query 认证请求；

（2）标签使用当前的密钥值 $S_{t,j}$ 计算 $a_{t,j} = H(S_{t,j})$，并更新其密钥值为 $S_{t,j+1} = H(S_{t,j})$，

标签将 $a_{t,j}$ 发送给阅读器；

（3）阅读器将 ID$_t$ 转发给后台数据库；

（4）后台数据库针对所有的标签数据项查找并计算是否存在某个 ID$_t$（$1 \leq t \leq n$）以及是否存在某个 j（$1 \leq j \leq m$，其中 m 为系统预设置的最大链长度）。如果有，则认证通过，并将 ID$_t$ 发送给标签，否则认证失败。

实质上，在该折中的 Hash Chain 协议中，标签成为了一个具有自主更新能力的主动式标签。同时，由上述流程可以看出，该折中的 Hash Chain 协议是一个单向认证协议，即它只能对标签身份进行认证。不难看出，该协议非常容易受到重传攻击和假冒攻击，只要攻击者截获某个 $a_{t,j}$，就可以进行重传攻击，伪装标签通过认证。此外，每次标签认证发生时，后台数据库都要对每个标签进行 j 次 Hash 运算，因此计算载荷也很大。同时，该协议需要两个不同的 Hash 函数，这也增加了标签的制造成本。

2.4.3.4 基于 Hash 的 ID 变化协议

基于 Hash 的 ID 变化协议与 Hash Chain 协议相似，每一次应答中的 ID 交换信息都不相同。该协议可以抗重传攻击，因为系统使用了一个随机数 R 对标签标志不断地进行动态刷新，同时还对 TID（最后一次应答号）和 LST（最后一次成功的应答号）信息进行更新。该协议如图 2-8 所示。

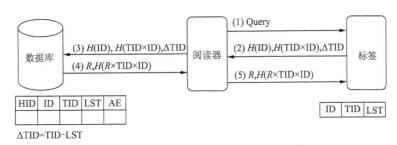

ΔTID=TID-LST

图 2-8　基于 Hash 的 ID 变化协议

基于 Hash 的 ID 变化协议的执行过程如下：

（1）阅读器向标签发送 Query 认证请求；

（2）标签将当前应答号加 1，并将 H（ID）、H（TID × ID）、Δ TID 发送给阅读器，可以使后台数据库恢复出标签的标志，Δ TID 则可以使后台数据库恢复出 TID、H（TID × ID）；

（3）阅读器将 H（ID）、H（TID × ID）、Δ TID 转发给后台数据库；

（4）依据所存储的标签信息，后台数据库检查所接收数据的有效性，如果数据全部有效，则它产生一个秘密随机数 R，并将（R，H（R × TID × ID））发送给阅读器，然后数据库更新该标签的 ID 为 ID$\oplus R$，并相应地更新 TID 和 LST；

（5）阅读器将（R，H（R × TID × ID））转发给标签；

（6）标签验证所接收信息的有效性；如果有效，则认证通过。

通过以上步骤的分析可以看出，该协议有一个弊端是后台应用系统更新标签 ID 和 LST 与标签更新的时间不同步。后台应用系统更新是在第 4 步，而标签更新是在第 5 步，此刻后台应用系统已经更新完毕。如果攻击者在第 5 步进行数据阻塞或者干扰，导致标签收不到（R，H（R×TID×ID）），则会造成后台存储标签数据与标签更新数据不同步，这又会导致下次认证失败。所以，该协议不适用于分布式 RFID 系统环境，且存在数据库同步的潜在安全隐患。

2.4.3.5 数字图书馆 RFID 协议

戴维（David）等人提出了数字图书馆 RFID 协议，其使用基于预共享密钥的伪随机函数来实现认证，如图 2-9 所示。

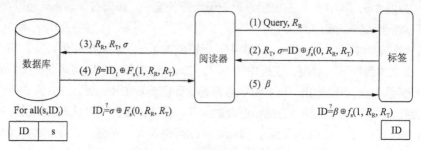

图 2-9 数字图书馆 RFID 协议

David 提出的数字图书馆 RFID 协议的执行过程如下：

（1）当标签进入阅读器的识别范围后，阅读器向其发送 Query 消息以及阅读器产生的秘密随机数 R_R，请求认证；

（2）标签接收到阅读器发送过来的请求消息后，自身生成一个随机数 R_T，结合标签自身的 ID 和秘密值 k 计算出 $\delta=\mathrm{ID}_i \oplus F_s（0,R_R,R_T）$，计算完成后，标签将（$R_T$，$\delta$）一起发送给阅读器；

（3）阅读器将标签发送过来的数据（R_T，δ）转发给后台数据库；

（4）后台数据库查找数据库中存储的所有标签 ID，看其中是否有一个 ID_j（$1 \leqslant j \leqslant n$）满足 $\mathrm{ID}_j=\delta \oplus F_s（0,R_R,R_T）$，若有，则认证通过，同时计算 $\beta=\mathrm{ID}_i \oplus F_s（1,R_R,R_T）$ 并将其传输给阅读器；

（5）阅读器将 β 发送给标签，标签对收到的 β 进行验证，看其是否满足 $\mathrm{ID}=\beta \oplus \mathrm{ID}_i \oplus F_s（1,R_R,R_T）$，若满足，则认证成功。

截至目前，David 的数字图书馆 RFID 协议还没有出现比较明显的安全漏洞，唯一的不足是，为了实现该协议，标签内必须内嵌伪随机数产生程序和加解密程序，这会增加标签设计的复杂程度，故而设计成本也会相应提高，因此该协议不适合小成本的 RFID 系统。

2.4.3.6 分布式 RFID 询问−应答认证协议

分布式 RFID 询问-应答认证协议是里（Rhee）等人基于分布式数据库环境提出的双向认证 RFID 系统协议，如图 2-10 所示。

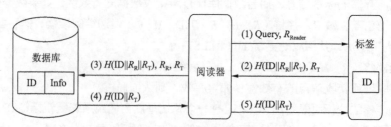

图 2-10 分布式 RFID 询问−应答认证协议

分布式 RFID 询问-应答认证协议的执行过程如下。

（1）当标签进入阅读器的识别范围后，阅读器向其发送 Query 消息以及阅读器产生的秘密

随机数 R_R，请求认证。

（2）标签接到阅读器发送过来的请求后，生成一个随机数 R_T，并计算出 $H(\text{ID}\|R_R\|R_T)$，ID 是标签的 ID，H 为标签和后台数据库共享的 Hash 函数。然后，标签将（$H(\text{ID}\|R_R\|R_T)$，R_T）发送给阅读器。

（3）阅读器收到标签发送来的（$H(\text{ID}\|R_R\|R_T)$，R_T）后，向其中添加之前自己生成的随机数 R_R，并将（$H(\text{ID}\|R_R\|R_T)$，R_T，R_R）一同发给后台数据库。

（4）后台数据库收到阅读器发送来的数据后，检查数据库存储的标签 ID 中是否有一个 ID_j（$1 \leqslant j \leqslant n$）满足 $H(\text{ID}_j\|(R_R\|R_T)=H(\text{ID}\|R_R\|R_T)$，若有，则认证通过，并把 $H(\text{ID}_j\|R_T)$ 发送给阅读器。

（5）阅读器把 $H(\text{ID}_j\|R_T)$ 发送给标签进行验证，若 $H(\text{ID}_j\|R_T)=H(\text{ID}\|R_T)$，则认证通过，否则认证失败。

该协议与上一个协议一样，目前为止还没有发现明显的安全缺陷和漏洞，不足之处在于成本太高，不适合小成本 RFID 系统，因为一次认证过程需要两次 Hash 运算，阅读器和标签都需要内嵌随机数生成函数和模块。

2.4.3.7　低成本鉴析协议

低成本鉴析协议（Low-cost Authentication Protocol，LCAP）是基于标签 ID 动态刷新的询问-应答双向认证协议。但是与前面的其他同类协议不同，它每次执行之后都要动态刷新标签的 ID。该协议如图 2-11 所示。

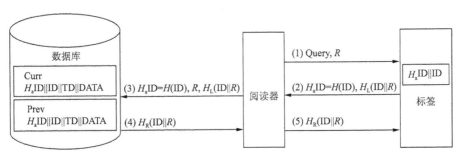

图 2-11　低成本鉴析协议

低成本鉴析协议的执行过程如下。

（1）当标签进入阅读器的识别范围后，阅读器向其发送 Query 消息以及阅读器产生的秘密随机数 R，请求认证。

（2）标签收到阅读器发送过来的数据后，利用 Hash 函数计算出 $H_a\text{ID}=H(\text{ID})$ 以及 $H_L(\text{ID}\|R)$，其中 ID 为标签的 ID，H_L 表示 Hash 函数映射值的左半部分，即 $H(\text{ID}\|R)$ 的左半部分；之后标签将（$H_a\text{ID}$，$H_L(\text{ID}\|R)$）一起发送给阅读器。

（3）阅读器收到（$H_a\text{ID}$，$H_L(\text{ID}\|R)$）后，在其中添加之前发送给标签的随机数 R，整理后将（$H_a\text{ID}$，$H_L(\text{ID}\|R)$，R）发送给后台数据库。

（4）后台数据库收到阅读器发送过来的数据后，检查数据库存储的 $H_a\text{ID}$ 是否与阅读器发送过来的一致。若一致，则利用 Hash 函数计算 R 和数据库存储的 $H_a\text{ID}$ 的 $H_R(\text{ID}\|R)$，H_R 表示 Hash 函数映射值的右半部分，即 $H(\text{ID}\|R)$ 的右半部分，同时后台数据库更新 $H_a\text{ID}$ 为 $H(\text{ID}\oplus R)$，ID 为 $\text{ID}\oplus R$。将之前存储的数据中的 TD 数据域设置为 $H_a\text{ID}=H(\text{ID}\oplus R)$，然后

将 H_R（ID$\|R$）发送给阅读器。

（5）阅读器收到 H_R（ID$\|R$）后将其转发给标签。标签收到 H_R（ID$\|R$）后验证其有效性，若有效，则认证成功。

通过对以上流程的分析不难看出，LCAP 存在与基于 Hash 的 ID 变化协议一样的不足，就是标签 ID 更新不同步，后台数据库更新在第 4 步，而标签更新是在其更新之后的第 5 步，如果攻击者攻击导致第 5 步不能成功，就会造成标签数据不一致，进而导致认证失败以及下一次认证的失败。因此该协议不适用于分布式数据库 RFID 系统。

以上几种安全认证协议可分为两类：单项认证和双向认证。单项认证只对标签的合法性进行认证，条件是阅读器和后台数据库绝对安全，主要代表有 Hash-Lock 协议和随机化 Hash-Lock 协议，认证速度快，成本低，但是安全性低。双向认证是指阅读器、后台数据库在对标签进行验证的同时，标签也要对阅读器、后台数据库进行验证，这类协议安全性强，但是成本高。

表 2-1 对几种 RFID 安全认证协议的抗攻击能力进行了比较。

表 2-1　RFID 安全认证协议的抗攻击能力对比

安全认证协议	防窃听攻击	防推理攻击	防拒绝服务攻击	防重放攻击	防欺骗攻击	防位置跟踪攻击
Hash-Lock	×	×	√	×	×	×
随机化 Hash-Lock	√	√	×	×	×	√
Hash Chain	√	√	×	×	×	√
基于 Hash 的 ID 变化	√	√	×	√	×	√
数字图书馆 RFID	√	√	√	×	√	√
分布式 RFID 询问-应答	√	√	√	×	√	√
LACP	√	√	√	×	√	√

2.5　摄像头的安全与隐私机制

物联网摄像头为了方便管理员远程监控，一般会有公网 IP（或端口映射）接入互联网。因此，许多暴露在互联网上的摄像头也成了黑客的目标。2016 年 10 月发生在美国的大面积断网事件，导致美国东海岸地区大面积网络瘫痪，其原因为美国域名解析服务提供公司 Dyn 当天受到了强力的 DDoS 攻击。Dyn 公司称此次 DDoS 攻击行为来自一千万个 IP 源，其中重要的攻击来源于物联网设备。这些设备遭受了一种称为 Mirai 病毒的入侵攻击，大量设备形成了引发 DDoS 攻击的僵尸网络。遭受 Mirai 病毒入侵的物联网设备包括大量网络摄像头，Mirai 病毒攻击这些物联网设备的主要手段是通过出厂时的登录用户名和并不复杂的口令猜测。

2.5.1　物联网摄像头风险分析

据统计，这些受控物联网摄像头存在的漏洞类型主要包括弱口令类漏洞、越权访问类漏洞、远程代码执行类漏洞以及专用协议远程控制类漏洞。

弱口令类漏洞比较普遍，目前在互联网上还可以查到大量使用初始弱口令的物联网监控设备。这类漏洞通常被认为是容易被别人猜测到或被破解工具破解的口令，此类口令仅包含简单数字和字母，如"123""abc"等。这些摄像头被大量运用在工厂、商场、企业、写字楼等地方。常见的默认弱口令账户包括 admin/12345、admin/admin 等。

越权访问类漏洞是指攻击者能够执行其本身没有资格执行的一些操作，属于"访问控制"的问题。通常情况下，我们使用应用程序提供的功能时，流程是：登录→提交请求→验证权限→数据库查询→返回结果。如果在"验证权限"环节存在缺陷，那么便会导致越权。一种常见的越权情形是：应用程序的开发者安全意识不足，认为通过登录即可验证用户的身份，而对用户登录之后的操作不做进一步的权限验证，进而导致越权问题产生。这类漏洞属于影响范围比较广的安全风险，涉及的对象包括配置文件、内存信息、在线视频流信息等。通过此漏洞，攻击者可以在非管理员权限的情况下访问摄像头产品的用户数据库，提取用户名与哈希密码。攻击者可以利用用户名与哈希密码直接登录该摄像头，从而获得该摄像头的相关权限。

远程代码执行类漏洞产生的原因是开发人员编写源码时没有针对代码中可执行的特殊函数入口进行过滤，导致客户端可以提交恶意构造语句，并交由服务器端执行。命令注入攻击中，Web 服务器没有过滤类似 system()、eval()、exec() 等函数，是该漏洞被攻击成功的最主要原因。存在远程代码执行类漏洞的网络摄像头的 HTTP 头部 Server 均带有 "Cross Web Server" 特征，黑客利用该类漏洞可获取设备的 shell 权限。

专用协议远程控制类漏洞是指应用程序开放 telnet、ssh、rlogin 以及视频控制协议等服务，本意是给用户一个远程访问的登录入口，方便用户在不同办公地点随时登录应用系统。由于没有针对源代码中可执行的特殊函数入口进行过滤，因此客户端可以提交恶意构造语句，并交由服务器端执行，进而使攻击者得逞。

2.5.2　物联网摄像头安全措施

黑客攻击都有一定的目的，或者是经济目的，或者是政治目的。针对物联网摄像头，只要让黑客攻击所获利益不足以弥补其所付出的代价，那么这种防护就是成功的。当然，要正确评估攻击代价与攻击利益也很困难，只能根据物联网摄像头的实际情况（包括本身的资源、重要性等因素）进行安全防护。但是，对物联网摄像头的安全防护，不能简单地使用"亡羊补牢"（发现问题后再进行弥补）的措施，即便如此，我们也不必对安全防护失去信心。

为了实现智慧城市中的物联网摄像头的安全防护，必须联合各方尽快采取下列安全措施。

（1）加强视频监控系统使用者的安全意识。使用者及时更改默认用户名，设置复杂口令，采取强身份认证和加密措施，及时升级补丁，定期进行配置检测、基线检测。

（2）加强视频监控系统的生产过程管控。做好安全关口把控，将安全元素融入系统生产中，杜绝后门，降低代码出错率。

（3）建立健全视频监控系统的生产标准和安全标准，为明确安全责任和建立监管机制提供基础。

（4）建立监管机制。一方面，对视频监控系统进行出厂安全检测；另一方面，对已建设系统进行定期抽查，督促整改。

（5）加大视频监控系统安全防护设施的产业化力度。在"产、学、研、用"的模式下推进视频监控系统安全防护设施的产业发展，不断提高整体防护能力。

2.6 二维码的安全与隐私机制

二维码的应用发展得比较早。早在 20 世纪 80 年代开始，日本和韩国就有快餐店和便利店在宣传单和优惠券上使用二维码，后来又逐步发展到将二维码作为电影和表演的入场券，观众只需在特定设备上扫码即可进入。目前通过扫描加密二维码进行登记、付费等的相关应用已经非常普遍了。

2008 年北京奥运会以后，二维码在我国开始普及，电影票、登机牌、火车票等都开始出现二维码。特别是随着支付宝和微信支付的普及，扫码付款已经成为日常生活的一部分。

二维码的安全保护一直是一个研究热点。由于二维码的数据内容与制作来源难以监管，编码、译码过程完全开放，识读软件质量参差不齐，因此在缺乏统一管理规范的前提下，易造成二维码信息泄露和信息涂改等安全威胁。

针对二维码的攻击方式呈现出了多样性的特点，主要包括以下 4 类。

（1）诱导登录恶意网站：攻击者只需将伪造、诈骗或钓鱼等恶意网站的网址链接制作成二维码图形，即可在诱导用户扫码登录其网站后，获取用户输入的个人敏感信息、金融账号等。

（2）木马植入：攻击者将自动下载恶意软件的命令编入二维码，当用户在缺少防护措施的情况下扫描该类二维码时，用户系统就会被悄悄植入木马、蠕虫或隐匿软件，攻击者在后台就可以肆意破坏用户文件、偷窃用户信息，甚至远程控制用户、群发收费短信等。

（3）信息劫持：很多商家都提供扫码支付等在线支付手段，因此网络支付平台会根据用户订单生成二维码，以方便用户扫描支付。若攻击者劫持了商家与用户之间的通信信息，并恶意修改订单，那么将对用户和商家造成直接的经济损失。

（4）网页（Web）攻击：随着手机浏览器功能的日趋成熟，用户能够通过手机输入网站域名或提交 Web 表单。攻击者利用 Web 页面的漏洞，将非法 SQL 语句编入二维码，当用户使用手机扫描二维码登录 Web 页面时，恶意 SQL 语句就会自动执行（SQL 注入）。若数据库防范机制脆弱，则会造成数据库被侵入，进而导致更严重的危害。

除了基于密码的安全二维码方法外，还有基于信息隐藏的二维码保护算法。该算法通过在二维码中嵌入一些秘密信息，改变二维码的形态，从而使攻击者无法获知其内容。嵌入的信息可以被正常提取以无损地恢复二维码。

基于信息隐藏的二维码保护算法将二维码图像分成若干小块，将每个小块扫描成一维序列后嵌入 1 bit 信息。二维码图像是一种二值图像，连续像素具有同种颜色的概率很高。因此，针对每一行，不再直接对每个位置具有的像素进行编码，而是对颜色变化的位置和从该位置开始的连续同种颜色的个数进行编码。图 2-12 所示的编码结果为：$\langle a_0, 3\rangle$，$\langle a_1, 5\rangle$，$\langle a_2, 4\rangle$，$\langle a_3, 2\rangle$，$\langle a_4, 1\rangle$，即可以将该像素序列编码成$\langle a_i, RL(a_i)\rangle$的形式，其中，$a_i$ 为像素值，$RL(a_i)$ 为连续 a_i 的个数，亦称为行程，可用行程的奇偶性来表示嵌入的 0、1 信息。同时，为了能够在信息提取后完全恢复载体数据，可通过 1 像素的奇偶校验来判断该像素块是否进行了修改。

算法的具体步骤如下。

第 1 步：将二维码边缘部分进行填充，使得二维码图像的像素长宽都为 3 的倍数，把二维码分成互不重叠的 3×3 小块。

第 2 步：将每个 3×3 小块按照图 2-13 所示从 b_1 到 b_9 的顺序扫描成一维序列，并对该序列进行行程编码，每个小块编码为<a_i，RL（a_i）>序列，其中 a_i 为 0 或 1，RL（a_i）为 0 或 1 的连续个数。

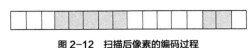

图 2-12　扫描后像素的编码过程

b_1	b_2	b_3
b_6	b_5	b_4
b_7	b_8	b_9

图 2-13　像素值扫描顺序

第 3 步：选出第一个行程最长的编码，将行程为奇数的表示为嵌入 1，行程为偶数的表示为嵌入 0。如果行程奇偶性与嵌入信息不符，则将行程值加 1。

第 4 步：根据该图像块是否被修改过，对 1 像素进行奇偶校验，1 像素为偶数表示该块未被修改过，1 像素为奇数表示该块被修改过，如须修改，则改变 b_9 像素的值。

第 5 步：重复上述过程，直到所有分块均被修改。

上述过程中，由于行程值为 9 的行程编码修改后将越界，故其不作为嵌入块。同时，最长行程包含 b_9 像素值的编码，由于其长度可能会发生变化，故其也不作为嵌入块。

2.7　本章小结

本章分析了物联网感知层面临的安全问题，探讨了物联网感知层的安全机制；重点分析了物联网的 RFID 安全与隐私保护问题，探讨了 RFID 的物理安全机制、逻辑安全机制和两者结合的综合安全机制；讨论了 RFID 的几种常用安全认证协议，并对它们做了比较。最后，简要地讨论了摄像头的安全与隐私机制、二维码的安全与隐私机制。

2.8　习题

（1）物联网感知层面临的安全威胁有哪些？如何应对这些安全威胁？

（2）物联网感知层安全防护技术的主要特点是什么？

（3）简述物联网中 RFID 的主要安全机制。

（4）说明物联网中 RFID 的物理安全机制与逻辑安全机制的区别。

（5）简述 RFID 隐私保护机制。

（6）讨论 RFID 的主要安全认证协议，并说明各类协议的优缺点。

（7）简述摄像头使用的主要安全与隐私机制。

（8）调研基于图块分割的二维码隐私机制。

（9）若 Hash 函数输出空间的大小为 2160，则找到该 Hash 函数的一个碰撞概率大于 1/2 的哈希值所需要的计算量是多少？

（10）分析 MD5 算法的缺陷，并讨论其主要应用于何种安全认证。

（11）简述 Hash-Lock 协议的工作原理，并编程实现该协议。

（12）简述随机化 Hash-Lock 协议的工作原理，并编程实现该协议。

（13）分析 Hash-Lock 协议和随机化 Hash-Lock 协议的差异和优缺点。

（14）构建一种支持隐私保护的加密二维码，并开发相应的手机 App，以实现加密二维码的识别功能。

（15）设计一种对视频数据进行安全管理的方案。

03

chapter

物联网数据安全

　　随着物联网的兴起和飞速发展，数据正以前所未有的速度不断地增长和累积，实现物联网的数据安全与隐私保护日益重要，并已经成为"物理-信息融合系统"得以持续发展的重要挑战。本章主要讨论物联网在数据传输、数据存储和数据处理过程中的数据安全技术，包括数据安全的基本概念、理论模型、关键技术和案例实现等。

3.1.1 物联网数据安全的概念

物联网通过各种传感器产生各类数据，数据种类复杂，特征差异大。数据安全需求随着应用对象不同而不同，需要有一个统一的数据安全标准。参考信息系统中的数据安全保护模型，物联网数据安全也需要遵循数据机密性（Confidentiality）、完整性（Integrity）和可用性（Availability）3 个原则（即 CIA 原则），以保证物联网的数据安全。

（1）数据机密性

数据机密性（Data Confidentiality）是指通过加密保护数据免遭泄露，防止信息被未授权用户获取，包括防分析。例如，加密一份工资单可以防止没有掌握密钥的人读取其内容。如果用户需要查看其内容，则必须解密。只有密钥的拥有者才能够将密钥输入解密程序。然而，如果输入密钥到解密程序时，密钥被其他人读取，则这份工资单的机密性就会被破坏。

（2）数据完整性

数据完整性（Data Integrity）是指数据的精确性（Accuracy）和可靠性（Reliability）。通常使用"防止非法的或未经授权的数据改变"来表达完整性。完整性是指数据不因人为因素而改变其原有内容、形式和流向。完整性包括数据完整性（即信息内容）和来源完整性（即数据来源，一般通过认证来确保）。数据来源可能会涉及来源的准确性和可信性，也涉及人们对此数据所赋予的信任度。例如，某媒体刊登了从某部门泄露出来的数据信息，却声称数据来源于另一个信息源。虽然数据按原样刊登（保证了数据完整性），但是数据来源不正确（破坏了数据的来源完整性）。

（3）数据可用性

数据可用性（Data Availability）是指期望的数据或资源的使用能力，即保证数据资源能够提供既定的功能，无论何时何地，只要需要即可使用，而不会因系统故障或误操作等使资源丢失或妨碍对资源的使用。可用性是系统可靠性与系统设计中的一个重要方面，因为一个不可用的系统是无意义的。可用性之所以与安全相关，是因为有恶意用户可能会蓄意使数据或服务失效，以此来拒绝用户对数据或服务的访问。

3.1.2 物联网数据安全的特点

物联网系统中的数据大多是一些应用场景中的实时感知数据，其中不乏国家重要行业的敏感数据。物联网应用系统中数据安全保证是物联网健康发展的重要保障。

信息与网络安全的目标是保证被保护信息的机密性、完整性和可用性。这个要求贯穿于物联网的数据感知、数据汇聚、数据融合、数据传输、数据处理与决策等各个环节，并体现了与传统信息系统安全的差异性。

第一，在数据采集与数据传输安全方面，感知节点通常结构简单、资源受限，无法支持复杂的安全功能；感知节点及感知网络种类繁多，采用的通信技术多样，相关的标准规范不完善，尚未建立统一的安全体系。

第二，在物联网数据处理安全方面，许多物联网相关的业务支撑平台对于安全的策略导向都是不同的，这些不同规模范围、不同平台类型、不同业务分类给物联网相关业务层面的数据处理安全带来了全新的挑战；另外，还需要从机密性、完整性和可用性角度去分别考虑物联网中信息交互的安全问题。

第三，在数据处理过程中同样也存在隐私保护问题，要建立访问控制机制，实现隐私保护下的物联网信息采集、传输和查询等操作。

总之，物联网的安全特征体现了感知信息的多样性、网络环境的复杂性和应用需求的多样性，给安全研究提出了新的更大的挑战。物联网以数据为中心的特点与应用密切相关，这也决定了物联网以下总体安全目标。

（1）保密性：避免非法用户读取机密数据。一个感知网络不应泄露机密数据到相邻网络。

（2）数据鉴别：避免物联网节点被恶意注入虚假信息，以确保信息来源于正确的节点。

（3）访问控制：避免非法设备接入物联网。

（4）完整性：通过校验数据是否被修改，确保信息被非法（未经认证）改变后仍能被识别。

（5）可用性：确保感知网络的信息和服务在任何时候都可以提供给合法用户。

（6）新鲜性：保证接收到数据的时效性，确保接收到的信息是非恶意节点重放的。

在物联网环境中，一般情况下，数据将经历感知、传输、处理这一生命周期。在整个生命周期内，除了面临一般的信息网络安全威胁外，还面临其特有的威胁和攻击。但这些安全都离不开数据加密和隐私保护的基础性技术。

3.2　密码学的基本概念

密码是一种用来进行信息混淆的技术，它希望将正常的、可识别的信息转变为无法识别的信息。密码学是一个既古老又新兴的学科。密码学（Cryptology）源自希腊文"krypto's"及"logos"，直译即为"隐藏"及"讯息"之意。

戴维·卡尔（David Kahn）在其著作《密码学圣经》中是这样定义密码学的："密码学就是保护。通信对于现代人来说，就好比甲壳对于海龟、墨汁对于乌贼、伪装对于变色龙一样重要。"密码学虽已有好几百年的历史，但仍是年轻、新颖和令人兴奋的学科。密码学是一个不断变化且总会出现新挑战的领域。

3.2.1　密码学的发展历史

密码学的发展大致可以分为 3 个阶段。

（1）1949 年之前是密码发展的第一阶段——古典密码体制。古典密码体制是通过某种方式的文字置换进行的，这种置换一般是通过某种手工或机械变换方式进行的，同时简单地使用了数学运算。虽然在古代的加密方法中已体现了密码学的若干要素，但它只是一门艺术，而不是一门学科。

（2）1949—1975 年是密码学发展的第二阶段。1948 年，克劳德·艾尔伍德·香农（Claude Elwood Shannon）发表了题为 *A Mathematical Theory of Communication*（通信的数学理论）的文章。香农理论的重要价值是关于熵（entropy）的概念，他证明熵与信息内容的不确定程度有等价关系。香农提出的信息熵为密码学的发展带来了新气象。借由信息熵可以定量地分析解密一个加密算法所需要的信息量，这标志着密码学进入了信息论时代。1949 年，香农发表了题为《保密系统的通信理论》的著名论文，把密码学置于坚实的数学基础之上，标志着密码学作为一门学科的形成，这是密码学的第一次飞跃。然而在该时期，密码学主要用于政治、外交、军事等方面，其研究是被秘密进行的，密码学理论的研究工作进展不大，公开发表的密码学相关论文很少。

（3）1976 年至今是密码学发展的第三阶段——现代密码体制。1976 年，惠特菲尔德·迪菲（Whitefield Diffie）和马丁·赫尔曼（Martin Hellman）在《密码编码学新方向》一文中提出了公开密钥的思想，这是密码学的第二次飞跃。1977 年，美国数据加密标准（Data Encryption Standard，DES）的公布使密码学的研究得以公开，密码学得到了迅速发展。1994 年，美国联邦政府颁布的密钥托管加密标准（Escrowed Encryption Standard，EES）和数字签名标准（Data Signature Standard，DSS）以及 2001 年颁布的高级数据加密标准（Advanced Encryption Standard，AES），都是密码学发展史上一个个重要的里程碑。

古典密码学包含两个相互对立的分支，即密码编码学（Cryptography）和密码分析学（Cryptanalytics）。前者编制密码以保护秘密信息，后者研究加密消息的破译以获取信息，二者相辅相成。现代密码学除了包括密码编码学和密码分析学外，还包括密钥管理、安全协议、Hash 函数等内容。密钥管理包括密钥的产生、分配、存储、保护、销毁等环节，秘密寓于密钥之中，所以密钥管理在密码系统中至关重要。随着密码学的进一步发展，涌现出了大量的新技术和新概念，如零知识证明、盲签名、量子密码学等。

3.2.2　数据加密模型

在密码学中，伪装（变换）之前的信息是原始信息，称为明文（plain text）；伪装之后的信息，看起来是一串无意义的乱码，称为密文（cipher text）。把明文伪装成密文的过程称为加密（encryption），该过程使用的数学变换方法就是加密算法；将密文还原为明文的过程称为解密（decryption），该过程使用的数学变换方法称为解密算法。

密码算法是用于加密和解密的数学函数。通常情况下，有两个相关的函数：一个用于加密，另一个用于解密。加密简单地说就是一组含有参数 k 的变换 E。解密简单地说就是一组含有参数 k 的变换 D。设已知消息 m，通过变换 E 得到密文 C，即 $C=E(m, k)$。E 为加密算法，k 不同，则密文 C 不同。传统的保密通信机制的数据加密模型如图 3-1 所示。

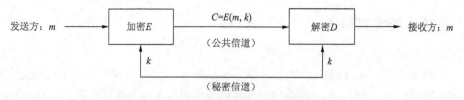

图 3-1　传统的保密通信机制的数据加密模型

由上可知，密码技术包含与加密和解密这两方面密切相关的内容。加密是研究、编写密码系统，把数据和信息转换为不可识别的密文的过程；解密是研究密码系统的加密途径，恢复数据和信息本来面目的过程。加密和解密过程共同组成了加密系统。图 3-2 给出了加密系统的基本构成。

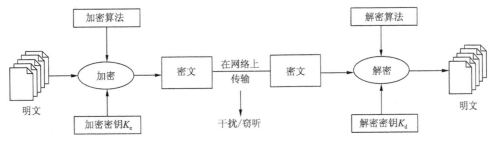

图 3-2 　加密系统的基本构成

为了有效控制加密、解密算法的实现，在加密系统的实现过程中，需要某些只被通信双方所掌握的专门的、关键的信息参与，这些信息通常被称为密钥，有时也称为密码。其中，用作加密的密钥被称作加密密钥（K_e），用作解密的密钥被称作解密密钥（K_d）。加密和解密的密钥若相同，则称其为对称或单钥型密钥，若不同，则称其为不对称或双钥型密钥。

3.2.3　密码体制

加密系统采用的基本工作方式称为密码体制。密码体制的基本要素是密码算法和密钥。密码算法是一些公式、法则或程序，密钥是密码算法中的控制参数。

一个密码体制是满足以下条件的五元组（P，C，K，E，D）。

（1）P 表示所有可能的明文组成的有限集（明文空间）。

（2）C 表示所有可能的密文组成的有限集（密文空间）。

（3）K 表示所有可能的密钥组成的有限集（密钥空间）。

（4）对任意的 $k \in K$，都存在一个加密算法 $E_k \in E$ 和相应的解密算法 $D_k \in D$；并且对每一个 E_k: $P \to C$，对每一个 D_k: $C \to P$，对任意明文 $x \in P$：$D_k(E_k(x)) = x$。

密码体制可以分为对称密码体制（Symmetric System, One-key System, Secret-key System）和非对称密码体制（Asymmetric System, Two-key System, Public-key System）。在对称密码体制中，加密密钥和解密密钥相同，或者说一个密钥可以从另一个导出，即能加密就能解密，加密能力和解密能力是结合在一起的，开放性差。在非对称密码体制中，加密密钥和解密密钥不相同，从一个密钥导出另一个密钥在计算上不可行，加密能力和解密能力是分开的，开放性好。

除了上述两种密码体制外，还有下列密码体制。

（1）确定型密码体制：当明文和密钥确定后，密文也就唯一地确定了。

（2）概率型密码体制：当明文和密钥确定后，密文通过客观随机因素从一个密文集合中产生，密文形式不确定。

（3）单向函数型密码体制：适用于不需要解密的场合，易将明文加密成密文，如 Hash 函数。

（4）双向变换型密码体制：可以进行可逆的加密、解密变换。

不同的密码体制具有不同的安全强度，通常采用下列安全因素来评价密码体制。

（1）保密强度：所需要的安全程度与数据的重要性有关；保密强度大的密码系统，计算开销往往也大。

（2）密钥长度：密钥太短，会降低保密强度，密钥太长又不便于传送、保管和记忆。密钥必须经常变换，每次更换新密钥时，通信双方传送新密钥的通道必须保密和安全。

（3）算法复杂度：在设计或选择加密和解密算法时，算法复杂度要有限度。通常算法复杂度越高，计算开销越大。

（4）传播性：数据加密过程中，不应因一点差错致使整个通信失败。密文扩展度是指加密后密文信息长度相比于明文长度的增加量，增加量太大将会导致通信效率降低。

3.2.4　密码攻击方法

密码分析是接收者在不知道解密密钥及加密体制细节的情况下，对密文进行分析，试图获取可用信息的行为。密码分析除了依靠数学、工程背景、语言学等知识外，还要依靠经验、统计、测试、眼力、直觉甚至是运气来完成。

破译密码就是通过分析密文来推断该密文对应的明文或者所用密码的密钥的过程，也称为密码攻击。破译密码的方法有穷举法和分析法。

穷举法又称为强力法或暴力法，即用所有可能的密钥进行测试破译。只要有足够的时间和计算资源，穷举法在原则上总是可以成功的。但在实际应用中，任何一种安全的实际密码都会设计得使穷举法不可行。

分析法则有确定性和统计性两类。

（1）确定性分析法是指利用一个或几个已知量（已知密文或者明文-密文对），通过数据关系表示出所求未知量。

（2）统计性分析法是指利用明文的已知统计规律进行密码破译的方法。

密码分析学的主要目的是研究加密消息的破译和消息的伪造。通过分析密文来推断该密文对应的明文或者所用密码的密钥的过程也称作密码攻击。密码分析也可以发现密码体制的弱点，最终达到上述结果。荷兰人柯克霍夫斯（Kerckhoffs）在19世纪就阐明了密码分析的一个基本假设，即秘密必须全部寓于密钥当中。柯克霍夫斯假设密码分析者已经掌握密码算法及其实现的全部详细资料。当然，在实际的密码分析中密码分析者并不总是具有这些详细的信息。例如，在第二次世界大战时期，美国人就是在未知上述信息的情况下破译了日本人的外交密码。

在密码分析技术的发展过程中，产生了各种各样的攻击方法，其名称也是纷繁复杂。根据密码分析者具有的明文和密文条件，密码分析可分为以下4类。

（1）已知密文攻击

密码分析者有一些消息的密文，这些消息都是使用同一加密算法进行加密的。密码分析者的任务是根据已知密文恢复尽可能多的明文，或者通过上述分析，进一步推算出加密消息的加密密钥和解密密钥，以便采用相同的密钥解出其他被加密的消息。

（2）已知明文攻击

密码分析者不仅可以得到一些消息的密文，而且也知道这些消息的明文。分析者的任务是用加密的消息推算出加密消息的加密密钥和解密密钥，或者推导出一个算法，此算法可以对采用同一密钥加密的任何新消息进行解密。

（3）选择明文攻击

密码分析者不仅可以得到一些消息的密文和相应的明文，而且还可以选择被加密的明文。这比已知明文攻击更有效，因为密码分析者能选择特定的明文进行加密，这些明文可能会产生更多关于密钥的信息。分析者的任务是推导出用来加密消息的加密密钥和解密密钥，或者推导出一个算法，此算法可以对同一密钥加密的任何新消息进行解密。

（4）选择密文攻击

密码分析者能够选择不同的密文，并可以得到这些密文对应的明文。例如，密码分析者存取一个防篡改的自动解密盒，他们的任务是推算出加密密钥和解密密钥。

置换和替换

置换加密法是指重新排列文本中的字母。这种加密法与拼图游戏相似。在拼图游戏中，所有的图块都在这里，但它们最初的排列位置并不正确。置换加密法设计者的目标是设计一种方法，使你在知道密钥的情况下，能将图块很容易地正确排序。如果没有这个密钥，你就很难正确地拼接图块。密码分析者（攻击者）的目标是在没有密钥的情况下重组拼图，或从拼图的特征中发现密钥。设计置换加密法的目标是让攻击者的这两个目标都很难实现。

置换加密法的分类结构如图 3-3 所示。

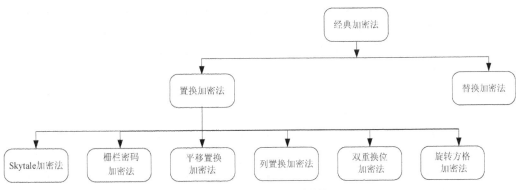

图 3-3　置换加密法的分类结构

3.3.1　Skytale 加密法

斯巴达人是最早将置换加密法用于军事消息传递的人之一。他们发明了一种被称为 Skytale 的工具（见图 3-4）。Skytale 就是一种加密用的、具有一定粗细的棍棒或权杖。斯巴达人把重要的信息写在缠绕于 Skytale 上的皮革或羊皮纸上之后，再把皮革或羊皮纸解下来，这样就能有效地打乱字母顺序。只有把皮革或羊皮纸再一点点卷回与原来加密的 Skytale 同样粗细的棍棒上后，文字信息才能逐圈并列呈现在棍棒的表面，进而还原出它本来的意思。

图 3-4　Skytale 示例

置换加密法使用的密钥通常是一些几何图形，它决定了重新排列字母的方式。例如，Skytale 加密法的密钥是 Skytale 杆，就是用它来打乱字母顺序的。明文字母按一个方向填写（例如，

Skytale 加密法是从上到下填写），再从另一个方向读取（例如，Skytale 加密法是将皮革或羊皮纸卷起来后从左到右读取）。

3.3.2 栅栏密码加密法

栅栏密码（Rail-fence）加密法（见图 3-5）不是按从上到下的方式填写明文和读取密文的，而是使用了对角线方式。在这种加密法中，明文是按"Z"字形的方式填写在矩形的对角线上的，然后按行读取以生成密文。例如，如果矩形的高为 3，长为 11，那么明文"this is a test"在该矩形中的填写如图 3-5 所示，此时，按行读取所生成的密文就是"tiehsstsiat"。

t					i				e	
	h		s			s		t		s	
		i					a				t

图 3-5 Rail-fence 加密法示例

同样的过程可以应用于其他几何图形。例如，在一个固定大小的矩形中，可以将明文填写成一个三角形，然后，按列读取生成密文。图 3-6 是将明文"You must do that now"填写在一个 7×4 的矩形中，此时，按列读取生成的密文是"tuhosayuttmdnoow"。

			y			
		o	u	m		
	u	s	t	d	o	
t	h	a	t	n	o	w

图 3-6 三角加密法示例

3.3.3 平移置换加密法

置换加密法的一种简单实现形式是平移置换加密法，这很像洗一副纸牌。在平移置换加密法中，将密文分成了固定长度的块。通常，块越大越不容易破译。设块大小为 s，置换函数 f 用于从 1 到 s 中选取一个整数，每个块中的字母根据 f 重新排列。这种加密法的密钥就是（s，f）对应的具体数值。例如，设 s 为 4，f 给定为（2，4，1，3）。这意味着第 1 个字符移到位置 2，第 2 个字符移到位置 4，第 3 个字符移到位置 1，第 4 个字符移到位置 3。

例如，利用这种置换加密法将明文"The only limit to our realization of tomorrow will be our doubts of today"加密。首先，设置密钥（s，f），如将 s 设为 7，则明文将被分成块，每块包含 7 个字母，不足的用空字符填满。然后，根据给定的函数 f=（4，2，3，5，7，6，1）将每个块重新排列，生成对应的密文，如图 3-7 所示。

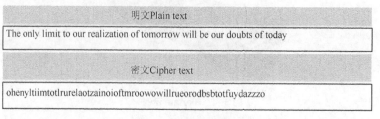

图 3-7 明文和密文示例

可以用密文攻击法和已知明文攻击法来破解平移置换加密法。密文攻击法通过查看密文块，查找出可能生成可读单词的排列方式。一旦发现了某个块的置换方式，就可以将其应用到密文的所有块中。如果密码分析员熟悉通过颠倒字母顺序来构成单词，那么破解平移置换加密法就是一个简单的工作了。已知明文攻击法就更简单，知道了明文中可能包含的一个单词后，攻击法可分 3 个步骤对密文进行破解：

（1）找出包含组成已知单词的各字母的块；

（2）通过比较已知单词与密文块，确定置换方式；

（3）在密文的其他块上测试上面得出的置换方式。

3.3.4　列置换加密法

列置换加密法是将明文按行填写在一个矩形中，而密文则是以预定的顺序按列读取生成的。例如，如果矩形是 4 列 5 行，那么短语 "encryption algorithms" 可以如图 3-8 所示写入矩形中。

按一定的顺序读取列以生成密文。对于这个示例，如果读取顺序是 4、1、2、3，那么密文就是 "riliseyogtnpnohctarm"。这种加密法要求填满矩形，因此，如果明文的字母不够，可以添加 "x" 或 "q" 甚至空字符。

1	2	3	4
e	n	c	r
y	p	t	i
o	n	a	l
g	o	r	i
t	h	m	s

图 3-8　列置换矩形示例

这种加密法的密钥是列数和读取列的顺序。如果列数很多，则记起来可能会比较困难，因此可以将它表示成一个关键词，以方便记忆。该关键词的长度等于列数，而其字母顺序决定读取列的顺序。

例如，关键词 "general" 有 7 个字母，意味着矩形有 7 列。若按字母在字母表中的顺序进行排序，则由关键词 general 可知读取列顺序为 4、2、6、3、7、1、5。图 3-9 给出了一个列置换矩形加密示例。

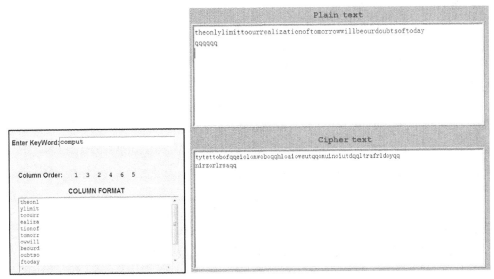

图 3-9　列置换矩形加密示例

对于列置换矩形加密的破译，强力攻击法就是尝试所有可能的列和行，代价较高且收效甚微。正确的方法是将这个问题进行分解，可以通过 3 步来破解列置换加密法。首先，尝试确定换位矩形的可能大小（多少行和多少列）。然后，尝试在这些可能的矩形中找出正确的。最后，知道正确的矩形之后，尝试重新排列矩形列，以便还原消息。

（1）确定列的可能大小

这是强力攻击法的第一步，也是最简单的工作。因为该加密法完全是列换行，所以密文字符的数目必须是行数乘以列数的积。例如，假设截获的消息有 153 个字符，153 可以分解为 3×51、51×3、17×9 或 9×17。假设这个消息是在一个矩形中换位的，那么这 4 个积肯定定义了其大小，也就是说，这个矩形有 3 行 51 列、51 行 3 列、17 行 9 列或 9 行 17 列。没有其他矩形可以完全填满这 153 个字符了。由于 3×51 或 51×3 的列和行相差较大，因此不太可能是加密用的矩形。最有可能的是 17×9 或 9×17。因此，下一步就是找出这两者之间哪个是正确的。

（2）确定正确的矩形

这个过程是基于一个事实，即矩形的每行表示的都是标准英语的一行。明文的所有字母仍出现在密文中，它们只是错位了而已。因此可以依靠英语的常见属性来检测密文最可能的排列方式。例如，英语中的每句话包含大约40%的元音字母，如果某个矩形的元音字母分布满足每行 40%的标准，那么这种推测很可能就是正确的。

9×17 的矩形有 9 行，因此每行应有大约 3.6 个元音字母。将密文填入这个矩形中，并计算每行的元音字母数目。计算出实际的元音字母数与期望的元音字母数之差的绝对值，并将这些差值相加，即可生成该矩形的得分。最佳得分对应的差值总和最小。

（3）还原列的顺序

破解列置换加密法的最后一步是找出列的正确顺序。这是通过颠倒字母顺序来构成词的过程，需要充分利用字母的一些特征，如引导字符、连字集加权等。

根据列置换加密法的加密原理还衍生出一些变种，如铁轨法。铁轨法要求明文的长度必须是 4 的倍数，若不符合要求，则在明文最后加上一些字母以符合加密的条件。将明文以从上到下的顺序分两行逐行写出。依序由左而右再由上而下地写出字母即为密文（在写明文时也可以写成 3 行或 4 行等，写法不同，解法也相应不同）。例如，明文"STRIKE WHILE THE IRON IS HOT"，首先，该明文不满足条件，故在尾端加上字母"E"，使明文的长度变成 4 的倍数。然后，将明文以从上到下的顺序逐行写出，如下所示：

S R K W I E H I O I H T

T I E H L T E R N S O E

依序由左而右再由上而下地写出字母，即为密文：SRKWIEHIOIHTTIEHLTERNSOE。

铁轨法的解密过程也非常简单，如上例中将密文每 4 个字母一组，组间用空格隔开，即可得：

SRKW IEHI OIHT TIEH LTER NSOE

因为知道加密的顺序，所以接收方可将密文用一直线从中间分为两个部分，如下所示：

SRKW IEHI OIHT | TIEH LTER NSOE

然后左右两半依序轮流读出字母便可还原明文。

路游法可以说是铁轨法的一种推广。此方法也必须将明文的长度调整为 4 的倍数，之后再将调整过的明文依序由左而右再由上而下的顺序（此顺序称为排列顺序）填入方格矩形中。依照某一事先规定的路径（称为游走路径）来游走矩形并输出所经过的字母，即为密文。路游法的安全性主要取决于排列顺序与游走路径的设计，但必须注意的是，排列顺序与游走路径绝不可相同，否则便无法加密。

依前例明文为：STRIKE WHILE THE IRON IS HOT，将此明文放入矩形且若以图 3-10 所示的路径游走，则可得到密文：ETNETOEKILROHIIRTHESIHWS。

S	T	R	I	K	E
W	H	I	L	E	T
H	E	I	R	O	N
I	S	H	O	T	E

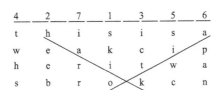

图 3-10　游走路径示意

法国人在第一次世界大战时期使用的是一种换位算法——中断列换位法。在这种加密法中，先读取某些预定的对角线字母，然后再读取各列，读取各列时忽略已读的字母。例如，在图 3-11 所示的模式中，首先读取对角线的字母，然后再读取各列，结果密文为 "haik aito sk eeb ic twhs swc pan irr"。

4	2	7	1	3	5	6
t	h	i	s	i	s	a
w	e	a	k	c	i	p
h	e	r	i	t	w	a
s	b	r	o	k	c	n

图 3-11　中断列换位法字母读取模式示意

双重列换位加密法，正如其名称所暗示的那样，会先用列换位法将明文加密，然后再用列换位法将第一次换位加密的密文加密。这两次换位所使用的关键词可以相同。经两次换位后，明文字母的位置会被完全打乱。

3.3.5　双重换位加密法

第一次世界大战时期，德国使用过一种著名而复杂的双重换位加密法。一个关键词短语（使用字母顺序方法）会被转换成一个数字序列。例如，关键词短语为 "next time"，那么其数字短语对应如下：

> n e x t t i m e
> 5 1 8 6 7 3 4 2

首先，将明文（如 "bob I need to see you at the office now alice"）"逐行"填写在这个数字序列的下面，如下所示：

> 5 1 8 6 7 3 4 2
> b o b i n e e d
> t o s e e y o u

```
a t t h e o f f
i c e n o w a l
i c e
```

然后，按列的顺序将这些列下的字母"逐行"填写在相同的数字序列下面，如下所示：

```
5 1 8 6 7 3 4 2
o o t c c d u f
l e y o w e o f
a b t a i i i e
h n n e e o b s
t e e
```

最后，按列的顺序读取这些字母，就会生成密文"oebne ffesd eiouo ibola htcoa ecwie tytne"。

利用该加密法通常会生成没有完全填充满的列换位，这会使密码分析员破解密码更加困难。在第一次世界大战爆发之前，法国已经开始准备加密工作了。他们最初的成就是开发了一个功能强大的无线通信分析系统。法国人的努力得到了回报，他们可以破解和阅读德国用双重列换位加密法加密的很多消息。

3.3.6　旋转方格加密法

在第一次世界大战期间，德国军队使用的加密法从换位加密法改成了替换加密法。到了1916 年，他们又改回了换位加密法。这一次他们采用了旋转方格。旋转方格首次出现在兴登堡（Hindenburg）于 1796 年写的一本书中，并很快就流行了起来。旋转方格加密法在 18 世纪末被使用得很频繁，后来又在第一次世界大战时期被德国使用。图 3-12 是一个典型的旋转方格和一些样本明文（this is an example of a turning grille for us）。如果将旋转方格放在明文上面，那么显示的第一个密文集就如图 3-13～图 3-16 所示。这些密文按行的顺序可写为"hinxetios"，最终的密文为"hinxetios iampouile tseanrlfu salfrnggr"。

```
t h i s i s
a n e x a m
p l e o f a
t u r n i n
g g r i l l
e f o r u s
```

图 3-12　典型旋转方格示例与明文

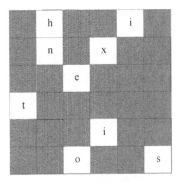

图 3-13　未旋转时的旋转方格示例与明文

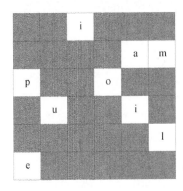

图 3-14　旋转方格第 1 次旋转与明文

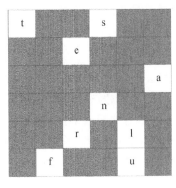

图 3-15　旋转方格第 2 次旋转与明文

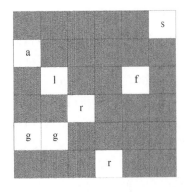

图 3-16　旋转方格第 3 次旋转与明文

旋转方格的解密过程很简单，只须每次顺时针旋转 90° 时将对应的密文填入空白格，即可恢复明文。

总之，随着密码分析技术和计算能力的迅猛发展，明文和密文在变换过程中仅做位置上的移动是远远不够的，还必须要有码值上的变化。原始的换位密码算法在抗攻击方面的最大弱点是它不能抵抗差分攻击。若要抵抗差分攻击，明密文间必须要有很好的混合与扩散性质。因此，实用的换位密码算法必须借助某种代替变换作为辅助手段，依此加强明密文变换间的非线性，以便抵抗一些现代密码攻击方法。

由于换位密码算法有两个优点：一是换位密码算法有广阔的密钥空间，二是换位变换是一种极易实现的快速变换，因此它还不会被人们遗忘。尽管代替作业密码相比换位密码已经极其逊色，但其仍然具有顽强的生命力，当然这种生命力的客观存在依赖于未来密码设计者的精心呵护。

3.4 数据加密标准加解密算法

数据加密标准（Data Encryption Standard, DES）中的算法是第一个并且是最重要的现代对称加密算法，是美国国家安全标准局于 1977 年公布的由 IBM 公司研制的加密算法，主要用于与国家安全无关的信息加密。在数据加密标准被公布后的 20 多年里，其在世界范围内得到了广泛的应用，经受了各种密码分析和攻击，表现出了令人满意的安全性。世界范围内的银行普遍将它用于资金转账安全保护，而我国的 POS、ATM、磁卡及智能卡、加油站、高速公路收费站等领域曾主要采用 DES 来实现关键数据的保密。

3.4.1 DES 加密算法原理

DES 采用分组加密方法，待处理的消息会被分为定长数据分组。以待加密的明文为例，将明文按 8 个字节为一组进行分组，而 8 个二进制位为一个字节，即每个明文分组为 64 位二进制数据，每组数据单独进行加密处理。在 DES 加密算法中，明文和密文均为 64 位，有效密钥长度为 56 位，即 DES 加密或解密算法输入 64 位的明文或密文消息和 56 位的密钥，输出 64 位的密文或明文消息。DES 的加密和解密算法相同，只是解密子密钥与加密子密钥的使用顺序刚好相反。

DES 的加密过程的整体描述如图 3-17 所示，主要可分为 3 步。

第一步：对输入的 64 位明文分组进行固定的"初始置换"（Initial Permutation，IP），即按固定的规则重新排列明文分组的 64 位二进制数据，将重排后的 64 位数据按前后各 32 位分为独立的左右两个部分，前 32 位记为 L_0，后 32 位记为 R_0。我们可以将这个初始置换写为：

$$(L_0, R_0) \leftarrow \text{IP}（64 \text{ 位分组明文}）$$

因初始置换函数是固定且公开的，故初始置换并无明显的密码意义。

第二步：进行 16 轮相同函数的迭代处理。将上一轮输出的 R_{i-1} 直接作为 L_i 输入，同时将 R_{i-1} 与第 i 个 48 位的子密钥 k_i 经"轮函数 f"转换后，得到一个 32 位的中间结果，再将此中间结果与上一轮的 L_{i-1} 做异或运算，并将得到的新的 32 位结果作为下一轮的 R_i。如此往复，迭代处理 16 次，每次的子密钥均不同。后面会单独阐述 16 个子密钥的生成与轮函数 f。我们可以将这一过程写为：

$$L_i \leftarrow R_{i-1}$$
$$R_i \leftarrow L_{i-1} \oplus f(R_{i-1}, k_i)$$

这个运算的特点是交换两个半分组，一轮运算左半分组的输入是上一轮运算右半分组的输出，交换运算是一个简单的密码换位运算，目的是获得更大程度的"信息扩散"。显而易见，DES 的这一步是代换密码和换位密码的结合。

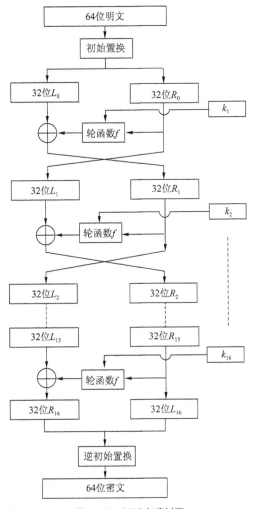

图 3-17　DES 加密过程

第三步：将第 16 轮迭代结果左右两半组 L_{16}、R_{16} 直接合并为 64 位（L_{16}, R_{16}），并输入到初始逆置换以消除初始置换的影响。这一步的输出结果即为加密过程的密文。我们可以将这一过程写为：

$$输出 64 位密文 \leftarrow IP^{-1}(L_{16}, R_{16})$$

需要注意的是，在将最后一轮输出结果的两个半分组输入初始逆置换之前，还需要进行一次交换。如图 3-17 所示，在最后的输入中，右边是 L_{16}，左边是 R_{16}，合并后左半分组在前，右半分组在后，即（L_{16}, R_{16}）。

（1）初始置换 IP 和初始逆置换 IP^{-1}

表 3-1 和表 3-2 分别定义了初始置换与初始逆置换。置换表中的数字从 1 到 64，共 64 个，

代表输入的 64 位二进制明文或密文数据中每一位数从左至右的位置序号。置换表中的数字位置即为置换后数字对应的原位置数据在输出的 64 位序列中新的位置序号。例如，表中第一个数字为 58，其表示输入 64 位明文或密文二进制数据的第 58 位；而 58 位于第一位，则表示将原二进制数据的第 58 位换到输出的第 1 位。

表 3-1　DES 的初始置换表 IP

58	50	42	34	26	18	10	2	60	52	44	36	28	20	12	4
62	54	46	38	30	22	14	6	64	56	48	40	32	24	16	8
57	49	41	33	25	17	9	1	59	51	43	35	27	19	11	3
61	53	45	37	29	21	13	5	63	55	47	39	31	23	15	7

表 3-2　DES 的初始逆置换表 IP⁻¹

40	8	48	16	56	24	64	32	39	7	47	15	55	23	63	31
38	6	46	14	54	22	62	30	37	5	45	13	53	21	61	29
36	4	44	12	52	20	60	28	35	3	43	11	51	19	59	27
34	2	42	10	50	18	58	26	33	1	41	9	49	17	57	25

（2）轮函数 f

DES 的轮函数如图 3-18 所示，其可被描述为 4 步。

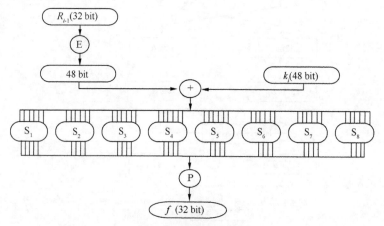

图 3-18　DES 的轮函数

第一步：扩展 E 变换（expansion box，E 盒），即将输入的 32 位数据扩展为 48 位。扩展 E 变换如表 3-3 所示，表中元素的意义与初始置换基本相同，按行顺序，从左至右共 48 位。例如，第一个元素为 32，其表示 48 位输出结果的第一位数据，该数据为原输入 32 位数据中的第 32 位上的数据。

表 3-3　E 盒扩展表

32	1	2	3	4	5
4	5	6	7	8	9
8	9	10	11	12	13
12	13	14	15	16	17
16	17	18	19	20	21
20	21	22	23	24	25

24	25	26	27	28	29
28	29	30	31	32	1

E 盒的真正作用是确保最终的密文与所有的明文都有关，具体原理不在此详述。

第二步：将第一步输出结果的 48 位二进制数据与 48 位子密钥 k_i 按位做异或运算，结果自然为 48 位。然后将运算结果（48 位二进制数据）从左到右每 6 位分为一组，共分 8 组。

第三步：将 8 组 6 位的二进制数据分别装入 8 个不同的 S 盒，即每个 S 盒输入 6 位数据，输出 4 位数据（S 盒相对复杂，后面单独阐述），然后再将 8 个 S 盒输出的 8 组 4 位数据依次连接，重新合并为 32 位数据。

第四步：将第三步合并生成的 32 位数据经 P 盒（permutation box）置换，输出新的 32 位数据。P 盒置换如表 3-4 所示。

表 3-4　P 盒置换表

16	7	20	21
29	12	28	17
1	15	23	26
5	18	31	10
2	8	24	14
32	27	3	9
19	13	30	6
22	11	4	25

P 盒置换表中的数字前面的相似。按行的顺序，从左到右，表中第 i 个位置对应的数据 j 表示输出的第 i 位数据为输入的第 j 位数据。P 盒的 8 行 4 列与 8 个 S 盒在设计准则上有一定的对应关系，但从应用角度来看，依然是按行的顺序。P 盒输出的 32 位数据即为轮函数的最终输出结果。

（3）替换盒

替换盒（substitution box，S 盒）是 DES 的核心部分。利用通过 S 盒定义的非线性替换，DES 实现了明文消息在密文消息空间上的随机非线性分布。S 盒的非线性替换特征意味着，给定一组输入-输出值，很难预计所有 S 盒的输出。

共有 8 种不同的 S 盒，如图 3-19 所示，每种 S 盒接收的 6 位数据（输入）均可通过定义的非线性映射变换为 4 位的输出。一个 S 盒有一个 16 列 4 行数表，它的每个元素都是一个 4 位二进制数，通常表示为十进制数 0～15。IBM 公司已经公布了 S 盒与 P 盒的设计准则，感兴趣的读者可以查阅相关资料进行学习。

S1	0	1	2	3	4	5	6	7	8	9	10	11	12	13	14	15
0	14	4	13	1	2	15	11	8	3	10	6	12	5	9	0	7
1	0	15	7	4	14	2	13	1	10	6	12	11	9	5	3	8
2	4	1	14	8	13	6	2	11	15	12	9	7	3	10	5	0
3	15	12	8	2	4	9	1	7	5	11	3	14	10	0	6	13

图 3-19　8 种不同的 S 盒

S2	0	1	2	3	4	5	6	7	8	9	10	11	12	13	14	15
0	15	1	8	14	6	11	3	4	9	7	2	13	12	0	5	10
1	3	13	4	7	15	2	8	14	12	0	1	10	6	9	11	5
2	0	14	7	11	10	4	13	1	5	8	12	6	9	3	2	15
3	13	8	10	1	3	15	4	2	11	6	7	12	0	5	14	9

S3	0	1	2	3	4	5	6	7	8	9	10	11	12	13	14	15
0	10	0	9	14	6	3	15	5	1	13	12	7	11	4	2	8
1	13	7	0	9	3	4	6	10	2	8	5	14	12	11	15	1
2	13	6	4	9	8	15	3	0	11	1	2	12	5	10	14	7
3	1	10	13	0	6	9	8	7	4	15	14	3	11	5	2	12

S4	0	1	2	3	4	5	6	7	8	9	10	11	12	13	14	15
0	7	13	14	3	0	6	9	10	1	2	8	5	11	12	4	15
1	13	8	11	5	6	15	0	3	4	7	2	12	1	10	14	9
2	10	6	9	0	12	11	7	13	15	1	3	14	5	2	8	4
3	3	15	0	6	10	1	13	8	9	4	5	11	12	7	2	14

S5	0	1	2	3	4	5	6	7	8	9	10	11	12	13	14	15
0	2	12	4	1	7	10	11	6	8	5	3	15	13	0	14	9
1	14	11	2	12	4	7	13	1	5	0	15	10	3	9	8	6
2	4	2	1	11	10	13	7	8	15	9	12	5	6	3	0	14
3	11	8	12	7	1	14	2	13	6	15	0	9	10	4	5	3

S6	0	1	2	3	4	5	6	7	8	9	10	11	12	13	14	15
0	12	1	10	15	9	2	6	8	0	13	3	4	14	7	5	11
1	10	15	4	2	7	12	9	5	6	1	13	14	0	11	3	8
2	9	14	15	5	2	8	12	3	7	0	4	10	1	13	11	6
3	4	3	2	12	9	5	15	10	11	14	1	7	6	0	8	13

S7	0	1	2	3	4	5	6	7	8	9	10	11	12	13	14	15
0	4	11	2	14	15	0	8	13	3	12	9	7	5	10	6	1
1	13	0	11	7	4	9	1	10	14	3	5	12	2	15	8	6
2	1	4	11	13	12	3	7	14	10	15	6	8	0	5	9	2
3	6	11	13	8	1	4	10	7	9	5	0	15	14	2	3	12

S8	0	1	2	3	4	5	6	7	8	9	10	11	12	13	14	15
0	13	2	8	4	6	15	11	1	10	9	3	14	5	0	12	7
1	1	15	13	8	10	3	7	4	12	5	6	11	0	14	9	2
2	7	11	4	1	9	12	14	2	0	6	10	13	15	3	5	8
3	2	1	14	7	4	10	8	13	15	12	9	0	3	5	6	11

图 3-19　8 种不同的 S 盒（续）

S 盒的替代运算规则：设输入的 6 位二进制数为"$b_1b_2b_3b_4b_5b_6$"，则以"b_1b_6"组成的二进制数为行号，以"$b_2b_3b_4b_5$"组成的二进制数为列号，取出 S 盒中行列交点处的数，并将其转换成二进制数输出。由于表中十进制数的范围是 0～15，因此以二进制表示正好 4 位。以 6 位输入数据"011001"经 S1 替代运算为例，如图 3-20 所示，取出 1 行 12 列处的元素 9，由于 9=（1001）2，故输出 4 位二进制数为"1001"。

行标取首尾2位，即(01)2=1

0 1 1 0 0 1

列标取中间4位，即(1100)2=12

S1	0	1	2	3	4	5	6	7	8	9	10	11	12	13	14	15
0	14	4	13	1	2	15	11	8	3	10	6	12	5	9	0	7
1	0	15	7	4	14	2	13	1	10	6	12	11	9	5	3	8
2	4	1	14	8	13	6	2	11	15	12	9	7	3	10	5	0
3	15	12	8	2	4	9	1	7	5	11	3	14	10	0	6	13

图 3-20 S 盒替代运算举例

（4）DES 的子密钥

由前述内容可知，在 DES 加密过程中需要 16 个 48 位的子密钥。子密钥是由用户提供的 64 位密钥经 16 轮迭代运算依次生成的。DES 子密钥生成过程如图 3-21 所示，主要可分为 3 个阶段。

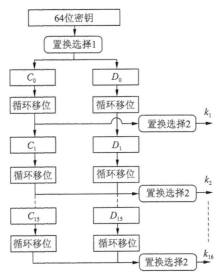

图 3-21 DES 子密钥生成过程

第一阶段：用户提供由 8 个字符组成的密钥，将其转换成 ASCII 的 64 位，再经置换选择 1（如表 3-5 所示）去除 8 个奇偶校验位，并重新排列各位。表 3-5 中各位置上的元素意义与前面置换相同。由表 3-5 可知，8、16、24、32、40、48、56、64 位舍去了，重新组合后得到 56 位。由于舍去规则是固定的，因而实际使用的初始密钥只有 56 位。

表 3-5　置换选择 1

57	49	41	33	25	17	9
1	58	50	42	34	26	18
10	2	59	51	43	35	27
19	11	3	60	52	44	36
63	55	47	39	31	23	15
7	62	54	46	38	30	22
14	6	61	53	45	37	29
21	13	5	28	20	12	4

第二阶段：将上一步置换选择后生成的 56 位密钥分成左右两个部分，前 28 位记为 C_0，后 28 位记为 D_0。然后分别将 28 位的 C_0、D_0 循环左移位一次，移位后将分别得到的 C_1、D_1 作为下一轮子密钥生成的位输入。每轮迭代循环左移位的次数遵循固定的规则，如表 3-6 所示。

表 3-6　循环左移位的次数

迭代次数	移位次数	迭代次数	移位次数	迭代次数	移位次数	迭代次数	移位次数
1	1	5	2	9	1	13	2
2	1	6	2	10	2	14	2
3	2	7	2	11	2	15	2
4	2	8	2	12	2	16	1

第三阶段：将 C_1、D_1 合并后得到的 56 位数据（C_1，D_1）经置换选择 2（如表 3-7 所示），即经固定的规则，置换选择出重新排列的 48 位二进制数据，即为子密钥 k_1。

表 3-7　置换选择 2

14	17	11	24	1	5	3	28
15	6	21	10	23	19	12	4
26	8	16	7	27	20	13	2
41	52	31	37	47	55	30	40
51	45	33	48	44	49	39	56
34	53	46	42	50	36	29	32

将 C_1、D_1 作为下一轮的输入，迭代第二、第三两个阶段，即可得到 k_2。这样经过 16 轮迭代即可生成 16 个 48 位的子密钥。

（5）DES 的解密算法

DES 的解密算法与加密算法相同，只是子密钥的使用次序相反，即第一轮用第 16 个子密钥，第二轮用第 15 个子密钥，以此类推，最后一轮用第 1 个子密钥。

3.4.2　DES 的安全性

自从 DES 被采纳为美联邦标准以来，其安全性一直值得思考并充满争论。

实际中使用的 56 位密钥，共有 $2^{56} \approx 7.2 \times 10^{16}$ 种可能。一台每毫秒执行一次 DES 加密运算的计算机，即使仅搜索一半的密钥空间，也需要用 1000 年的时间才能破译出密文。所以，在 20 世纪 70 年代的计算机技术条件下，穷举攻击明显不太实际。DES 是一种非常成功的密码技术。

每毫秒执行一次运算的假设过于保守，随着计算机硬件与网络技术的快速发展，56 位的密钥显得太短，无法抵抗穷举搜索攻击，尤其到了 20 世纪 90 年代后期。1997 年，美国克罗拉多州程序员利用互联网上的 14 000 多台计算机，花费 96 天时间，成功破解了 DES 密钥。更为严重的是，1998 年，电子前哨基金会（Electronic Frontier Foundation，EFF）设计出了专用的 DES 密钥搜索机，该机器只需要 56 小时就能破解一个 DES 密钥。更糟糕的是，电子前哨基金会公布了这种机器的设计细节，如此一来，随着硬件速度的提高和造价的下降，任何人都能拥有一台高速破译机，这最终必将导致 DES 毫无价值。1998 年年底，DES 停止使用。

克服短密钥缺陷的一个解决办法是使用不同的密钥，多次运行 DES 算法。这种方案被称为加密-解密-加密三重 DES 方案，即 3DES。如图 3-22 所示，2 组 56 位密钥，实现 3 次加密。1999 年，3DES 被颁布为新标准。

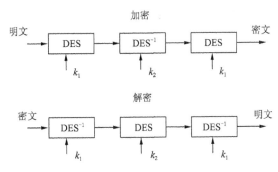

图 3-22 三重 DES 加密原理

3.5 RSA 加解密算法

传统的加密方法是加密、解密使用同样的密钥，由发送者和接收者分别保存，在加密和解密时使用。采用这种方法的主要问题是密钥的生成、注入、存储、管理、分发等很复杂，特别是随着用户数量的增加，密钥的需求量成倍增加。在网络通信中，大量密钥的分配是一个难以解决的问题。

为了解决常规密钥密码体制的密钥分配问题，满足用户对数字签名的需求，1976 年，美国学者 Diffie 和 Hellman 发表了著名论文《密码学的新方向》，提出了建立"公开密钥密码体制"：若用户 A 有加密密钥 k_a（公开），不同于解密密钥 k_a'（保密），要求 k_a 的公开不影响 k_a' 的安全；若用户 B 要向用户 A 保密传送明文 m，则可查用户 A 的公开密钥 k_a，若用 k_a 加密得到密文 c，则用户 A 收到 c 后，用只有用户 A 自己才掌握的解密密钥 k_a' 对 c 进行解密以得到 m。

1978 年，美国麻省理工学院的研究小组成员李维斯特（Rivest）、沙米尔（Shamir）和艾德曼（Adleman）（如图 3-23 所示）提出了一种基于公钥密码体制的优秀加密算法——RSA 算法。RSA 算法是第一个比较完善的公开密钥算法，它既能用于加密，也能用于数字签名。RSA 算法以它的三个发明者 Rivest，Shamir，Adleman 的名字首字母命名，这个算法经受住了多年深入的密码分析。密码分析者既不能证明也不能否定 RSA 算法的安全性，但这恰恰说明该算法有一定的可信性。目前，RSA 算法已经成为最流行的公开密钥算法。

图 3-23　RSA 公开密钥算法的发明人

注：从左到右依次为李维斯特、沙米尔和艾德曼，照片拍摄于 1978 年

3.5.1　RSA 算法原理

RSA 是最著名且应用最广泛的公开密钥算法，可以同时用于加密和数字签名。国际标准化组织（International Organization for Standardization，ISO）在 1992 年颁布的国际标准 X.509 中，将 RSA 算法正式纳入国际标准。1999 年，美国参议院通过立法，规定了数字签名与手写签名的文件、邮件在美国具有同等的法律效力。

RSA 算法是一种分组密码体制算法，它的保密强度是建立在具有大素数因子的合数上的，其因子分解较困难。RSA 算法的公钥和私钥选择一对大素数（100 到 200 位十进制数或更大的数）的函数。而从一个公钥和密文恢复出明文的难度，等价于分解两个大素数之积（这是公认的数学难题），但是否为 NP 问题尚不确定。表 3-8 给出了大数分解难度的例子。

表 3-8　大数分解难度举例

整数 n 的十进制位数	因子分解的运算次数	所需计算时间（每微秒一次）
50	1.4×10^{10}	3.9 小时
75	9.0×10^{12}	104 天
100	2.3×10^{15}	74 年
200	1.2×10^{23}	3.8×10^{9} 年
300	1.5×10^{29}	4.0×10^{15} 年
500	1.3×10^{39}	4.2×10^{25} 年

RSA 算法体制包括：一个公开密钥 KU=$\{e, n\}$，一个私有密钥 KR=$\{d, n\}$。其公钥、私钥的组成以及加密、解密的公式如表 3-9 所示。

表 3-9　RSA 算法

算法包含项	包含项的组成/公式
公钥 KU	n：两个素数 p 和 q 的乘积（p 和 q 必须保密，且对它们的选择有要求） e：与 $\phi(n)$ 互质，$\phi(n)=(p-1)(q-1)$
私钥 KR	d：$(e-1) \bmod \phi(n)$
加密过程	$C = M^{e} \bmod n$
解密过程	$M = C^{d} \bmod n = (M^{e} \bmod n)^{d} \bmod n$

若要满足公开密钥加密的要求，则必须：

（1）有可能找到 e、d、n 的值，使得对所有的 $M<n$ 有 $M^{ed} \bmod n \equiv M$；

（2）对于所有的 $M<n$，要计算 M^e 和 C^d 是相对容易的；

（3）在给定 e 和 n 时，计算出 d 是不可行的。

3.5.1.1 RSA 算法的数论基础

下面介绍 RSA 算法中需要使用的几个术语。

（1）素数

素数又称为质数，是指在大于 1 的自然数中，除了 1 和此数自身外，不能被其他自然数整除的数。例如，15=3×5，所以 15 不是素数；又如，12=6×2=4×3，所以 12 也不是素数。而 13 除了等于 13×1 以外，不能再表示为其他任何两个整数的乘积，所以 13 是一个素数。

（2）互为素数

公约数只有 1 的两个自然数，叫作互质数，即互素数。两个自然数是否互为素数的判别方法主要有以下 8 种（不限于此）。

① 两个质数一定是互质数，例如，2 与 7，13 与 19。

② 一个质数如果不能整除另一个合数，那么这两个数为互质数，例如，3 与 10，5 与 26。

③ 1 不是质数也不是合数，它和任何一个自然数都是互质数，例如，1 和 9908。

④ 相邻的两个自然数是互质数，例如，15 与 16。

⑤ 相邻的两个奇数是互质数，例如，49 与 51。

⑥ 大数是质数的两个数是互质数，例如，97 与 88。

⑦ 小数是质数，大数不是小数的倍数的两个数是互质数，例如，7 与 16。

⑧ 两个数都是合数（两数之差又较大），小数所有的质因数都不是大数的约数，这两个数是互质数。例如，357 与 715，357=3×7×17，而 3、7 和 17 都不是 715 的约数，所以这两个数为互质数。

（3）模运算

模运算是整数运算，有一个整数 m，以 n 为模做模运算，即 $m \bmod n$。令 m 被 n 整除，只取所得的余数作为结果，就叫作模运算。例如，10 mod 3=1，26 mod 6=2，28 mod 2 =0 等。

模运算有以下性质。

① 同余性：若 $a \bmod n = b \bmod n$，则正整数 a 与 b 同余。

② 对称性：若 $a=b \bmod n$，则 $b=a \bmod n$。

③ 传递性：若 $a=b \bmod n$，$b=c \bmod n$，则 $a=c \bmod n$。

（4）Euler 函数

任意给定正整数 n，计算在小于或等于 n 的正整数之中有多少个与 n 能构成互质关系的方法叫作欧拉函数，以 $\phi(n)$ 表示。例如，$\phi(8)$ =4，这是因为在 1~8 之中与 8 能形成互质关系的数有 4 个：1，3，5，7。

$\phi(n)$ 的计算方法并不复杂，下面分情况对其进行讨论。

第一种情况：如果 $n=1$，则 $\phi(1)$ =1，因为 1 与任何数（包括其自身）都能构成互质关系。

第二种情况：如果 n 是素数，则 $\phi(n)$ =$n-1$，因为质数与每个小于它的数都能构成互质关系。

第三种情况：如果 n 是素数的某一个次方，如 $n=p^k$，p 为素数，$k \geqslant 1$，则

$$\phi(p^k) = p^k - p^{k-1}$$

例如，$\phi(8)=\phi(2^3)=2^3-2^2=4$。这是因为只有当一个数不包含素数 p 时，才能与 n 互质。而包含素数 p 的数一共有 p^{k-1} 个，即 $1\times p$、$2\times p$、$\cdots$、$p^{k-1}\times p$。

第四种情况：如果 n 可以分解成两个互质的整数之积，例如，$n=p_1\times p_2$，则 $\phi(n)=\phi(p_1p_2)=\phi(p_1)\phi(p_2)$，即积的欧拉函数等于各个因子的欧拉函数之积。例如，$\phi(56)=\phi(7\times 8)=\phi(7)\times\phi(8)=6\times4=24$。

第五种情况：对于任意大于 1 的整数，若其可以写成一系列素数的积，如 $n=p_1^{k_1}p_2^{k_2}\cdots p_r^{k_r}$，则有 $\phi(n)=\phi(p_1^{k_1})\phi(p_2^{k_2})\cdots\phi(p_r^{k_r})$。

（5）欧拉定理

如果两个正整数 a 和 n 互质，则 n 的欧拉函数 $\phi(n)$ 满足：

$$a^{\phi(n)}\equiv 1\ (\bmod\ n)$$

即 a 的 $\phi(n)$ 次方减去 1，被 n 整除。例如，3 和 7 互质，$\phi(7)=6$，$(3^6-1)/7=104$。

如果正整数 a 与质数 p 互质，则因为 $\phi(p)=p-1$，所以欧拉函数可写成：

$$a^{p-1}\equiv 1\ (\bmod\ p)$$

这就是著名的费马小定理（Fermat Theory）。

（6）费马小定理

若 m 是素数，且 a 不是 m 的倍数，则 $a^{m-1}\bmod m=1$。或者，若 m 是素数，则 $a^m\bmod m=a$。例如，$4^6\bmod 7=4096\bmod 7=1$，$4^7\bmod 7=16\ 384\bmod 7=4$。

推论：对于互素的 a 和 n，有 $a^{\phi(n)}\bmod n=1$。

3.5.1.2　素数的产生与检验

首先来介绍素数的简单判定算法。在 C 程序设计中，素数的判定算法为：给定一个正整数 n，用 2 到 sqrt（n）之间的所有整数去除 n，如果可以整除，则 n 不是素数，如果不可以整除，则 n 是素数。这个算法的时间复杂度为 $O(\text{sqrt}(n))$，算法描述简单，实现也不困难。但是，这个算法对于位数较大的素数判定就显得力不从心了。

目前，适用于 RSA 算法的最实用的素数产生办法是概率测试法。该法的思想是随机产生一个大奇数，然后测试其是否满足条件，若满足，则该大奇数可能是素数，否则，其是合数。

由于素数有无穷多个，因此判定一个整数是不是素数一直是一个大难题，威尔逊定理（Wilson's Theorem）就是其中的一种判定方法。

威尔逊定理：若正整数 $n>1$，则 n 是一个素数当且仅当 $(n-1)!\equiv -1\ (\bmod\ n)$。

虽然说威尔逊定理给出了素数的等价命题，但是由于阶乘的增长速度太快（如 13! 为 60 多亿），因此其实际操作价值不高。由此提出了概率检验方法。

米勒-拉宾素性检验（Miller-Rabin Prime Test）是一种典型的概率检验方法。可以证明单次 Miller-Rabin 的正确概率大于 3/4，我们重复若干次就可以增大这个概率。Miller-Rabin 虽然有一定的概率出错，但实践证明，在重复 20 次的情况下，10^7 以内的质数不会判断出错。

3.5.2　RSA 加解密算法过程

3.5.2.1　RSA 加密算法过程

RSA 加密算法的过程如下：

（1）取两个随机大素数 p 和 q（保密）；

（2）计算公开的模数 $n=p\times q$（公开）；

（3）计算秘密的欧拉函数 $\phi(n)=(p-1)\times(q-1)$（保密），丢弃 p 和 q，不要让任何人知道；

（4）随机选取整数 e，使其满足 gcd $(e,\phi(n))=1$（公开 e 加密密钥）；

（5）计算 d，使其满足 $de\equiv1(\mathrm{mod}\,\phi(n))$（保密 d 解密密钥）；

（6）将明文 X 按模为 r 自乘 e 次幂以完成加密操作，从而产生密文 Y（X、Y 值在 0 到 n-1 范围内），即 $Y=X^e\,\mathrm{mod}\,n$；

（7）解密，将密文 Y 按模为 n 自乘 d 次幂，得 $X=Y^d\,\mathrm{mod}\,n$。

在 RSA 加（解）密算法实现过程中，主要的运算量是计算模的逆元以及模指数，通常情况下，计算模的逆元时会采用扩展的欧几里德算法。

3.5.2.2　RSA 解密算法过程

由于指数较大，因此 RSA 解密过程比较耗时，但利用孙子定理（Chinese Remainder Theorem, CRT）可提高解密算法效率。CRT 对 RSA 解密算法生成两个解密方程（利用 $M=C^d\,\mathrm{mod}\,pq$），即：$M_1=M\,\mathrm{mod}\,p=(C\,\mathrm{mod}\,p)^{d\,\mathrm{mod}\,(p-1)}\,\mathrm{mod}\,p$，$M_2=M\,\mathrm{mod}\,q=(C\,\mathrm{mod}\,q)^{d\,\mathrm{mod}\,(q-1)}\,\mathrm{mod}\,q$。

解方程 $M=M_1\,\mathrm{mod}\,p$ 和 $M=M_2\,\mathrm{mod}\,q$，可求得其具有唯一解。

3.5.3　RSA 算法应用

3.5.3.1　RSA 用于数字签名

（1）签名：对任意消息 $m\in M$，用户使用自己的私钥签名如下：$S\equiv m^d(\mathrm{mod}\,n)$，进而可以得到签名的消息 (m,S)。

（2）验证签名：由该用户的公开密钥 (e,n)，验证 $m\equiv S^e(\mathrm{mod}\,n)$ 是否成立。

3.5.3.2　RSA 加密算法实例

可以通过一个简单的例子来理解 RSA 的工作原理。为了便于计算，在以下实例中只选取小数值的素数 p,q 以及 e，假设用户 A 需要将明文"key"通过 RSA 加密后传递给用户 B，过程如下。

（1）设计公私密钥 (e,n) 和 (d,n)

令 $p=3$，$q=11$，得出 $n=p\times q=3\times11=33$；$f(n)=(p-1)(q-1)=2\times10=20$；取 $e=3$（3 与 20 互质），则 $e\times d\equiv1\,\mathrm{mod}\,f(n)$，即 $3\times d\equiv1\,\mathrm{mod}\,20$。$d$ 的取值可以用试算的办法来确定。试算结果如表 3-10 所示。

表 3-10　d 的取值试算结果

d	$e\times d=3\times d$	$(e\times d)\,\mathrm{mod}\,(p-1)(q-1)=(3\times d)\,\mathrm{mod}\,20$
1	3	3
2	6	6
3	9	9
4	12	12
5	15	15
6	18	18
7	21	1
8	24	3
9	27	6

通过试算得出，当 $d=7$ 时，$e \times d \equiv 1 \bmod f(n)$ 同余等式成立。因此，可令 $d=7$，从而可以设计出一对公私密钥，加密密钥（公钥）为：$KU = (e,n) = (3,33)$，解密密钥（私钥）为：$KR = (d,n) = (7,33)$。

（2）英文数字化

将明文信息数字化，并将其以每块两个数字进行分组。假定明文英文字母编码表为按字母顺序排列的数值，如表 3-11 所示。

表 3-11　明文英文字母编码表

字母	a	b	c	d	e	f	g	h	i	j	k	l	m
码值	01	02	03	04	05	06	07	08	09	10	11	12	13
字母	n	o	p	q	r	s	t	u	v	w	x	y	z
码值	14	15	16	17	18	19	20	21	22	23	24	25	26

则可得到分组后的 key 的明文信息为：11，05，25。

（3）明文加密

用户加密密钥（3,33）将数字化明文分组信息加密成密文。由 $C \equiv M^e (\bmod\, n)$ 得：

$$C_1 = (M_1)^d (\bmod\, n) = 11^3 (\bmod\, 33) = 11$$
$$C_2 = (M_2)^d (\bmod\, n) = 05^3 (\bmod\, 33) = 26$$
$$C_3 = (M_3)^d (\bmod\, n) = 25^3 (\bmod\, 33) = 16$$

因此，得到相应的密文信息为：11，26，16。

（4）密文解密

用户 B 收到密文后，若要将其解密，则只需要计算 $M \equiv C^d (\bmod\, n)$，即：

$$M_1 = (C_1)^d (\bmod\, n) = 11^7 (\bmod\, 33) = 11$$
$$M_2 = (C_2)^d (\bmod\, n) = 31^7 (\bmod\, 33) = 05$$
$$M_3 = (C_3)^d (\bmod\, n) = 16^7 (\bmod\, 33) = 25$$

用户 B 得到的明文信息为：11，05，25。根据上面的编码表将其转换为英文，即可得到恢复后的原文"key"。

当然，实际运用要比这复杂得多。由于 RSA 算法的公钥私钥的长度（模长度）须达到 1024 位甚至 2048 位才能保证安全，因此，p、q、e 的选取、公钥私钥的生成、加密解密模指数的运算都有一定的计算程序，需要依赖计算机的高速计算能力来完成。

3.5.4 RSA 加解密算法的安全性

在 RSA 密码应用中，公钥 KU 是被公开的，即 e 和 n 的数值可以被第三方窃听者得到。破解 RSA 密码的关键在于从已知的 e 和 n 的数值（n 等于 pq）中求出 d 的数值，从而得到私钥以破解密文。从上文中的公式：$d \equiv e-1(\bmod((p-1)(q-1)))$ 或 $de \equiv 1(\bmod((p-1)(q-1)))$ 可以看出，密码破解的实质问题是：从 pq 这一数值求出 $(p-1)$ 和 $(q-1)$。换句话说，只要求出 p 和 q 的值，就能求出 d 的值进而得到私钥。

若 p 和 q 是大素数，则从它们的积 pq 去分解因子 p 和 q，就是一个公认的数学难题。例如，当 pq 大到 1024 位时，迄今为止还没有人能够利用任何计算工具完成其分解因子这一任务。因此，RSA 从被提出到现在 40 余年，经历了各种攻击的考验，逐渐为人们所接受，被普遍认为是目前最优秀的公钥方案之一。

然而，虽然 RSA 的安全性依赖于大数的因子分解，但并没有从理论上证明破译 RSA 的难度与大数分解的难度等价，即 RSA 的重大缺陷是无法从理论上把握它的保密性能。

此外，RSA 的缺点还有：①产生密钥很麻烦，会受到素数产生技术的限制，因而难以做到一次一密；②分组长度太大，为保证安全性，n 至少需要 600 bits 以上，运算代价高，速度慢，较对称密码算法慢几个数量级，且随着大数分解技术的发展，这个长度还在增加，不利于数据格式的标准化。因此，使用 RSA 只能加密少量数据，大量的数据加密还要依靠对称密码算法。

3.6 可计算加密算法

云计算开启了一个新的网络时代，对社会和经济等各个领域都产生了深远影响。但云计算在给用户带来便利的同时，也给用户的隐私安全带来了严重的威胁。用户将自己的数据交给云计算平台托管，自身则失去了对数据的直接控制力。云服务提供者可以任意地访问用户的数据，因此，如果云服务提供者本身不可信，则用户的数据隐私就无安全性可言。

如果将数据加密后再提交，则即使密文数据被攻击者窃取，在没有解密密钥的情况下，攻击者也无法得到明文信息，从而可以保证隐私安全。但加密后的数据不能进行有效的操作，这会导致服务提供者无法利用密文数据提供有效服务，因此，用户只能提交明文的数据。

出于隐私安全的考虑，许多用户放弃使用云计算，这也成为阻碍云计算发展和推广的主要因素之一。针对云服务无法对密文数据进行有效操作的问题，需要研究新型密码学来支持数据隐私保护，即通过新型加密或扰动等方法对数据进行变换，以此来隐藏明文中的隐私信息，同时，保证变换后的数据仍能进行特定计算。

目前已有的可计算加密技术分为 3 类：支持检索的加密技术、支持关系运算的加密技术和支持算术运算的加密技术。图 3-24 给出了一种支持加密数据检索、关系运算和算术运算的云计算模型。

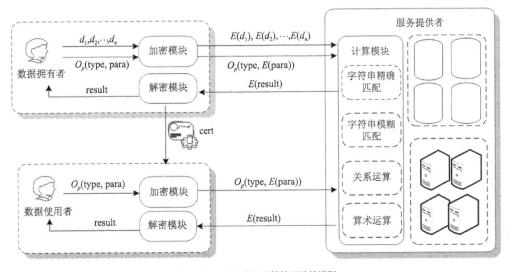

图 3-24　支持密文计算的云计算模型

该模型包括数据拥有者（Owner）、数据使用者（User）和服务提供者（Service Provider，SP）3个角色。三者之间进行交互的具体过程如下。

（1）Owner用加密算法E对敏感数据d_i（$i\in[1,n],n>1$）进行加密，得到$E(d_i)$，然后将其存储到SP的服务器上。

（2）User获得Owner的授权后，对敏感计算参数（para）进行加密，得到E（para），并将E（para）和计算要求（type）提交给SP。

（3）SP验证User的权限，然后根据User的计算要求对其权限范围内的$E(d_i)$和计算参数E（para）进行计算，得到计算结果E（result），并将E（result）返回给User。

（4）User对E（result）进行解密，得到结果的明文result。

在这个过程中，由于Owner和User分别对敏感的外包数据和计算参数进行了加密处理，因此Owner和User的私密数据得到了很好的保护。

在支持密文运算（包括关系运算和算术运算）的新型加密算法中，同态加密算法成为了目前的研究热点。此外，支持密文模糊检索的加密算法也具有广阔的应用前景。

3.6.1 支持密文模糊检索的加密算法

在传统的密码学领域，数据的加密与检索之间存在着矛盾。加密的目的是为了隐藏明文信息的真实含义，密文泄露的信息量越少，越难以被攻击者所理解，那么加密的效果就会越好。然而，信息量的隐藏也为数据的检索增加了困难。通常，数据使用者无法直接从密文数据中鉴别出哪些数据是自己所需要的，因而不得不将所有可能包含所需数据的密文进行解密，再对解密后的明文数据进行检索。当密文数据形成规模之后，或者在速度受限的网络环境中获取非用户本地存储的数据时，上述方法将会变得困难，甚至无法实现。为了解决上述密文数据的检索瓶颈问题，学者们相继提出了一些密文检索技术。已提出的密文检索技术可以分为以下几类。

（1）基于密文精确匹配的方法

有的学者首先提出了基于数据异或运算的密文关键字检索算法，随后，博纳（Boneh）等人提出了基于双线性映射的密文关键字检索（Public-key Encryption with Keyword Search，PEKS）算法；奥塔基（Ohtaki）等人使用BloomFilter对关键词的信息进行提取与存储，实现了关键词的布尔检索；还有学者在PEKS算法的基础上提出了EPPKS算法。EPPKS支持对外包数据的加密，并可通过让服务提供者参与一部分解密工作，减轻用户的计算负载。基于密文精确匹配的方法功能较为单一，只能实现对密文关键词的精确匹配，而当密文数据形成规模之后，就无法使用排序技术或索引技术加快密文数据的检索了，因此其无法完全解决云环境中的密文数据处理问题。

（2）基于保序的最小完美Hash函数的方法

贝拉祖圭（Belazzougui）等人通过建立相关分级树和前缀匹配的方法实现了一种基于保序的最小完美Hash函数的方法。这种方法并不能实现对原始数据的隐藏，但可以把原始数据映射到与其值相近的桶中。捷克（Czech）等人通过构造带权随机无环图，实现了保序的最小完美Hash函数，该函数能够有效地隐藏原始数据，但是随机图需要进行多次尝试以进行构造，且构造过程中需要保存映射表，这使该方法的时空效率较差。保序的最小完美Hash函数只适用于小定义域静态数据的加密与检索，当定义域较大或数据动态变化时，这种方法就无法使用了。

（3）基于索引的方法

有的学者提出了一种针对数据库中 XML 数据的可检索加密方案，其方法在使用传统加密算法对数据进行加密的同时，构建了可用于结构检索的结构索引和可用于数值比较的值索引。该方法从服务器端检索得到的结果集中包含误检的数据，因此在对传回用户端的结果集进行解密后，需要再进行一次筛选，这会增加传输负载和用户端的计算量。赖特（Hacigümüs）等人根据数据库的范围将数据库进行分桶，并将桶的范围作为索引，在进行检索时，首先确定关键词所在的桶，并对桶中的数据进行解密，再对解密后的数据进行精确检索。这种方法会造成数据库信息的泄露。同时，二次检索也会给用户端造成计算负担。

（4）基于保序加密技术的方法

阿格拉瓦尔（Agrawal）等人利用最小描述原理构造单调的加密函数，实现了一种针对数值型数据的保序加密算法，使用这种算法加密得到的密文数值的概率分布能够满足用户给定的目标分布；博尔蒂列娃（Boldyreva）等人提出一个基于区间划分和超几何概率分布的保序加密算法，通过区间划分的有序性保证密文的保序性；宋敏等人提出了一种基于级数展开的保序加密算法，并通过对密文空间进行划分来隐藏密文的大小关系；斯瓦米纳坦（Swaminathan）等人利用保序加密算法对文档中的关键词词频进行保护，实现了一种基于密文评价值排序的相关文档检索算法。目前已有的保序加密算法大都针对数值型数据，缺乏对字符串数据的支持，时间性能和安全性能也有待进一步提升。

上述研究工作的细节可通过查阅有关文献进行了解。

3.6.2 支持密文计算的同态加密算法

由于传统的加密算法无法满足各种计算要求，因此，研究一种支持在不解密的情况下直接对密文进行计算的加密算法十分必要。为此，学者们提出了同态加密算法。与传统的加密一样，同态加密也需要一对加解密的算法 E 和 D，它们在明文 p 上满足 $D(E(p))=p$。此外，若将解密算法 D 看作一个映射，则 D 在明文空间 P 和密文空间 C 上建立了同态关系，即存在映射 $D: C \rightarrow P$，可使对于任何属于密文空间 C 上的密文序列 c_0，c_1，$\cdots$，c_n 满足关系式

$$D\left(f'\left(c_0, c_1, \cdots, c_n\right)\right) = f\left(D(c_0), D(c_1), \cdots, D(c_n)\right)$$

其中，f 为明文空间上的运算函数，f' 为密文空间上的运算函数，且 f 与 f' 是等价的。

若 f 表示的是加法函数，则称该加密算法为加法同态，同理，也有乘法同态。减法可以转换为加法，除法可以转换为乘法。此外，f 也可以代表一个包含多种运算的混合运算函数。只要 f 所能表示的函数受限（如运算种类或运算次数有限），就称该加密算法为部分同态加密。

例如，考虑一个简单的加密法，给定密钥 key，如果 $E(p) = \text{key} \cdot p$，$D(c) = c / \text{key}$，则当 key=7 时，对于明文 3 和 6，它们的明文和密文加法运算如图 3-25 所示。

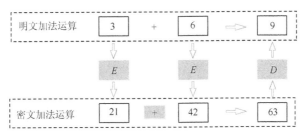

图 3-25　明文和密文加法运算

若 f 可以表示为任意（计算机可执行的）函数，则称该加密算法为全同态加密。全同态加密意味着可以对密文进行任意的计算，因此其是最理想的同态加密算法。利用同态加密在对密文直接进行计算之后，即可得到密文形式的计算结果，从而可避免明文运算带来的隐私泄露风险。

有的学者基于大数分解问题提出了一种针对数据库加密的秘密同态算法。通过秘密同态算法可以对密文数值进行算术运算，得到的结果经解密之后与之前使用明文进行相应运算得到的值相同，从而实现数据的有效检索，但这种算法不具备良好的安全性。还有学者使用一种被称为理想格（Ideal Lattice）的数学对象实现了一种全同态加密算法。目前全同态加密算法仍处于研究阶段，需要极强的运算能力支持，还无法被实际应用。

3.7　本章小结

本章简述了物联网数据安全的基本概念，描述了密码学的基本概念与发展历史、数据加密模型、密码体制和密码攻击方法，重点介绍了几种典型的置换和替换加密算法、DES 算法和 RSA 加解密算法，并讨论了几种可计算加密算法，包括支持密文模糊检索的加密算法和支持密文计算的同态加密算法。

3.8　习题

（1）密码学研究什么内容？它的两个分支研究的问题有什么不同？

（2）什么是密码算法、加密算法、解密算法、密钥、明文、密文、数字签名、同态加密？

（3）设 26 个英文字母 A、B、C、…、Z 的编码依次为 0、1、…、25。已知单表仿射变换为 $c=(5m+7) \bmod 26$，其中 c 是密文的编码，m 是明文的编码。试对明文"HELPME"进行加密，以得到相应的密文。

（4）分组密码的基本特征是什么？加密过程的基本特点是什么？

（5）给定 DES 的初始密钥为 $k=$（FEDCBA9876543210）（十六进制），试求出子密钥 k_1 和 k_2。

（6）给定 AES 的 128 位的密钥 $k =$（2B7E151628AED2A6ABF7158809CF4F3C），在十轮 AES 下计算下列明文（以十六进制表示）的加密结果。

3243F6A8885A308D313198A2E0370734

（7）在公钥密码体制中，每个用户端都有自己的公钥和私钥。若任意两个用户端 A、B 按以下方式进行通信：A 发送给 B 的信息为（EPKB（m），A），B 返回给 A 的信息为（EPKA（m），B），返回信息的目的是使 A 确信 B 收到了报文 m。则攻击者 V 能用什么方法获得 m？

（8）简述基于身份密码体制与传统公钥密码体制之间的异同点。

（9）加密计算解决的是什么问题？

（10）简述支持密文运算的加密技术解决了什么问题。

04 chapter

物联网接入安全

物联网感知的结果需要通过多种方式接入并汇聚到网络中进行传输。在感知数据接入和汇聚的过程中，汇聚节点需要有效识别感知节点的合法身份，以保证感知数据来源的合法性。本章探讨物联网感知节点接入过程中的各种安全问题，包括感知节点的信任机制、身份认证机制、访问控制机制和数字签名机制等。

信任是信息安全的基石，是交互双方进行身份认证的基础。信任涉及假设、期望和行为。信任是与风险相联系的，并且信任关系的建立不可能总是全自动的，这意味着信任的定量测量是比较困难的，但信任可以通过级别进行度量和使用，以决定身份和访问控制级别。

4.1.1 信任的分类

信任通常分为基于身份的信任（Identity Trust）和基于行为的信任（Behavior Trust）两类。基于身份的信任采用静态的控制机制，即在用户对目标对象实施访问前就对其访问权限进行了限制。基于行为的信任通过实体的行为历史记录和当前行为的特征来动态判断目标实体的可信任度。基于行为的信任包括直接信任（Direct Trust）和反馈信任（Indirect Trust）。反馈信任又可称为推荐信任、间接信任或者声誉（Reputation）。

4.1.1.1 基于身份的信任

基于身份的信任采用静态验证机制（Static Authentication Mechanism）来决定是否给一个实体授权。常用的技术包括加密（Encryption）、数据隐藏（Data Hiding）、数字签名（Digital Signatures）、授权协议（Authentication Protocols）以及访问控制（Access Control）策略等。

目前，基于身份的信任技术的研究相当成熟，并得到了广泛应用。大部分应用系统都通过用户认证、安全身份相互鉴别、通信加密、私钥保护、安全委托与单点登录等安全技术防止非法用户通过网络使用或获取目标对象的任何资源，以保障数据和计算结点的安全性。

例如，实体 A 与实体 B 进行交互，它们首先需要对对方的身份进行验证。这也就是说，信任的首要前提是对对方身份的确认，否则，与虚假、恶意的实体进行交互，很有可能会导致损失。

基于身份的信任是信任的基础。在传统安全领域，身份信任问题已经得到了广泛的研究和应用。而在现今复杂多变的网络环境下，基于身份的信任在安全模块设计时固然必要，但是仅靠它还不能解决网络系统面临的所有安全问题。

尽管采用基于身份的信任机制能够一定程度上保护网络系统的安全，但在一个开放的网络环境中，明显存在以下问题。

（1）在基于身份信任的系统中，必须事先确定管理域内、管理域间的资源是可信赖的，用户是可靠的，应用程序是无恶意的。但在基于网络的计算系统中，交互实体间的生疏性以及共享资源的敏感性成为了跨管理域信任建立的屏障。网络涉及数以百计的、处在不同安全域的计算资源，大量的计算资源的介入将导致无法直接在各个实体（如应用、用户与资源）间建立事先的信任关系。

（2）在基于身份信任的系统中，随着时间的推移，原先信赖的用户或资源也可能变得不可信，期望所有的用户对他们的行为负责是不现实的。因为大部分网络平台许可应用程序在计算资源上运行，这时网络计算资源会被应用程序部分控制，恶意用户可以通过运行网络应用程序来攻击系统。应用程序在网络计算资源上运行时，需要占用一定的计算资源，即使用计算机上的 CPU 计算能力、内存空间和磁盘空间等资源，并且还要使用操作系统的系统调用。在这种情况下，一个合法注册用户如果是恶意用户的话，其完全可以通过在网络计算环境上执行应用程序（或任务）来发现计算机系统的漏洞、获取其他用户的信息资源，甚至攻击网络系统，破坏网络资源的完整性。

4.1.1.2　基于行为的信任

基于行为的信任是指针对两个或者多个实体，某一实体对其他实体在交互过程中的历史行为表现作出评价，也就是对其他实体所生成的能力可靠性进行确认。采用基于行为的信任，在实体安全性验证时，往往比一个身份或者是授权更具有不可抵赖性和权威性，也更加贴合社会实践中的信任模式，因而具有很高的研究价值。

4.1.2　信任的属性

信任的属性包括信任的动态性、不对称性、传递性和衰减性，分别说明如下。

（1）信任的动态性

信任关系不是绝对的，而是动态变化的。实体 A 与实体 B 在交互前，双方之间不存在信任关系，即 A 不信任 B 在某方面执行特定操作或者提供特定服务的能力。通过推荐介绍，A 与 B 建立交互关系后，如果 B 总能按照 A 的预期完成任务，则 A 对 B 的信任程度会逐渐提高。

（2）信任的不对称性

信任的不对称性又称为信任的主观性。具体而言，A 信任 B，不等价于 B 也信任 A；实体 A 对 B 的信任程度也不一定等于 B 对 A 的信任程度。信任可以是一对一、一对多甚至是多对多的关系。图 4-1 表示了这几种信任关系模式。

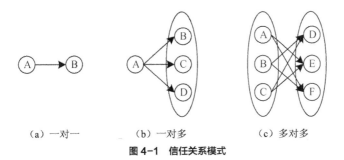

（a）一对一　　　（b）一对多　　　（c）多对多

图 4-1　信任关系模式

（3）信任的传递性

两个实体间存在多次交互历史时，双方可以根据对方的历史行为评价对方，这样建立起的信任关系称为直接信任；而如果交互的双方事先不存在协作关系，或者交互的一方需要更多地了解另一方时，往往会通过第三方实体的推荐信息来为信任决策提供参考，这样建立起的信任关系称为反馈信任，即 A 信任 B，B 信任 C，那么 A 也信任 C。信任存在的推荐关系，说明了信任在一定程度上具有传递性。

（4）信任的衰减性

信任有随时间衰减的趋势。在某一特定时刻 T，实体 A 信任实体 B，但是经过一段时间，在该时间段内 A 与 B 不存在交互关系，则 A 会由于时间的推移而对 B 的认知程度下降，即 A 不确定 B 当前是否能够表现得如同时刻 T 那样，从而显示为 A 对 B 的信任程度降低。这就说明在实体交互过程中，最近的交互活动更能反映实体的可信程度。

4.1.3 信任管理

1996年,布拉泽(Blaze)等人为解决互联网上网络服务的安全问题,提出了信任管理(Trust Management)的概念,并首次将信任管理机制引入分布式系统之中。随着以互联网为基础的各种大规模开放应用系统(如网格、普适计算、P2P、Ad hoc、Web服务、Cloud、物联网等)相继出现并被应用,信任关系、信任模型和信任管理的研究逐渐成为了信息安全领域的研究热点。

近10年来,科研工作者在信任关系、信任模型和信任管理等方面开展了深入的研究工作,取得了较大的研究进展,主要体现在以下3个层面。

(1)基于策略(或凭证)的静态信任管理技术

基于策略(或凭证)的静态信任管理(Policy-Based or Credential-Based Static Trust Management)技术主要是根据布拉泽等人提出的信任管理的概念,在实体可信的基础上为该实体提供资源访问权限,并以信任查询的方式提供分布式静态信任机制,这对于解决单域环境的安全可信问题具有良好的效果。在该可信性保障系统中,信任关系通过凭证或凭证链获得,如果没有凭证链,则表示没有信任关系,否则就是完全信任。可以通过撤销凭证来撤销信任关系,其基本原理继承了基于身份的静态信任验证机制,主要方法是应用策略建立信任、聚焦管理和交换凭证,进而增强访问控制能力。

为了使信任管理能够独立于特定的应用,布拉泽等人还提出了一个通用的信任管理框架,如图4-2所示。其中,信任管理引擎(Trust Management Engine,TME)是整个信任管理模型的核心,体现了通用的、与应用无关的一致性检验算法,并可根据输入的请求、符号凭证、本地策略,输出请求是否被许可的判断结果。

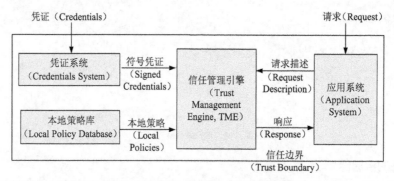

图4-2 基于策略(或凭证)的信任管理框架

信任管理引擎是信任管理系统的核心,在设计信任管理引擎会涉及以下几个主要问题:①描述和表达安全策略和安全信任凭证;②设计策略一致性检验算法;③划分信任管理引擎和应用系统的职能。

基于策略(或凭证)的静态信任管理技术本质上是使用一种精确的、静态的方式来描述和处理复杂的、动态的信任关系,即通过程序以形式化的方法验证信任关系。其研究的核心问题是访问控制信息的验证,包括凭证链的发现、访问控制策略的表达与验证等。应用开发人员需要编制复杂的安全策略,以进行信任评估,这样的方法显然不适合处理运行时动态演化的可信关系。

另外,基于策略(或凭证)的静态可信性保障技术主要分析的是身份和授权信息,并侧重于授权关系、委托等的研究，一旦信任关系建立，通常会将授权绝对化，不会顾及实体的行为对实体信任关系的影响。而且，在基于策略（凭证）的静态可信性保障系统中，必须事先确定管理域内、管理域间的资源是可信赖的，用户是可靠的，应用程序是无恶意的。但在云计算、边缘计算和物联网等大规模开放网络计算系统中，交互实体间的生疏性以及共享资源的敏感性成为了跨管理域建立信任的屏障。大规模开放网络计算涉及数以万计的、处在不同安全域的计算资源，大量的计算资源的介入将导致无法直接在各个网络实体（如应用、用户与资源等）间建立事先的信任关系。

（2）基于证书和访问控制策略交互披露的自动信任协商技术

在开放的、自主的网络环境中的在线服务、供应链管理和应急处理等具有多个安全管理自治域的应用中，为了实现多个虚拟组织间的资源共享和协作计算，需要通过一种快速、有效的机制在数目庞大、动态分散的个体和组织间建立信任关系，而服务间的信任关系通常会被动态地建立、调整，需要依靠协商方式达成协作或资源访问的目的，以维护服务的自治性、隐私性等安全需要。

为了解决以上问题，温斯莱特（Winslett）和温斯伯勤（Winsborough）等人提出了自动信任协商（Automated Trust Negotiation, ATN）的概念。ATN 是通过协作网络实体间的信任凭证、访问控制策略的交互披露，逐渐为各方建立信任关系的。当访问者与资源或服务提供方不在同一个安全域时，基于凭证和策略的常规访问控制方法就不能有效地对访问者的行为进行控制，而 ATN 则可以为合法用户访问资源提供安全保障，以防止非法用户进行非授权访问。

ATN 的优点体现在：陌生者之间的信任关系通过参与者的属性信息交换进行确立，通过数字证书的暴露来实现；协商双方都可定义访问控制策略，以规范对方对其敏感资源的访问；协商过程中不需要可信第三方（如 CA）的参与。最近几年，ATN 的研究已经取得了迅速发展，并已经应用到了一些分布式应用系统中，通过信任凭证、访问控制策略的交互披露，资源的请求方和提供方可以方便地建立实体间的初始信任关系。自动信任协商技术解决了跨多安全域隐私保护、信任建立等问题，成为了广域安全协作中一个崭新的研究领域，其研究和应用在国际上备受关注。但对于网络化实体行为的关系问题，例如，如何描述网络实体信任属性，如何动态建模网络实体行为的关系，以及如何建立信任性质和实体行为之间的内在联系及其严格的描述等问题，还没有展开深入的研究。在复杂开放的网络环境下，随着网络规模的增大，所涉及资源的种类和范围的不断扩大、应用复杂度的提高以及计算模式的革新等，都需要学者对信任的动态属性及其与网络实体行为的关系问题进行深入探索。

（3）基于行为特征的动态信任管理

1994 年，马歇尔（Marsh）首先从社会学、行为学等角度对基于行为特征的信任管理技术（Behavior-based Trust Management Technology，BTMT）进行了开创性的研究。BTMT 也称为动态信任管理技术（Dynamic Trust Management Technology，DTMT），其最初在在线贸易社区（Online Trading Communities）构建信任和促进合作中得到了广泛的研究。如在 eBay 中，用户的高度动态性使传统的质量保障机制不起作用，而动态信任机制则可使松散的系统用户间进行相互评估，并由系统综合后得到每个用户的信任值。

不同于基于策略的静态信任管理技术和基于证书和访问控制策略交互披露的自动信任协商技术，动态信任管理技术与相关理论的主要思想是：在对信任关系进行建模与管理时，强调综合考察影响实体可信性的多种因素（特别是行为上下文），针对实体行为可信的多个属性进行有侧重点地建模；强调动态地收集相关的主观因素和客观证据的变化，以一种及时的方式实现对实体可信性评测、管理和决策，并对实体的可信性进行动态更新与演化。信任管理技术已经广泛应用于电子商务交易平台之中。

相较于传统的信任管理，动态信任关系的管理有以下新的特征：①需要尽可能多地收集与信任关系相关的信息，并将其转化为影响信任关系的不同量化输入；②在信任管理中强调对信任关系进行动态地监督和调整，考察信任关系的多个属性，同时考虑不同信任关系之间的关联性，因此，需要管理的信任网络的复杂性和不确定性提高了；③在决策支持方面，强调通过综合考虑信任关系中的各主要因素以及其他相关联的安全因素进行决策，因此，动态信任管理中的可信决策制定需要更加复杂的策略支持；④动态信任管理技术要求采用分布式信任评估和分布式决策的形式，同时要求解决不同实体之间的信任管理的协调问题，根据实体能力的差异采取不同的信任管理策略。

4.1.4　动态信任管理

布拉泽将信任管理定义为采用一种统一的方法描述和解释安全策略（security policy）、安全凭证以及用于直接授权关键性安全操作的信任关系。信任管理系统的核心内容是，用于描述安全策略和安全凭证的安全策略描述语言和用于对请求、安全凭证和安全策略进行一致性证明-验证的信任管理引擎。具体说来，动态信任管理的主要任务包括以下几个方面。

（1）信任关系的初始化

主体和客体信任关系的建立，需要经历两个阶段：主体的服务发现阶段以及客体的信任度赋值和评估阶段。当一个客体需要某种服务时，能够提供某种服务的服务者可能有多个，客体需要选择一个合适的服务提供者。这时就需要根据服务者的声誉等因素来进行选择。

（2）行为观测

监控主体间所有交互的影响及其产生的证据是动态信任管理的关键任务之一，信任评估和决策依据在很大程度上依赖于观察者。信任值的更新需要根据观测系统的观测结果进行动态更新。行为观测主要有两个任务：实体之间交互上下文的观测与存储，以及触发信任值的动态更新。当一个观测系统检测到某个实体的行为超出了许可或者实体的行为是一个攻击性行为时，则需要触发一个信任值的重新评估。

（3）信任评估与计算

根据数学模型建立的运算规则，在时间和观测到的证据上下文的触发下动态地进行信任值的重新计算，是信任管理的核心工作。实体 A 和实体 B 交互后，实体 A 需要更新信任信息结构表中对实体 B 的信任值。如果这个交互是基于推荐者的交互，那么主体 A 不仅要更新它对实体 B 的信任值，还要评估对它提供推荐的主体的信任值，这样，信任评估就可以部分解决信任模型中存在的恶意推荐问题。

4.1.5　信任评价与计算

4.1.5.1　信任度

信任关系通常有程度之分，信任计算的目的就是要比较准确地刻画这种程度。正是由于信任有程度之分，因此其评价过程才变得重要而有意义。信任的可度量性使源实体可利用历史经验对目标实体的未来行为进行判断，进而得到信任的具体程度。信任度是信任程度的定量表示，它是用来度量信任程度高低的。

定义 4-1：信任度（Trust Degree，TD），就是信任程度的定量表示。信任度可以根据历史交互经验推理得到，它反映的是主体（Trustor，也叫作源实体）对客体（Trustee，也叫作目标实体）的能力、诚实度、可靠度的认识，对目标实体未来行为的判断。TD 可以称为信任程度、信任值、信任级别、可信度等。

信任度可以用直接信任度和反馈信任度来综合衡量。这里，直接信任源于其他实体的直接接触，而反馈信任则是一种口头传播的名望。

图 4-3 给出了直接信任和反馈信任的图示化描述。

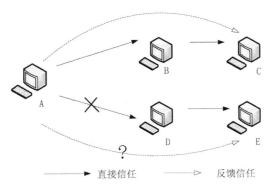

图 4-3　直接信任和反馈信任

一般来说，信任关系不是绝对的，而是动态变化的。A 信任 B 提供某种服务的能力，随着与 B 交互次数的增多，A 会根据每次交互的成功与否而逐渐调整对 B 的信任度，形成 A 对 B 的直接信任。另外，信任还存在反馈关系，当实体以前没有直接与某个实体交互时，则只能参考别的实体提供的反馈信息，并根据自己的策略来判断交互实体的信任度。

在图 4-3 中，若 A 信任 B，而 B 信任 C，则 A 具有对 B 提供的关于目标 C 的某一信任目标的信任度，B 是推荐人，A 对 B 有直接信任，A 对 C 有反馈信任。若 D 对 E 有直接信任，而 A 对 D 没有直接信任（不信任），那么，A 对 E 会有什么样的信任关系呢？目前有两种认知。一种是接受来自陌生节点的推荐信息。在这种方法中，若 E 请求 A 提供的服务，而 A 事先没有 E 的任何信息，则 A 会在整个网络中使用广播的方式查询对 E 的推荐信息，然后再对收集到的推荐信息进行聚合，从而得到 E 的反馈信任度。另一种是 A 只相信可信节点的反馈信息，而不采纳陌生节点的反馈信息。因此，在图 4-3 中，A 不会通过 D 形成对 E 的反馈信任度。第一种方法虽然简单，但是不太符合人类社会对推荐过程的认知规律，而且容易引发陌生节点的恶意反馈问题，第二种是一种比较符合人类认知规律的反馈聚合机制。根据上面的描述，下面给出直接信任度、反馈信任度以及总体信任度的定义。

定义 4-2：直接信任度（Direct Trust Degree，DTD），是指通过实体之间的直接交互经验得到的信任关系的度量值。直接信任度建立在源实体与目标实体交互经验的基础上，随着双方交互的不断深入，源实体对目标实体的信任关系会更加明晰。相对于其他来源的信任关系，源实体会更倾向于根据直接经验来对目标实体作信任评价。

定义 4-3：反馈信任度（Feedback Trust Degree，FTD），表示实体间通过第三者的间接推荐形成的信任度，也叫声誉（Reputation）、推荐信任度（Recommendation Trust Degree）、间接信任度（Indirect Trust）等（本书统一称为反馈信任度）。反馈信任建立在中间推荐实体的推荐信息的基础上，根据源实体对这些推荐实体信任程度的不同，推荐信任也会被不同程度地取舍。但是由于推荐实体的不稳定性，或者有伪装的恶意推荐实体的存在，反馈信任度的可靠性难以度量。

定义 4-4: 总体信任度（Overall Trust Degree，OTD），也叫作综合信任度或者全局信任度。信任关系的评价，就是源实体根据直接交互得到对目标实体的直接信任关系，以及根据反馈得到目标实体的推荐信任关系，将两种信任关系进行合成即可得到对目标实体的综合信任评价。

4.1.5.2　信任度计算

信任度计算是实现身份认证的前提。典型的信任度计算方法介绍如下。

（1）基于加权平均的总体信任度计算

目前的信任模型在获取总体信任度时大多采用直接信任度与反馈信任度加权平均的方式进行聚合计算：

$$\Gamma(P_i, P_j) = W_1 \times \Gamma_D(P_i, P_j) + W_2 \times \Gamma_I(P_i, P_j)$$

其中，P_i 与 P_j 是两个交互实体，$\Gamma(P_i, P_j)$ 是总体信任度，$\Gamma_D(P_i, P_j)$ 是直接信任度，$\Gamma_I(P_i, P_j)$ 是反馈信任度，W_1 和 W_2 分别为直接信任度与反馈信任度的分类权重。

当 $W_1=0$ 时，信任由推荐决定；但当 $W_2=0$ 时，信任由行为观测决定。

（2）基于历史证据窗口的总体信任度计算

在一个信任管理系统中，信任评估和预测的依据是系统检测到的、保存在主体节点本地数据库中的一些交互上下文数据，这些上下文数据被称为历史证据。信任管理系统所设定的参与信任度评估的最大历史记录个数，称为历史证据窗口（History Evidence Window，HEW）。

基于 HEW 的总体信任度计算方法可以定义如下：

$$\Gamma(P_i, P_j) = \begin{cases} \Gamma_D(P_i, P_j), & h \geqslant H \\ \Gamma_I(P_i, P_i), & h=0 \\ W_1 \times \Gamma_D(P_i, P_j) + W_2 \times \Gamma_I(P_i, P_j), & 0 \leqslant h < H \end{cases}$$

其中，h 是信任评估主体的本地数据库中现有的 P_i 与 P_j 之间交互的历史证据（样本）总数，H 是系统设定的参与信任度评估的最大历史记录个数，也就是历史证据窗口 HEW，W_1 和 W_2 分别为直接信任度与反馈信任度的权重。

当一个服务请求者（Service Requester，SR）向服务提供者（Service Provider，SP）提出服务请求时，SP 需要对该 SR 的总体信任度进行评估和预测，进而根据预测结果由访问控制模块中的决策函数决定 SR 可以得到的服务级别（Service Level）。为了预测 SR 的总体信任度，SP 会首先在本地数据库（Evidence Base）中检索与该 SR 以前直接交互的证据，并统计在系统设定的有效时间内的证据数目 h。若 $h \geqslant H$，则表示 SP 现有的有效直接证据数目足以判断该 SR 的可信度，这时，信任管理系统只需要计算直接信任度，就可将计算得到的结果作为该 SR 的总体信任度。若 $0 < h < H$，则表示现有的直接证据不充分，不足以判断该 SR 的总体信任度，因此，还需要考虑第三方实体的反馈信息，也就是反馈信任度。此时，信任管理系统既需要计算直接信任度，也需要计算反馈信任度，然后根据 W_1 和 W_2 进行总体信任度的聚合计算。若 $h=0$，则表示主体与客体之间是首次交互，主体的本地数据库中没有记录客体的任何信息，这时信任评估系统只能依靠第三方的反馈信任来评估客体的总体信任度。

与传统的总体信任度计算方法相比，该方法具有以下优点。

（1）更加符合人类社会的心理认知与行为习惯

从信任的内涵来看，信任关系本质上是最复杂的社会关系之一，也是一个抽象的心理"认知"过程，本书的总体信任度计算方法与人类社会的信任决策过程相一致，因此，能更合理地反映信任关系的内涵。

（2）可以有效抵御恶意节点的不诚实反馈信息

在开放的环境中，可能存在着大量的恶意节点，这些恶意节点也有可能发送不诚实的反馈信息。动态信任管理的主要任务就是如何有效地发现和抵御这些恶意节点可能给系统带来的攻击和有效减少恶意节点的反馈行为。本书的总体信任度计算方法在主体证据较充分时，不再考虑第三方的反馈信息，这样，显然可以有效抵御恶意节点的不诚实反馈信息。

（3）可以有效提高系统的执行效率

传统的总体信任度计算方法在任何情况下都要进行反馈信任度的计算，而计算反馈信任度需要在整个分布式网络中进行反馈节点的搜索，这需要大量的时空开销。总体信任度计算方法有效地减少了信任评估系统计算反馈信任度的次数，因而可以有效提高信任管理系统的执行效率。图 4-4 给出的是两种信任计算方法的流程。

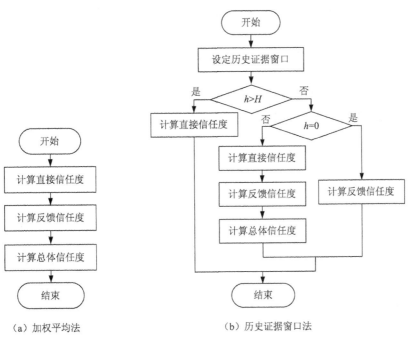

（a）加权平均法　　　　　　（b）历史证据窗口法

图 4-4　两种信任计算方法流程

4.2 身份认证

在物联网系统中，信任是实施身份认证的关键。当一个物联网实体信任另一个实体时，可以通过身份认证许可双方进行通信并传输数据。在物联网系统中，实施身份认证的方式有多种，其中，RFID 是一种典型的身份认证手段。

通常，身份认证技术是指通信双方可靠地验证对方身份的技术。身份认证包括用户向系统出示自己的身份证明和系统查核用户的身份证明,这是判明和确定通信双方真实身份的两个重要环节。

4.2.1 身份认证的概念

身份认证在网络安全中占据着十分重要的位置。身份认证是安全系统中的第一道防线,用户在访问安全系统之前,首先利用身份认证系统识别身份,然后访问监控器,根据用户的身份和授权数据库决定用户是否能够访问某个资源。

在单机环境下,身份认证技术可以分为 3 类,即通过用户所知道的秘密(如口令等),或所拥有的物理设备(如智能卡等),或所具有的生理特征(如用户的指纹等)进行验证,同时可根据不同的需求同时采用以上多种认证技术。

在网络环境下,由于任何认证信息都是在网上传输的,因此身份认证较为复杂,不能依靠简单的口令或是主机的网络地址。因为大量的黑客随时随地都有可能尝试向网络渗透,对认证信息进行攻击,所以,网络身份认证必须防止认证信息在传输或存储过程中被截获、窜改和冒名顶替,同时也必须防止用户对身份的抵赖。在这种条件下,应利用以密码学理论为基础的身份认证协议来实现通信双方在网络中的可靠互相认证。身份认证协议规定了通信双方之间为了进行身份认证,同时建立会话密钥所需要的进行交换的消息格式和次序。

认证(authentication)是证实一个实体声称的身份是否真实的过程,又称为鉴别。认证主要包括身份认证和信息认证两个方面。前者用于鉴别用户身份,后者用于保证通信双方信息的完整性和抗否认性。身份认证的本质是被认证方有一些信息(无论是一些秘密的信息,还是一些个人持有的特殊硬件或个人特有的生物学信息),除被认证方自己认证外,任何第三方(在有些需要认证权威的方案中,认证权威除外)不能伪造,被认证方能够使认证方相信他确实拥有那些秘密,这样,他的身份就可以得到认证。

身份认证技术在信息安全中占有极其重要的地位,是安全系统中的第一道关卡。两个物联网实体在交互通信和传输数据之前,必须首先向身份认证系统表明自己的身份。身份认证系统首先验证用户的真实性,然后根据授权数据库中用户的权限设置确定其是否有权访问所申请的资源。身份认证是物联网系统中最基本的安全服务,其他的安全服务都要依赖于它。一旦身份认证系统被攻破,那么系统的所有安全措施都将形同虚设。黑客攻击的目标往往也就是身份认证系统。由于物联网连接的开放性和复杂性,物联网环境下的身份认证更为复杂。

事实上,每一个身份认证系统都具有自己的应用范围。在不同的应用范围中,安全风险的情况可能完全不同。针对具体环境采用不同特征的认证协议,可以用较小的代价将安全风险的某一方面降到可接受的范围。

4.2.2 身份认证的基本功能和要求

身份认证系统的基本功能介绍如下。

(1)可信性:确保信息的来源是可信的,即信息接收者能够确认所获得的信息是可靠的、安全的,而不是冒充者所发出的。

(2)完整性:保证信息在传输过程中是完整的,即信息接收者能够确认获得的信息在传输过程中没有被修改、延迟和替换。

(3)不可抵赖性:要求信息的发送方不能否认他所发出的信息,同样,信息的接收方不能否认他已收到了信息；网络中通常采用基于数字签名和公开加密技术的不可否认机制。

（4）访问控制：确保非法用户不能够访问系统资源，合法用户只能访问控制表确定的资源，并根据访问控制级别（如浏览、读、写和执行）访问系统授权的资源。

在复杂开放的网络环境下，所设计的网络身份认证系统至少应该满足以下几个方面的功能要求。

（1）抵抗重放攻击

重放攻击是一种相当普遍的攻击方式，如果身份认证系统不能抵抗重放攻击，则系统基本无法投入实际应用。防止重放攻击主要是保证认证信息的可信性，其基本方法包括：为认证消息增加一个时间戳，为认证消息增加实时信息，动态实施认证消息等。

（2）抵抗密码分析攻击

身份认证系统的认证过程应具有密码安全性。这种安全性可通过对称密码体制的保护、非对称密码体制的保护或者 Hash 函数的单向性来实现。

（3）双向身份认证功能

如果在设计身份认证系统时仅实现服务器对客户端的身份认证，则说明系统是不完善的，特别是客户端具有敏感信息上传的时候，因此也应该实现客户端对服务器的身份认证。以自动取款机（ATM）为例，客户必须防止来自服务端的欺骗，因为如果存在欺骗，那么客户将会泄露自己的帐户信息。

（4）多因子身份认证

为了提高身份认证服务的安全强度，一种身份认证机制最好不要仅仅依赖于某一项秘密或者持有物。如果身份认证系统仅仅依赖于用户所有，则拥有物一旦丢失，身份冒充将成为可能；如果身份认证系统仅仅依赖于用户生物特征，则一旦这个特征被模仿，身份冒充将成为可能；如果系统仅仅依赖用户所知实现对用户身份的认证，则用户所知一旦泄露，身份冒充将成为可能。

（5）良好的认证同步机制

如果身份认证信息是动态推进的，则存在认证的同步问题。有许多因素可能会导致认证的不同步：确认消息的丢失、重复收到某个认证消息、中间人攻击等。身份认证系统应该具有良好的同步机制，以保证在认证不同步的情况下，能自动恢复认证同步。

（6）保护身份认证者的身份信息

在身份认证过程中保护身份信息具有十分重要的意义。身份信息保护分为以下几个层次：身份信息在认证过程中不被泄露给第三方，可以通过加密进行传输；甚至连身份认证服务器也不知道认证者的身份，可以通过匿名服务进行传输。

（7）提高身份认证协议的效率

一个安全的认证协议可以减少认证通信的次数，保证可靠性，降低被攻击的可能性，这是身份认证系统设计所追求的目标。

（8）减少认证服务器的敏感信息

一个良好的身份认证系统应该在服务器中存放尽可能少的认证敏感信息，这样，服务器即使被攻破，也可以将损失降到最低。

4.2.3　身份认证的主要方式

随着物联网的不断发展，越来越多的人开始尝试基于物联网进行在线交易，如公交卡、微信、支付宝、Apple Pay 等。这些支付的核心是 RFID 和二维码。然而病毒、黑客、网络钓鱼、网页仿冒、诈骗等恶意威胁，给在线交易的安全性带来了极大的挑战。各种各样的网络犯罪和层出不穷的攻击方法引起了人们对网络身份的信任危机。在物联网系统中，如何证明"我是谁"以及如何防止身份冒用等问题又一次成为人们关注的焦点。

目前，物联网系统中常用的身份认证方式主要有以下 6 种。

4.2.3.1　RFID 智能卡认证

RFID 智能卡是一种内置集成电路的芯片，芯片中存有与用户身份相关的数据。智能卡由专门的厂商通过专门的设备生产，是不可复制的硬件。智能卡由合法用户随身携带，用户登录时必须将智能卡插入专用的读卡器读取其中的信息，以验证用户的身份。智能卡认证基于"what you have"的手段，通过智能卡硬件的不可复制性来保证用户身份不会被仿冒。然而，由于每次从智能卡中读取的数据均是静态的，通过内存扫描或网络监听等技术很容易截取用户的身份验证信息，因此，智能卡也存在安全隐患。关于 RFID 的安全技术在本书第 2 章中已进行了详细阐述。

4.2.3.2　用户名/密码方式

用户名/密码是最简单也是最常用的身份认证方法，是基于"what you know"的验证手段。每个用户的密码均是由用户自己设定的，只有用户自己知道。只要用户能够正确输入密码，计算机就认为操作者是合法用户。实际上，许多用户为了防止忘记密码，经常将诸如生日、电话号码等容易被猜测的字符串作为密码，或者把密码抄在纸上，存放在一个自认为安全的地方，这样很容易造成密码泄露。即使能保证用户密码不被泄露，由于密码是静态的数据，在验证过程中需要在计算机内存和网络中传输，而每次验证使用的验证信息都是相同的，很容易被驻留在计算机内存中的木马程序或网络中的监听设备截获，因此，从安全性上讲，用户名/密码方式是一种极不安全的身份认证方式。

4.2.3.3　动态口令

动态口令技术是一种让用户密码按照时间或使用次数不断变化、每个密码只能使用一次的技术。它采用一种叫作动态令牌的专用硬件，内置电源、密码生成芯片和显示屏，密码生成芯片运行专门的密码算法，可根据当前时间或使用次数生成当前密码并将其显示在显示屏上。认证服务器采用相同的算法认证当前的有效密码。用户使用时只需要将动态令牌上显示的当前密码输入客户端计算机，即可实现身份认证。由于每次使用的密码必须由动态令牌来产生，只有合法用户才持有该硬件，因此只要通过密码验证就可以认为该用户的身份是可靠的。而用户每次使用的密码都不相同，即使黑客截获了一次密码，也无法利用这个密码来仿冒合法用户的身份。

动态口令技术采用一次一密的方法，有效保证了用户身份的安全性。但是如果客户端与服务器端的时间或次数不能保持良好的同步，就可能发生合法用户无法登录的问题。并且用户每次登录时需要通过键盘输入一长串无规律的密码，一旦输错就要重新操作，使用起来非常不方便。国内目前应用的较为典型的动态口令技术有 VeriSign VIP 动态口令技术和 RSA 动态口令，而 VeriSign 依托本土的数字认证厂商 iTrusChina，对国内的密码技术进行了改良。

4.2.3.4　USB Key 认证

基于 USB Key 的身份认证方式是近几年发展起来的一种方便、安全的身份认证技术。它采用软硬件相结合、一次一密的强双因子认证模式，很好地解决了安全性与易用性之间的矛盾。

USB Key 是一种 USB 接口的硬件设备，它内置单片机或智能卡芯片，可以存储用户的密钥或数字证书，利用 USB Key 内置的密码算法即可实现对用户身份的认证。基于 USB Key 的身份认证系统主要有两种应用模式：一种是基于冲击/响应的认证模式，另一种是基于 PKI 体系的认证模式。

4.2.3.5　生物识别

传统的身份认证技术一直游离于人类体外，有关身份验证的技术手段一直在兜圈子，而且兜得越来越大，越来越复杂。以"用户名 + 口令"方式过渡到智能卡方式为例，首先需要随时携带智能卡，其次智能卡容易丢失或失窃，补办手续繁琐冗长，并且需要出具能够证明身份的其他文件，使用很不方便。直到生物识别技术得到成功的应用，这个圈子才终于又兜了回来。它真正回归到了对人类最原始生理性的贴和，并且通过这种终极贴和，给了人类"绝对个性化"的心理感受；与此同时，还最大限度地释放了这种"绝对个性化"原本具有的，在引导人类自身安全、简约生活上的巨大能量。

生物识别技术主要是指通过可测量的身体或行为等生物特征进行身份认证的一种技术。生物特征是指唯一的、可以测量或可自动识别和验证的生理特征或行为方式。生物特征分为身体特征和行为特征两类。身体特征包括指纹、掌型、视网膜、虹膜、人体气味、脸型、血管和DNA 等；行为特征包括签名、语音、行走步态等。目前部分学者将视网膜识别、虹膜识别和指纹识别等归为高级生物识别技术，将掌型识别、脸型识别、语音识别和签名识别等归为次级生物识别技术，将血管纹理识别、人体气味识别、DNA 识别等归为"深奥的"生物识别技术。

与传统身份认证技术相比，生物识别技术具有以下特点。

① 随身性：生物特征是人体固有的特征，与人体是绑定的，具有随身性。

② 安全性：生物特征本身就是个人身份的最好证明，可以满足更高的安全需求。

③ 唯一性：每个人拥有的生物特征各不相同。

④ 稳定性：生物特征（如指纹、虹膜等）不会随时间等条件的变化而变化。

⑤ 广泛性：每个人都具有生物特征。

⑥ 方便性：生物识别技术不须记忆密码，不须携带、使用特殊工具（如钥匙等），不会遗失。

⑦ 可采集性：选择的生物特征易于测量。

⑧ 可接受性：使用者对所选择的个人生物特征及其应用愿意接受。

基于以上特点，生物识别技术具有传统的身份认证手段无法比拟的优点。采用生物识别技术可不必再记忆和设置密码，使用更加方便。

4.2.3.6　步态识别

步态识别作为一种新兴的行为特征识别技术，旨在根据人们走路的姿势进行身份识别。步态特征是在远距离情况下唯一可提取的生物特征，早期的医学研究证明了步态具有唯一性，因此，可以通过对步态的分析来进行人的身份识别。它与其他的生物特征识别方法（如指纹、虹膜、人脸等）相比有以下独特的特点。

（1）采集方便

传统的生物特征识别对所捕捉的图像质量要求较高，然而，步态特征受视频质量的影响较小，即使在低分辨率或图像模糊的情况下也可以被获取。

（2）远距离性

传统的指纹和人脸识别只能在接触或近距离情况下才能进行，而步态识别可以在远距离情况下进行，对用户要求较低，甚至不需要用户进行专门配合，可应用在非受控环境中进行身份识别。

（3）冒犯性

在信息采集过程中，其他的生物特征识别技术需要在与用户的协同合作（如接触指纹仪、注视虹膜捕捉器等）下完成，交互性很强，而步态特征却能够在用户并不知情的条件下进行获取。

（4）难于隐藏和伪装

在安全监控中，作案对象通常会采取一些措施（如戴上手套、眼镜和头盔等）来掩饰自己，以逃避监控系统的监视，此时，人脸和指纹等特征已不能发挥它们的作用。然而，步态难以隐藏和伪装，在安全监控中，隐藏和伪装步态的行为可疑，更加容易引起注意。

目前有关步态识别的研究尚处于理论探索阶段，还没有应用于实际当中。但基于步态的身份识别技术具有广泛的应用前景，会重点应用在智能监控中，适合应用于对安全敏感的场合，如银行、军事基地、国家重要安全部门、高级社区等。在这些敏感场合，出于管理和安全的需要，人们可以采用步态识别方法，实时监控该区域内发生的事件，帮助人们更有效地进行人员身份鉴别，从而快速检测危险，并为不同人员提供不同的进入权限级别。因此，开发实时稳定的基于步态识别的智能身份认证系统具有重要的理论和实际意义。

4.2.4 身份认证面临的安全威胁

在物联网系统中，最常见且简单的访问控制方法是通过静态口令的匹配来确认用户的真实性。但是，绝大部分计算机系统在使用普通的静态口令系统进行身份认证时，用户可以长时间多次利用同一口令进行登录，这种方式会带来许多安全隐患。例如，很多用户为了方便，在设定的口令中加入了自己的个人信息（如姓名、生日等），这种口令在有经验的黑客面前不堪一击。用户长期使用同一口令，其泄露和被破解的危险性会与日俱增。大多数应用系统的口令通过明文传输，容易被监听者获取并滥用；操作人员的口令可能会不经意地泄露（如敲键顺序被他人看见等）。事实证明，建立在静态口令之上的安全机制非常容易被黑客攻破。综合目前比较常见的信息安全问题，针对网络环境下的身份认证的威胁主要有以下6种。

（1）中间人攻击

非法用户截获并替换或修改信息后再将其传送给接收者，或者冒充合法用户发送信息，其目的在于盗取系统的可用性，阻止系统资源的合法管理和使用。产生此类威胁的主要原因是认证系统设计结构存在问题：一个典型的问题是很多身份认证协议只实现了单向身份认证，其身份信息与认证信息可以相互分离。

（2）重放攻击

网络认证还须防止认证信息在网络传输过程中被第三方获取，并记载下来，然后再传送给接收者，这就是重放攻击。重放攻击的主要目的在于实现身份伪造，或者破坏合法用户的身份认证同步性。

（3）密码分析攻击

攻击者通过分析密码，破译用户口令/身份信息或猜测下一次用户身份认证信息。系统实现上的简化可能会为密码分析提供条件，系统设计原理上的缺陷可能会为密码分析创造条件。

（4）口令猜测攻击

侦听者在知道了认证算法后，可以对用户的口令字进行猜测：使用计算机猜测口令字，利用得到的报文进行验证。这种攻击方法直接、有效，特别是当用户的口令字有缺陷时，如口令字短、将名字作为口令字、使用一个字（word）的口令字（可以使用字典攻击）等。非法用户获得合法用户身份的口令后，就可以访问对自身而言并未获得授权的系统资源。

（5）身份信息的暴露

认证时暴露身份信息是不可取的。某些信息尽管算不上秘密，但大多数用户仍然不希望隐私资料被任意扩散。例如，在网上报案系统中，需要身份认证以确认信息的来源是真实的，但如果认证过程暴露了参与者的身份，则报案者完全可能会受到打击报复，从而会影响公民举报犯罪的积极性。

（6）对认证服务器的攻击

认证服务器是身份认证系统的安全关键所在。在认证服务器中存放了大量的认证信息和配置数据，如果认证服务器被攻破，后果将会是灾难性的。

4.3 面向手机的身份认证技术

早期的移动电话（手机）是不具有身份认证功能的，其主要功能在于通信，且那时人们的隐私保护意识相对薄弱。然而，随着手机携带传感器数量的增多，手机功能不断增强，其功能已经从简单的电话通信、短信交流等发展到了微信社交、支付宝理财等，成为人们生活不可缺少的部分，安全也就成为了手机必不可少的重要特性。

4.3.1 手机身份认证技术的发展

目前，手机使用的身份认证技术非常丰富，包括密码、图案、指纹、声音、人脸识别等。这些技术的使用在很大程度上降低了手机信息泄露的风险。然而，密码位数总是有限的，暴力破解是最"简单粗暴"的攻击方式，简单的6位数字密码在手机密码机制刚兴起的年代是有足够的抗暴力破解能力的，因为普通计算机的计算能力比较弱，破解需要的时间比较长。然而，只要在时间维度上花费足够的计算资源，密码机制被破解是必然的结果。

随着人们隐私保护意识的提高以及硬件技术水平的飞跃发展（特别是电阻、电容触屏的崛起），图案锁流行了起来。图案锁与数字密码锁相比，优势在于：①解锁简单方便；②图案联想记忆让密码不容易被忘记；③因为密码位数变得灵活，所以密码空间大幅扩大。这种解锁方式最大的弊端是容易被推测，因为用户在解锁时需要移动手指和手掌，而很多用户的密码图案并不复杂（如很多用户喜欢用"Z"状图案），非法用户很容易根据手的滑动方向来推测密码图案。

再后来，由于手机计算能力和传感信息采集技术的发展，特别是指纹采集传感器、声音信息采集传感器以及图像信息采集传感器的使用，手机身份认证技术跨入了生物认证的时代，利用人体某些组织的唯一性进行认证成为了新的潮流。

最初代的手机生物认证技术是指纹识别。利用指纹有两个原因：一是指纹的唯一性，即每个人的指纹都是独一无二的；二是指纹数据容易采集。于是指纹解锁在新型的智能手机上得到了广泛应用，时至今日，指纹解锁仍然是最成功、最普及的手机身份认证技术。

当摄像头的信息采集能力（特别是像素）不断提高时，面部识别成为了新的认证技术的"漩涡中心"。这种认证技术利用了人脸的唯一性，但其极不方便的一点就是"需要光"，这一点在很大程度上限制了面部识别的用武之地。

最后一种相对比较成功的手机身份认证技术是声纹识别技术。比较成功的声纹识别技术都需要利用深度学习框架来从原始声音中提取声纹，这使声纹识别需要大量的训练样本。此外，声纹识别极易受到重放攻击的影响，这两点共同使得声纹识别比不过指纹识别和面部识别。

目前，另一种新兴的认证模式是持续认证。所谓持续认证就是在会话的过程中不断确保参与会话的用户没有被攻击者替换。这种认证模式实行的难度在于如果让合法用户不断手动执行认证，会影响其会话体验。已有的技术，如根据按压触摸屏的力度和角度来确保用户在会话过程中没有被替换，这种方式成立的前提是每个人的屏幕按压方式都是不同的。但由于按压习惯容易被模仿，因此，手机持续认证仍然是个待发掘的领域。

总结上述几种认证技术，可以得到几条清晰的认证技术发展脉络：

① 认证方式上，从复杂到简单、方便；

② 抗攻击性上，从易受攻击到相对安全；

③ 认证机理上，从组合的数字字母或图案密码到生物特征；

④ 认证方式上，从瞬时认证到持续认证。

4.3.2 常见手机身份认证技术的原理

4.3.2.1 数字组合密码

数字组合密码是最简单也是最普遍的手机身份认证技术。在手机密码验证界面输入预先设置好的口令就可以进入系统。图 4-5 所示是常见的数字密码锁。其原理是在注册环节系统将密码预留在指定文件中，当用户想要进入系统时，系统须将用户的输入密码和系统预留的注册密码进行比对，若比对成功，则认证成功。

这种认证技术的优势在于简单、"傻瓜式"的操作，当密码空间达到一定程度时相对安全。但是，这种认证技术也较容易被攻破，例如，采用剽窃的方式获取密码、利用 Wi-Fi 推测输入过程中的密码、利用手指在电容屏上留下的痕迹推测密码等。

图 4-5 混合数字密码锁

4.3.2.2 图案锁

图案锁是继组合密码后比较流行的身份认证方式。图 4-6 所示是常见的手机图案解锁界面。系统的工作原理也相对简单，注册时用户输入密钥（即指定的图案），系统会将密钥保存在指定文件中，下次用户解锁时输入图案密码后，系统会自动进行图案比对，若比对一致，则通过验证。

这种认证方式同样有简单、易操作的优势，在易记忆性上比组合密码方式强，在密钥空间上，图案锁的密钥空间比组合数字密码大，因为将每一个图案锁的点当成一个数字后，密码的长度不受限制。不足之处在于可以根据手部运动规律来推测图案解锁。

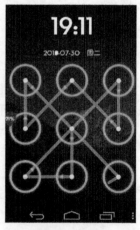

图 4-6 图案锁

4.3.2.3 指纹认证

图 4-7 是常见的手机指纹解锁界面。每个人的指纹均有以下 4 个特性：

① 每根手指的指纹都是独一无二的，即指纹的唯一性；

② 指纹从出生到生命结束都不会自然改变，即指纹的不变性；

③ 指纹均存在于皮肤表面，容易获取，即指纹的方便性；

④ 指纹随身体移动，指纹的身份是可以信赖的，即指纹的可靠性。

指纹识别流程包括 4 个步骤：指纹图像（信号）采集、指纹图像（信号）处理、指纹特征提取、指纹特征匹配。各步骤的工作原理介绍如下。

图 4-7　手机指纹解锁界面

（1）指纹图像采集

常见的指纹图像采集传感器有光学传感器、CMOS 指纹传感器、热敏传感器、超声波传感器以及手机上的电容传感器等。对于苹果（iPhone）手机来说，iPhone5S 和 iPhone6 的指纹传感器在 Touch ID 的 Home 键中。Home 键传感器表面由激光切割的蓝宝石水晶制成，能够起到精确聚焦手指、保护传感器的作用，并且传感器会在与指纹接触时进行指纹信息的记录与识别。传感器按钮周围则是不锈钢环，用于监测手指、激活传感器和改善信噪比。指纹图像被采集后，系统软件将读取指纹信息。

值得一提的是，苹果手机的指纹传感器是基于电容和无线射频的半导体传感器，这为指纹读取做了两层验证。第一层是借助了一个指纹电容传感器来识别整个接触面的指纹图像；第二层是利用无线射频技术并通过蓝宝石水晶片下面的感应组件读取从真皮层反射回来的信号，形成一幅指纹图像。在电容传感器的识别部分，手指构成电容的一极，手机中硅的传感器阵列构成电容的另一极，通过人体带有的微电场与电容传感器间形成微电流，指纹的波峰、波谷与感应器之间的距离形成电容高低差，从而描绘出指纹图像。而在无线射频识别部分，手机会将一个低频的射频信号发射到真皮层。由于人体细胞液是导电的，因此可以通过读取真皮层的电场分布来获得整个真皮层最精确的图像。Touch ID 外面有一个驱动环，由它将射频信号发射出来。

（2）指纹图像处理

这一部分是指纹识别中特别重要的一块，因为图像处理的质量直接影响下一步提取到的特征质量，如果这一步处理不好，上一步设计构造的指纹图像采集系统再优秀也于事无补。

那么为何要进行图像预处理呢？因为在实践中，由于手指本身的因素和采集条件的限制，采集到的指纹图像会不同程度地受到各种噪声的干扰，因此，在细节特征的提取和匹配之前，一般要对采集到的指纹图像进行预处理。这一步的目的是去噪声，把原图像变成一幅清晰的二点线图，以易于正确的特征提取。预处理要求在消除噪声的同时应尽量保存原图像的真实特征不受损失。具体内容如下。

指纹增强：指纹图像预处理的第一步是指纹增强。指纹增强是对低质量的指纹图像采用一定的算法进行处理，使其纹线结构清晰，进而突出和保留固有的特征信息而避免产生伪特征信息。进行这一步的原因是在指纹采集中，往往难以得到干、湿、老化、破损的指纹的清晰图像，为了弥补指纹图像的质量缺陷，保证预处理后的指纹图像具有足够的鲁棒性，图像增强是十分必要的。当完成指纹增强后，提取的特征的准确性和可靠性就有了保障。指纹图像的增强一般由规格化、方向图计算、滤波、二值化、细化几个部分组成。

规格化：目的是把图像的平均灰度和对比度调整到一个固定的级别上，以减少不同指纹图像之间的差异。规格化的算法是：在下面的公式中，令 $I(i,j)$ 代表原始图像在点 (i,j) 处的灰度值，$I'(i,j)$ 代表规格化后的图像在点 (i,j) 处的灰度值，M 和 VAR 分别代表原始指纹图像的均值和方差，M_0 和 VAR_0 分别代表期望得到的均值和方差。

$$I'(i,j) = \begin{cases} M_0 + \sqrt{\dfrac{VAR_0(I(i,j)-M)^2}{VAR}}, & I(i,j) > M \\ M_0 - \sqrt{\dfrac{VAR_0(I(i,j)-M)^2}{VAR}}, & 其他 \end{cases}$$

根据上述公式对输入图像进行点运算即可实现图像的规格化处理，运算结果可使图像的灰度均值和方差与预定值一致。

方向图计算：方向图是指纹图像中脊的走向所构成的点阵，是指纹图像的一种变换表示方法，它包含了指纹形状和特征点的重要信息。用于指纹方向信息的提取算法有很多，其中 Mehtre 提出的是基于邻域内模板不同方向上灰度值的变化求取点方向，进而统计出块方向这一方法。此方法简单，但是对于有奇异点的区域效果较差。L. Hong 等人提出了一种利用梯度算子求取方向图的方法，它通过考查指纹图像的梯度变化来求取指纹图像的纹线方向信息，得到的方向为连续角，所以可更细致地表示纹路真实的方向信息，但是该算法相对较复杂。一种如上述提到的根据梯度求方向图的算法是：①将指纹图像分成 16×16 的互不重叠的小块；②根据指纹走势计算梯度；③利用下面的公式根据梯度值计算块方向，其中 $\theta(i,j)$ 是以 (i,j) 为中心的块方向。

$$\theta(i,j) = \frac{1}{2}\arctan\frac{\sum\limits_{u=i-w/2}^{i+w/2}\sum\limits_{v=j-w/2}^{j+w/2}2\partial_x(u,v)\partial_y(u,v)}{\sum\limits_{u=1-w/2}^{i+w/2}\sum\limits_{v=j-w/2}^{j+w/2}(\partial_x(u,v)^2 - \partial_y(u,v)^2)}$$

执行上述算法得到的方向信息能够准确、可靠、细致地描述指纹纹线的实际走向。图 4-8 所示是计算出的方向图的可视化表示。

滤波：从原理上进行分析，一幅指纹图像是脊线和谷线组成的线条状图像，因此，其灰度直方图应表现出明显的双峰性质，但是由于采集指纹时会受到各种噪声的影响，实际得到的灰度直方图往往并不呈现双峰性质，因此，一般的基于灰度的图像增强方法（如直方图校正、对比度增强等）很难取得明显的效果。对于指纹图像，局部区域的纹线分布具有较稳定的方向和频率，根据这些方向和频率数值，设计出相应的带通滤波器就能有效地在局部区域对指纹进行修正和滤波。常见的滤波方式有 Gabor 滤波和傅里叶滤波。滤波效果如图 4-9 所示。

（a）方向图　　　（b）可视化表示　　　（a）指纹原图像　　（b）滤波后的图像

图 4-8　方向图的可视化表示　　　　　图 4-9　滤波效果

二值化：图像经过增强处理后，其中的纹线（脊）部分得到了增强，不过脊的强度并不完全相同，表现为灰度值的差异。二值化的目的就是使脊的灰度值趋向一致，进而使整幅图像简化为二元信息。在指纹识别中，一方面对图像信息进行了压缩，保留了纹线的主要信息，节约了存储空间；另一方面还可以去除大量的粘连，为指纹特征的提取和匹配做准备。

二值化的方法是利用前面计算的方向信息 $\theta(i, j)$，由特定的公式将其量化成 8 个标准方向，并以块方向上的灰度信息对指纹图像进行二值化。图 4-10（b）所示是二值化结果，可以看出处理后指纹非黑即白，指纹纹路更加清晰。

细化：指纹图像预处理的第二步是细化。进行指纹细化的原因是指纹图像二值化后，纹线仍具有一定的宽度，而指纹识别只对纹线的走向感兴趣，不关心纹线的粗细。细化的目的是删除指纹纹线的边缘像素，使其只有一个像素宽度，减少冗余的信息，突出指纹纹线的主要特征，从而便于后面的特征提取。细化的要求是保证纹线的连接性、方向性和特征点不变，还应保持纹线的中心基本不变。图 4-10（c）所示为细化后特征脉络更精致、不含糊的图像，这为良好的特征提取打下了坚实的基础。

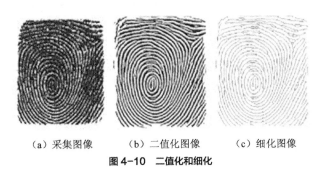

（a）采集图像　　（b）二值化图像　　（c）细化图像

图 4-10　二值化和细化

（3）指纹特征提取

常用的指纹特征有交叉点（Crossover）、核心点（Core）、分叉（Bifurcation）、端点（Ridge ending）、局部点（Island）、三角点（Delta）以及小孔（Pore），但实际上，手机的指纹识别常利用图 4-11 所示的两种特征——端点和分叉点。

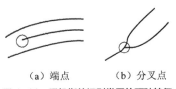

（a）端点　　　（b）分叉点

图 4-11　手机指纹识别常用的两种特征

特征提取方法有两种：一种是从灰度图像中提取特征，另一种是从细化二值图像中提取特征。从灰度图中提取特征时，一般是对灰度指纹纹线进行跟踪，根据跟踪结果寻找特征的位置、判断特征的类型。这种方法省去了复杂的指纹图像预处理过程，但是特征提取的算法十分复杂，而且由于噪声等因素影响，特征信息（如位置、方向等）也不够准确。而从细化二值图像中提取特征时，只需要一个 3×3 的模板就可以将端点和分叉点提取出来。至于具体选择什么样的算法，应该视实际情况而定。

（4）指纹特征匹配

指纹特征匹配是指纹识别系统中的最后一步，也是评价整个指纹识别系统性能的最主要依据。指纹特征匹配是根据提取的指纹特征来判断两枚指纹是否来自同一根手指。特征匹配主要是细节特征的匹配，即将新输入指纹的细节特征值与指纹库中所存指纹的细节特征值进行比对，找出最相似的指纹并将其作为识别的输出结果，这也就是所说的指纹验证识别过程。由于各种因素的影响，同一指纹两次输入所得的特征模板很可能不同，因此，只要有输入指纹的细节特征与所存储的模板相似，就说这两个指纹匹配。

指纹识别存在的风险：最简单的攻击方式是偷盗指纹并做成手指模具；稍微复杂一些但很有效的攻击方式是胶带加导电液，即当手机的指纹按键贴上特制的胶带后，机主用手指按键时，通过传感器，手机就会生成新的指纹图案。新指纹图案等于导电液图案加上机主手指指纹，在机主连续锁屏，再指纹解锁开机之后，因为智能机的学习功能，智能机便能"机灵"地记住新的、带有导电液图案的指纹图。这时，机主的任何一根手指或任何人的手指进行指纹解锁，都会形成一个带着同样导电液图案的新指纹，而手机只须识别这个导电液图案就能解锁。

4.3.2.4 面部识别

面部识别的优势是"唯一性"（每个人的脸独一无二）、方便性（非接触识别）和"安全性"（常人无法破解）。"唯一性"之所以加引号，是因为整容技术、可塑硅胶和 3D 打印的发展，使得人脸伪造也成为可能。"安全性"之所以加引号，是因为手机上尚不成熟的活体检测（如眨眨眼、转个脸等）易受攻击。

面部识别的主要步骤包括：①面部图像采集；②面部图像预处理；③面部特征提取；④面部特征匹配。下面对每个步骤的工作原理进行简介。

（1）面部图像采集

面部图像的采集十分简单，用普通摄像机即可完成。此外还需要进行面部检测。进行面部检测的原因是大多数时候摄像机里还会摄入与面部无关的背景，面部检测就是要从图 4-12 所示的摄像机视野或者照片的复杂背景中自动检测提取人的面部图像，进而确定检测目标的人脸属性与面部特征，如图 4-13 所示。

图 4-12　面部检测

图 4-13　面部特征

常见的人脸检测方法有 5 种。①基于几何特征：眼、嘴、鼻的形状以及它们之间的几何关系（如位置和距离），优点是识别速度快，需要的内存小，缺点是识别率较低。②基于特征脸：完全基于图像灰度的统计特性，需要大量训练样本。③基于神经网络：输入降低分辨率的人脸图像、局部区域的自相关函数、局部纹理的二阶矩阵，需要大量训练样本。④基于弹性图匹配。⑤基于支持向量机。

（2）面部图像预处理

面部图像预处理是指基于面部检测结果对图像进行处理并最终服务于特征提取的过程。进行面部图像预处理的原因是由于系统获取的原始图像可能受到了各种条件的限制和随机干扰，往往不能直接使用，因此必须要在图像处理的早期阶段对它进行灰度校正、噪声过滤等图像预处理。对于面部图像而言，其预处理过程主要包括面部图像的光线补偿、灰度变换、直方图均衡化、归一化、几何校正、滤波以及锐化等。

（3）面部特征提取

人脸识别系统可使用的特征通常分为视觉特征、像素统计特征、人脸图像变换系数特征、人脸图像代数特征等。面部特征提取就是针对面部的某些特征进行的，如确定眼睛、鼻子、嘴巴等器官的位置和轮廓。面部特征提取也称人脸表征，是对人脸进行特征建模的过程。

面部特征提取的方法归纳起来可分为两大类：一类是基于知识的表征方法，另一类是基于代数特征或统计学习的表征方法。

（4）面部特征匹配

当有新的认证请求时，系统会自动采集面部图像并进行特征提取，然后将提取的特征与数据库中存储的特征进行比对，如果相似度大于某个提前设定的阈值（如0.85），就接受这次认证。

面部识别的风险：对于无活体检测的面部识别系统来说，用照片攻击即可，复杂一些的攻击可以用硅胶面具；对于有活体检测的面部识别系统，用"CCTV 3.15"晚会曝光的屏幕翻拍和视频合成技术攻击即可。

4.3.2.5　语音识别

声音是正常人都可以发出的一种用于交流的信号，语音识别建立在每个人的语音都是独一无二的这一基础上，这种唯一性是由人的喉咙的独特构造保障的。用声音进行身份认证的优势在于唯一性（每个人的声音特征独一无二）、方便性（不用触碰即可完成认证）和远距离性（声音可传播的距离很远）。

表 4-1 所示是美国圣何塞州立大学国家生物特征评测中心发布的人体不同生物特征的使用特性比对表，从表中可以看出，在手机能提取的生物特征中，声音特征优势明显。这说明语音识别或许会是今后手机身份认证的热门领域。

表 4-1　人体不同生物特征使用特性比对表

特征	易用性	准确率	成本	用户接受度	远程认证	手机采集
指纹	高	高	高	中等	不可	部分可以
掌型	高	高	非常高	中等	不可	可以
视网膜	低	高	非常高	中等	不可	不可
虹膜	中等	高	非常高	中等	不可	不可
人脸	中等	高	高	中等	不可	可以
静脉	中等	高	非常高	中等	不可	不可
声音	高	高	低	高	可以	可以

该项技术没有普及在手机解锁上的一大原因是特征难以获取。在语音识别方面，人脑与计算机的不同之处在于，现实生活中的"未见其人，先闻其声"是人类通过声音去识别另一个人身份的真实描述，熟人甚至通过电话里的一个"喂"字就能识别出对方，这是我们人类经过长期进化所获得的超常能力。虽然目前计算机还做不到通过一个字就判断出人的身份，但是利用大量的训练语音数据，可以学出一个"智商"还不错的"语音"大脑，它在你说出 8～10 个字

的情况下可以判断出是不是你在说话，或者在你说 1 分钟以上的话后，就可以准确地判断出你是否是给定的 1 000 人中的一员。这里面其实包含了大部分生物识别系统都适用的重要概念：1:1 和 1:N，同时也包含了只有在语音识别技术中存在的独特的概念：内容相关和内容无关。对同一组内容的语音进行辨识，这对计算机和人而言，识别难度均较低；对内容不限的语音进行辨识，对人而言，识别难度较低，但是对计算机来说，识别难度较高。目前已知能用的手机语音识别技术，如 Siri，需要多次采集数据进行训练，这在某个层面导致了该认证方式的不便性，但其他方面突出的优越性还是值得关注的。

语音识别包括 4 个步骤：语音信息采集、语音信息预处理、语音特征提取、语音特征匹配。由于常见的语音识别系统需要大量训练数据，因此限制了语音识别的普及。语音识别最容易受到的攻击是重放攻击。攻击者将认证过程记录下来，等待时机将信号重放回去，借此即可通过系统认证。对语音识别来说，如何防范重放攻击是个很大的难题。另外，语音识别还会受到声音模拟、声音转换以及声音合成等攻击方式的攻击。

4.3.2.6　虹膜识别

与指纹识别一样，虹膜识别也以人的生物特征为基础，具有高度不可重复性。虹膜是眼球中包围瞳孔的部分，每一个虹膜都包含一个独一无二的基于冠状、晶状体、细丝、斑点、结构、凹点、射线、皱纹和条纹等特征的结构，这些特征组合起来可形成一个极其复杂的锯齿状网络花纹。与指纹一样，每个人的虹膜特征都不相同，到目前为止，世界上还没有发现虹膜特征完全相同的案例，即便是同卵双胞胎，虹膜特征也大不相同，而同一个人左右两眼的虹膜特征也有很大的差别。此外，虹膜具有结构稳定性，其结构在胎儿时期形成之后就终身不再发生改变，除了白内障等少数病理因素会影响虹膜外，即便用户接受眼角膜手术，虹膜特征也不会改变。高度不可重复性和结构稳定性让虹膜可以作为身份识别的依据。事实上，虹膜识别也许是最可靠的身份识别技术。

基于虹膜的生物识别技术同指纹识别一样，主要由 4 个部分构成：虹膜图像获取、虹膜图像预处理、虹膜特征提取、虹膜特征匹配。

（1）虹膜图像获取

在获取虹膜图像时，人眼不与 CCD、CMOS 等光学传感器直接接触，采用的是一种非侵犯式的采集技术。所以，作为身份鉴别系统中的一项重要生物特征，虹膜识别凭借虹膜丰富的纹理信息、稳定性、唯一性和非侵犯性，越来越受学术界和工业界的重视。虹膜图像的获取是非常困难的一步。一方面，由于人眼本身就是一个镜头，许多无关的杂光会在人眼中成像，从而会被摄入到虹膜图像中；另一方面，由于虹膜直径只有十几毫米，不同人种的虹膜颜色有很大差别，白种人的虹膜颜色浅，纹理显著，而黄种人的虹膜多为深褐色，纹理非常不明显，因此在普通状态下，很难拍到可用的虹膜图像。

（2）虹膜图像预处理

虹膜图像的预处理，包括对虹膜图像进行定位、归一化和增强 3 个步骤。虹膜图像定位是去除采集到的眼睑、睫毛、眼白等，找出虹膜的圆心和半径。为了消除平移、旋转、缩放等几何变换对虹膜识别的影响，必须把原始虹膜图像调整到相同的尺寸和对应的位置。虹膜的环形图案特征决定了虹膜图像可采用极坐标变换形式进行归一化。虹膜图像在采集过程中的不均匀光照会影响纹理分析的效果，一般采取直方图均衡化的方法进行图像增强，以减少光照不均匀分布的影响。

虹膜的特征提取和匹配方法最早由英国剑桥大学的约翰·道格曼（John Daugman）博士于1993 年提出，之后许多虹膜识别技术都是以此为基础展开的。道格曼博士用 Gabor 滤波器对虹膜图像进行编码，基于任意一个虹膜特征码都与其他的不同虹膜生成的特征码统计不相关这一特性，比对两个虹膜特征码的 Hamming 距离，实现虹膜识别。

随着虹膜识别技术研究和应用的进一步发展，虹膜识别系统的自动化程度越来越高，神经网络算法、模糊识别算法也逐步应用到了虹膜识别之中。进入 21 世纪后，随着外围硬件技术的不断进步，虹膜图像采集技术越来越成熟，虹膜识别算法所要求的计算能力也越来越简单。虹膜识别技术由于在采集、精确度等方面具有独特的优势，因此必然会成为未来社会的主流生物认证技术。未来的安全控制、海关进出口检验、电子商务等多种领域的应用，也必然会以虹膜识别技术为重点。这种趋势，现在已经在全球各国的各种应用中逐渐开始显现。

4.4 访问控制

在物联网系统中，访问控制（Access Control）是对用户合法使用资源的认证和控制，简单说就是根据相关授权，控制对特定资源的访问，从而防止一些非法用户的非法访问或者合法用户的不正当使用，以确保整个系统资源能够被合理正当地利用。由于物联网应用系统是多用户、多任务的工作环境，这为非法使用系统资源打开了方便之门，因此，迫切要求我们对计算机及其网络系统采取有效的安全防范措施，以防止非法用户进入系统以及合法用户对系统资源的非法使用。这就需要采用访问控制系统。

访问控制包含 3 方面的含义。

① 合法性：阻止没有得到正式授权的用户违法访问以及非法用户的违法访问。

② 完整性：在包含收集数据、传输信息、储存信息等一系列的步骤中，保证数据信息的完好无损，不可以随意增删与改动。

③ 时效性：在一定时效内，保证系统资源不能被非法用户篡改使用，保障系统在时效内的完整。

通过访问控制，系统可以预防和阻碍未经授权的非法用户访问和操作系统资源。

4.4.1 访问控制的基本概念

4.4.1.1 访问控制的功能

访问控制应具备身份认证、授权、文件保护和审计等主要功能。

（1）认证

认证就是证实用户的身份。认证必须和标识符共同起作用。认证过程首先需要用户输入账户名、用户标志或者注册标志以表明身份。账户名应该是秘密的，任何其他用户不得拥有。但为了防止账户名或用户标志泄露而出现非法用户访问，还需要进一步用认证技术证实用户的合法身份。口令是一种简单易行的认证手段，但是因为容易被猜测而比较脆弱，所以易被非法用户利用。生物技术是一种严格且有前途的认证方法，如指纹识别、视网膜识别、虹膜识别等，但因技术复杂，目前还没有被广泛采用。

（2）授权

系统正确认证用户后，根据不同的用户标志分配给其不同的使用资源，这项任务称为授权。

授权的实现是靠访问控制完成的。访问控制是一项特殊的任务，它将标志符 ID 作为关键字来控制用户访问的程序和数据。访问控制主要用在关键节点、主机和服务器，一般节点使用较少。但如果要在一般节点上增加访问控制功能，则系统应该安装相应的授权软件。在实际应用中，通常需要从用户类型、应用资源以及访问规则 3 个方面来明确用户的访问权限。

① 用户类型。对于一个已经被系统识别和认证了的用户，系统还要对他的访问操作实施一定的限制。对于一个通用计算机系统来讲，用户范围广，层次与权限也不同。用户类型一般有系统管理员、一般用户、审计用户和非法用户。系统管理员权限最高，可以对系统中的任何资源进行访问，并具有所有类型的访问操作权利。一般用户的访问操作要受到一定的限制，系统管理员会根据需要给这类用户分配不同的访问操作权利。审计用户负责对整个系统的安全控制与资源使用情况进行审计。非法用户则是被取消访问权利或者被拒绝访问系统的用户。

② 应用资源。应用资源是指系统中的每个用户可共同分享的系统资源。系统内需要保护的是系统资源，因此需要对保护的资源定义一个访问控制包（Access Control Packet，ACP），访问控制包会给每一个资源或资源组勾画出一个访问控制列表（Access Control List，ACL），列表中会描述哪个用户可以使用哪个资源以及如何使用。

③ 访问规则。访问规则定义了若干条件，在这些条件下可准许访问一个资源。一般来讲，规则可使用户与资源配对，然后指定该用户可以在该资源上执行哪些操作，如只读、不允许执行或不允许访问等。这些规则是由负责实施安全政策的系统管理人员根据最小特权原则来确定的，即在授予用户访问某种资源的权限时，只给予该资源的最小权限。例如，用户需要读权限时，不应该授予读写权限。

（3）文件保护

文件保护是指对文件提供的附加保护，其可使非授权用户不可读取文件。一般采用对文件加密的附加保护。

（4）审计

审计是记录用户系统所进行的所有活动的过程，即记录用户违反安全规定使用系统的时间、日期以及用户活动。因为可能收集的数据量非常大，所以，良好的审计系统应具有进行数据筛选并报告审计记录的工具，此外，还应容许工具对审计记录做进一步的分析和处理。

4.4.1.2　访问控制的关键要素

访问控制是指主体依据某些控制策略对客体本身或其他资源进行不同权限的访问。访问控制包括 3 个要素：主体、客体和控制策略。

（1）主体

主体是可以在信息客体间流动的一种实体。主体通常指的是访问用户，但是作业或设备也可以成为主体。所以，对文件进行操作的用户是一种主体，用户调度并运行的某个作业也是一种主体，检测电源故障的设备还是一个主体。大多数交互式系统的工作过程是：用户首先在系统中注册，然后启动某一进程以完成某项任务，该进程继承了启动它的用户的访问权限。在这种情况下，进程也是一个主体。一般来讲，审计机制应能对主体涉及的某一客体进行的与安全有关的所有操作都做相应的记录和跟踪。

（2）客体

客体本身是一种信息实体，或者是从其他主体或客体接收信息的载体。客体不受它所依存的系统的限制，其可以是记录、数据块、存储页、存储段、文件、目录、目录树、邮箱、信息、程序等，也可以是位、字节、字、域、处理器、通信线路、时钟、网络节点等。主体有时也可以被当作客体，例如，一个进程可能包含多个子进程，这些子进程就可以被认为是一种客体。在一个系统中，作为一个处理单位的最小信息集合就称为一个文件，每一个文件都是一个客体。但是，如果文件可以分成许多小块，并且每个小块又可以单独处理，那么每个小块也都是一个客体。另外，如果文件系统被组织成了一个树形结构，那么这种文件目录也是客体。

在有些系统中，逻辑上所有的客体都作为文件处理。每种硬件设备都作为一种客体来处理，因而，每种硬件设备都具有相应的访问控制信息。如果一个主体准备访问某个设备，则该主体必须具有适当的访问权，而对设备的安全校验机制将对访问权进行校验。例如，某主体想对终端进行写操作，则需要将想写入的信息先写入相应的文件中，安全机制将根据该文件的访问信息来决定是否允许该主体对终端进行写操作。

（3）控制策略

控制策略是主体对客体的操作行为集和约束条件集，也是主体对客体的控制规则集。这个规则集直接定义了主体对客体可以进行的作用行为和客体对主体的条件约束。控制策略体现了一种授权行为，即客体对主体的权限允许，这种允许不可超越规则集。

访问控制系统的3个要素可以使用三元组（S、O、P）来表示，其中S表示主体，O表示客体，P表示许可。当主体提出一系列正常请求信息I_1，I_2，…，I_n时，请求信息会通过物联网系统的入口到达控制规则集监视的监控器，由控制规则集来判断允许或拒绝请求。在这种情况下，必须先确认主体是合法的，而不是假冒的，也就是必须对主体进行认证。主体通过认证后才能访问客体，但并不保证其有权限对客体进行操作。客体对主体的具体约束由访问控制表来控制实现，对主体的验证一般都是通过鉴别用户标志和用户密码来实现的。用户标志是一个用来鉴别用户身份的字符串，每个用户有且只能有唯一的一个用户标志，以便与其他用户有所区别。当一个用户在注册系统时，他必须提供其用户标志，然后系统才会执行一个可靠的审查来确认当前用户就是对应用户标志的那个用户。

当前访问控制实现的模型普遍采用了主体、客体、授权的定义和这3个定义之间的关系的方法来描述。访问控制模型能够对计算机系统中的存储元素进行抽象表达。访问控制要解决的一个基本问题便是主动对象（如进程）如何对被动的受保护对象（如被访问的文件等）进行访问，并且按照安全策略进行控制。主动对象称为主体，被动对象称为客体。

针对一个安全的系统，或者是将要在其上实施访问控制的系统，一个访问可以对被访问的对象产生以下作用：一是对信息的抽取；二是对信息的插入。对于被访问对象来说，可以有"只读不修改""只读修改""只修改不读""既读又修改"4种访问方式。

访问控制模型可以根据具体的安全策略的配置来决定一个主体对客体的访问属于以上4种访问方式中的哪一种，并且可以根据相应的安全策略来决定是否给予主体相应的访问权限。

4.4.1.3 访问控制策略的实施

访问控制策略是物联网信息安全的核心策略之一，其任务是保证物联网信息不被非法使用和非法访问，为保证信息基础的安全性提供一个框架，提供管理和访问物联网资源的安全方法，规定各要素需要遵守的规范与应负的责任，为物联网系统安全提供可靠依据。

（1）访问控制策略的基本原则

访问控制策略的制定与实施必须围绕主体、客体和控制规则集三者之间的关系展开。具体原则如下。

① 最小特权原则。最小特权原则指主体执行操作时，按照主体所需权利的最小化原则分配给主体权利。最小特权原则的优点是最大限度地限制了主体实施授权行为，可以避免来自突发事件、错误和未授权用户主体的危险，即为了达到一定的目的，主体必须执行一定的操作，但主体只能做允许范围内的操作。

② 最小泄露原则。最小泄露原则指主体执行任务时，按照主体所需要知道的信息最小化的原则分配给主体权利。

③ 多级安全原则。多级安全原则指主体和客体间的数据流向和权限控制按照安全级别进行划分，包括绝密、秘密、机密、限制和无级别 5 级。多级安全原则的优点是可避免敏感信息扩散。对于具有安全级别的信息资源，只有安全级别比它高的主体才能够访问它。

（2）访问控制策略的实现方式

访问控制的安全策略有：基于身份的安全策略和基于规则的安全策略。目前使用这两种安全策略的基础都是授权行为。

① 基于身份的安全策略。

基于身份的安全策略与鉴别行为一致，其目的是过滤对数据或资源的访问，只有能通过认证的主体才有可能正常使用客体的资源。基于身份的安全策略包括基于个人的安全策略和基于组的安全策略。

基于个人的安全策略是指以用户为中心建立的一种策略。这种策略由一些列表组成，这些列表限定了针对特定的客体，哪些用户可以实现何种策略操作行为。

基于组的安全策略是基于个人的安全策略的扩充，指一些用户被允许使用同样的访问控制规则访问同样的客体。

基于身份的安全策略有两种基本的实现方法：访问能力表和访问控制列表。访问能力表提供了针对主体的访问控制结构，访问控制列表提供了针对客体的访问控制结构。

② 基于规则的安全策略

基于规则的安全策略中的授权通常依赖于敏感性。在一个安全系统中，对数据或资源应该标注安全标记。代表用户进行活动的进程可以得到与其原发者相应的安全标记。

基于规则的安全策略在实现时，由系统通过比较用户的安全级别和客体资源的安全级别来判断是否允许用户进行访问。

4.4.2　访问控制的分类

访问控制可以限制用户对应用中关键资源的访问，防止非法用户进入系统及合法用户对系统资源的非法使用。在传统的访问控制中，一般采用自主访问控制和强制访问控制。随着分布式应用环境的出现，又发展出了基于对象的访问控制、基于任务的访问控制、基于角色的访问控制、基于属性的访问控制等多种访问控制技术。

（1）自主访问控制

自主访问控制（Discreytionary Access Control，DAC）是指用户有权对自身所创建的访问对象（如文件、数据表等）进行访问，并可将对这些对象的访问权授予其他用户和从授予权限的用户处收回其访问权限。

（2）强制访问控制

强制访问控制（Mandatory Access Control，MAC）是指由系统（通过专门设置的系统安全员）对用户所创建的对象进行统一的强制性控制，按照规定的规则决定哪些用户可以对哪些对象进行什么样的操作系统类型的访问，即使是创建者用户，其在创建一个对象后，也可能无权访问该对象。

（3）基于对象的访问控制

DAC或MAC模型的主要任务都是对系统中的访问主体和受控对象进行一维的权限管理。当用户数量多、处理的信息数据量巨大时，用户权限的管理任务将变得十分繁重且难以维护，这就会降低系统的安全性和可靠性。

对于海量的数据和差异较大的数据类型，需要用专门的系统和专门的人员加以处理，如果采用基于角色的访问控制模型，安全管理员除了需要维护用户和角色的关联关系外，还需要将庞大的信息资源访问权限赋予有限个角色。

当信息资源的种类增加或减少时，安全管理员必须更新所有角色的访问权限设置，如果受控对象的属性发生变化，以及需要将受控对象不同属性的数据分配给不同的访问主体进行处理时，则安全管理员将不得不增加新的角色，还必须更新原来所有角色的访问权限设置以及访问主体的角色分配设置。

这样的访问控制需求变化往往是不可预知的，这会导致访问控制管理难度增加工作量变大。因此，在这种情况下，有必要引入基于受控对象的访问控制模型。

控制策略和控制规则是基于对象的访问控制（Object-based Access Control，OBAC）系统的核心所在。在基于受控对象的访问控制模型中，会将访问控制列表与受控对象或受控对象的属性相关联，并会将访问控制选项设计成为用户、组或角色及其对应权限的集合；同时允许对策略和规则进行重用、继承和派生操作。这样，不仅可以对受控对象本身进行访问控制，也可以对受控对象的属性进行访问控制，而且派生对象可以继承父对象的访问控制设置，这对于信息量巨大、信息内容更新变化频繁的信息管理系统非常有益，可以减轻由信息资源的派生、演化和重组等带来的分配、设定角色权限等工作量。

OBAC系统从信息系统的数据差异变化和用户需求出发，有效地解决了信息数据量大、数据种类繁多、数据更新变化频繁的大型信息管理系统的安全管理问题。同时，从受控对象的角度出发，将访问主体的访问权限直接与受控对象相关联。一方面，定义对象的访问控制列表，使增、删、修改访问控制项易于操作；另一方面，当受控对象的属性发生改变，或者受控对象发生继承和派生行为时，无须更新访问主体的权限，只须修改受控对象的相应访问控制项即可，从而减少了访问主体的权限管理，降低了授权数据管理的复杂性。

（4）基于任务的访问控制

基于任务的访问控制（Task-based Access Control，TBAC）是从应用和企业层面来解决安全问题的，从任务（活动）的角度来建立安全模型和实现安全机制，在任务处理的过程中提供动态、实时的安全管理。

在TBAC模型中，对象的访问权限控制并不是静止不变的，而是会随着执行任务的上下文环境发生变化。TBAC首要考虑的是在工作流的环境中对信息的保护问题：在工作流环境中，数据的处理与上一次的处理相关联，相应的访问控制也是如此，因此TBAC是一种上下文相关的访问控制模型。其次，TBAC不仅能对不同的工作流实行不同的访问控制策略，还能对同一工作流的不同任务实例实行不同的访问控制策略。从这个意义上说，TBAC是基于任务的，这也表明，TBAC是一种基于实例（instance-based）的访问控制模型。

TBAC 模型由工作流、授权结构体、受托人集、许可集这 4 部分组成。

任务（task）是工作流中的一个逻辑单元，是一个可区分的动作，与多个用户相关，也可能包括几个子任务。授权结构体（authorization unit）是任务在计算机中进行控制的一个实例。任务中的子任务对应于授权结构体中的授权步。

授权结构体是由一个或多个授权步（authorization step）组成的结构体，它们在逻辑上是联系在一起的。授权结构体分为一般授权结构体和原子授权结构体。一般授权结构体内的授权步依次执行，原子授权结构体内的每个授权步紧密联系，其中任何一个授权步失败都会导致整个结构体的失败。

授权步表示一个原始授权处理步，是指在一个工作流中对处理对象的一次处理过程。授权步是访问控制所能控制的最小单元，由受托人集（trustee-set）和多个许可集（permissions-set）组成。

受托人集是可被授予执行授权步的用户的集合，许可集则是受托集的成员被授予授权步时拥有的访问许可。在授权步初始化以后，一个来自受托人集中的成员将被授予授权步，我们称这个受托人为授权步的执行委托者，该受托者执行授权步过程中所须许可的集合称为执行者许可集。授权步之间或授权结构体之间的相互关系称为依赖（dependency），依赖反映了基于任务的访问控制的原则。授权步的状态变化一般由自身管理，即依据执行的条件自动变迁状态，但有时也可以由管理员进行调配。

一个工作流的业务流程由多个任务构成，而一个任务对应于一个授权结构体，每个授权结构体由特定的授权步组成。授权结构体之间以及授权步之间通过依赖关系联系在一起。在 TBAC 中，一个授权步的处理可以决定后续授权步对处理对象的操作许可，这些许可的集合称为激活许可集。执行者许可集和激活许可集一起称为授权步的保护态。

TBAC 模型一般用五元组（S，O，P，L，AS）表示，其中 S 表示主体，O 表示客体，P 表示许可，L 表示生命期（lifecycle），AS 表示授权步。由于任务都是有时效性的，所以在基于任务的访问控制中，用户对于授予他的权限的使用也是有时效性的。因此，若 P 是授权步 AS 所激活的权限，那么 L 就是授权步 AS 的存活期限。在授权步 AS 被激活之前，它的保护态是无效的，其中包含的许可不可使用。当授权步 AS 被触发时，它的执行委托者开始拥有执行者许可集中的权限，同时它的生命期开始倒记时。在其生命期间，五元组（S，O，P，L，AS）有效；生命期终止时，五元组（S，O，P，L，AS）无效，执行委托者所拥有的权限被回收。

TBAC 的访问政策及其内部组件关系一般由系统管理员直接配置。通过授权步的动态权限管理。TBAC 支持最小特权原则和最小泄露原则，在执行任务时只给用户分配所需的权限，未执行任务或任务终止后用户不再拥有所分配的权限；而且在执行任务过程中，当某一权限不再被使用时，授权步会自动将该权限回收；另外，对于敏感的任务需要不同的用户执行，可以通过授权步之间的分权依赖加以实现。

TBAC 从工作流中的任务角度建模，可以依据任务和任务状态的不同，对权限进行动态管理。因此，TBAC 非常适合分布式计算和多点访问控制的信息处理控制以及在工作流、分布式处理和事务管理系统中的决策制定。

（5）基于角色的访问控制

基于角色的访问控制（Role-based Access Control，RBAC）的基本思想是将访问许可权分配给一定的角色，用户通过饰演不同的角色来获得角色所拥有的访问许可权。这是因为在很多实际应用中，用户并不是可以访问的客体信息资源的所有者（这些信息属于企业或公司）。因此，访问控制应该基于员工的职务而不是基于员工在哪个组或谁是信息的所有者，即访问控制是由各个用户在部门中所担任的角色来确定的。例如，一个学校可以有老师、学生和其他管理人员等角色。

RBAC 从控制主体的角度出发，根据管理中相对稳定的职权和责任来划分角色，将访问权限与角色相联系，这点与传统的 MAC 和 DAC 将权限直接授予用户的方式不同。RBAC 通过给用户分配合适的角色，让用户与访问权限相联系。角色成为了访问控制中访问主体和受控对象之间的一座桥梁。

角色可以被看作一组操作的集合，不同的角色具有不同的操作集，这些操作集是由系统管理员分配给角色的。在下面的实例中，我们假设 Tch_1，Tch_2，Tch_3，$\cdots$，Tch_i 是老师，$Stud_1$，$Stud_2$，$Stud_3$，$\cdots$，$Stud_j$ 是学生，Mng_1，Mng_2，Mng_3，$\cdots$，Mng_k 是教务处管理人员，那么老师的权限为 TchMN={查询成绩、上传所教课程的成绩}；学生的权限为 Stud MN={查询成绩、反映意见}；教务处管理人员的权限为 MngMN={查询成绩、修改成绩、打印成绩清单}。

依据角色的不同，每个主体只能执行自己所制定的访问功能。用户在一定的部门中具有一定的角色，其所执行的操作与其所扮演的角色的职能相匹配，这正是基于角色的访问控制（RBAC）的根本特征：依据 RBAC 策略，系统定义了各种角色，每种角色可以完成一定的职能，不同的用户根据其职能和责任被赋予相应的角色，一旦某个用户成为某角色的成员，则该用户就可以完成该角色所具有的职能。

因为企业担心冗长而复杂的实施过程，并且雇员访问权要发生变化，所以许多企业往往不愿意实施基于角色的访问控制。完成基于角色的矩阵可能是一个需要企业花费几年时间的复杂过程。有一些新方法可以缩短这个过程，例如，企业可以将人力资源系统作为数据源，收集所有雇员的部门、职位以及企业的层次结构等信息，并将这些信息用于创建每个访问级别的角色，从活动目录等位置获得当前的权利，实现不同角色的雇员的数据共享。

（6）基于属性的访问控制

基于属性的访问控制（Attribute-based Access Control，ABAC）主要针对面向服务的体系结构和开放式网络环境，在这种环境中，能够基于访问的上下文建立访问控制策略，处理主体和客体的异构性和变化性。RBAC 已不能适应这样的环境。RBAC 不能直接在主体和客体之间定义授权，而是需要将他们关联的属性作为授权决策的基础，并利用属性表达式描述访问策略。ABAC 能够根据相关实体属性的变化，适时更新访问控制决策，从而提供一种更细粒度的、更加灵活的访问控制方法。

属性虽然是一个变量，但是相对而言它的规则策略是稳定且不易改变的。ABAC 之所以能运用于用户动态变化的访问控制中，就是因为它利用了策略的固定性所产生的作用。

4.4.3　访问控制的基本原则

访问控制机制是用来实施对资源访问加以限制的策略的机制，这种策略把对资源的访问权限只授予了那些被授权用户。应该建立起申请、建立、发出和关闭用户授权的严格的制度，以及管理和监督用户操作责任的机制。

为了获取系统的安全，授权应该遵守访问控制的 3 个基本原则。

（1）最小特权原则

最小特权原则是系统安全中最基本的原则之一。最小特权（Least Privilege）指的是"在完成某种操作时所赋予网络中每个主体（用户或进程）必不可少的特权"。最小特权原则是指"应限定网络中每个主体所需的最小特权，以确保可能的事故、错误、网络部件的篡改等原因造成的损失最小"。

最小特权原则使用户所拥有的权力不能超过它执行工作时所需的权限。最小特权原则一方面给予主体"必不可少"的特权，保证了所有的主体都能在所赋予的特权之下完成所需要完成的任务或操作；另一方面，它只给予主体"必不可少"的特权，这也限制了每个主体所能进行的操作。

（2）多人负责原则

多人负责即授权分散化，在功能上划分关键的任务由多人来共同承担，以保证没有任何个人具有完成任务的全部授权或信息，如将责任做分解以确保没有一个人具有完整的密钥。

（3）职责分离原则

职责分离是保障安全的一个基本原则。职责分离是指将不同的责任分派给不同的人员以期达到互相牵制的作用，消除一个人执行两项不相容的工作的风险，如收款员、出纳员、审计员应由不同的人担任。计算机环境下也要有职责分离，为避免安全上的漏洞，有些许可不能同时被同一用户获得。

4.4.4 BLP 访问控制

BLP 模型是由戴维和莱纳德于 1973 年提出并于 1976 年整合、完善的安全模型。BLP 模型的基本安全策略是"下读上写"，即主体对客体向下读、向上写。主体可以读安全级别比它低或相等的客体，可以写安全级别比它高或相等的客体。"下读上写"的安全策略保证了数据库中的所有数据只能按照安全级别从低到高流动，从而保证了敏感数据不泄露。

4.4.4.1 BLP 安全模型

BLP 安全模型是一种访问控制模型，它通过制定主体对客体的访问规则和操作权限来保证系统信息的安全性。BLP 模型中基本的安全控制方法有 2 种。

（1）强制访问控制（MAC）

MAC 主要是通过"安全级"来进行的。访问控制通过引入"安全级""组集"和"格"的概念，为每个主体规定了一系列的操作权限和范围。"安全级"通常由"普通、秘密、机密、绝密"4 个不同的等级构成，用以表示主体的访问能力和客体的访问要求。"组集"就是主体能访问客体所从属的区域的集合，如"部门""科室""院系"等。通过"格"定义一种比较规则，只有在这种规则下，主体控制客体时才允许主体访问客体。MAC 是 BLP 模型实现控制手段的主要方法。

作为实施强制型安全控制的依据，主体和客体均要求被赋予一定的"安全级"。其中，人作为安全主体，其部门集表示它可以涉猎哪些范围内的信息，而一个信息的部门集则表示该信息所涉及的范围，这里有 3 点要求：①主体的安全级高于客体，当且仅当主体的密级高于客体的密级，且主体的部门集包含客体的部门集；②主体可以读客体，当且仅当主体的安全级高于或等于客体的安全级；③主体可以写客体，当且仅当主体的安全级低于或等于客体的安全级。

BLP 模型给每个用户及文件赋予一个访问级别，如最高秘密级（Top Secret）、秘密级

（Secret）、机密级（Confidential）及无级别级（Unclassified）。其级别由高到低为 T＞S＞C＞U，系统根据主体和客体的敏感标记来决定访问模式。访问模式包括以下 4 种。

下读（read down）：用户级别大于文件级别的读操作。

上写（write up）：用户级别小于文件级别的写操作。

下写（write down）：用户级别大于文件级别的写操作。

上读（read up）：用户级别小于文件级别的读操作。

（2）自主访问控制（DAC）

DAC 也是 BLP 模型中非常重要的实现控制的方法。DAC 通过客体的属主自行决定其访问范围和方式，实现对不同客体的访问控制。在 BLP 模型中，DAC 是 MAC 的重要补充和完善。

主体对其拥有的客体有权决定自己和他人对该客体应具有怎样的访问权限。最终的结果是，在 BLP 模型的控制下，主体要获取对客体的访问，必须同时通过 MAC 和 DAC 这两种安全控制设施。

依据 BLP 模型所制定的原则是利用不上读或不下写来保证数据的保密性，如图 4-14 所示，既不允许低信任级别的用户读高敏感度的信息，也不允许高敏感度的信息写入低敏感度区域，禁止信息从高级别流向低级别。MAC 通过这种梯度安全标签实现信息的单向流通。

图 4-14　BLP 模型

4.4.4.2　BLP 模型的优缺点

BLP 模型的优点如下。

① BLP 模型是一种严格的形式化描述。

② BLP 模型控制信息只能由低向高流动，这能满足军事部门这一类对数据保密性要求特别高的机构的需求。

BLP 模型的缺点如下。

① 上级对下级发文受到限制。

② 部门之间信息的横向流动被禁止。

③ 缺乏灵活、安全的授权机制。

4.4.5　基于角色的访问控制

基于角色的访问控制（Role-based Access Control，RBAC）是美国 NIST 提出的一种新的访问控制技术。该技术的基本思想是将将用户划分成与其所在组织结构体系相一致的角色，并将权限授予角色而不是直接授予主体，主体通过角色分派来得到客体操作权限从而实现授权。由于角色在系统中具有相对于主体的稳定性，更便于直观地理解，因此可以大大降低系统授权管理的复杂性，减少安全管理员的工作量。

在 RBAC 的发展过程中，最早出现的是 RBAC96 模型和 ARBAC 模型，此处只对 RBAC96 模型进行介绍。RBAC96 模型的成员包括 RBAC0、RBAC1、RBAC2 和 RBAC3。RBAC0 是基于角色访问控制模型的基本模型，规定了 RBAC 模型的最小需求；RBAC1 为角色层次模型，在 RBAC0 的基础上加入了角色继承关系，可以根据组织内部职责和权利来构造角色与角色之间的层次关系；RBAC2 为角色的限制模型，在 RBAC0 的基础上加入了各种用户与角色之间、权限与角色之间以及角色与角色之间的限制关系，如角色互斥、角色最大成员数、前提角色和前提权限等；RBAC3 为统一模型，它不仅包括角色的继承关系，还包括限制关系，是 RBAC1 和 RBAC2 的集成。

基于角色访问控制的要素包括用户、角色、许可等基本定义。在 RBAC 中，用户就是一个可以独立访问计算机系统中的数据或者用数据表示的其他资源的主体。角色是指一个组织或任务中的工作或者位置，它代表了一种权利、资格和责任。许可（特权）就是允许对一个或多个客体执行操作。一个用户可经授权而拥有多个角色，一个角色可由多个用户构成；每个角色可拥有多种许可，每个许可也可授权给多个不同的角色。每个操作可施加于多个客体（受控对象），每个客体也可以接受多个操作。上述要素的实现形式介绍如下。

① 用户表（USERS）包括用户标志、用户姓名、用户登录密码。用户表是系统中的个体用户集，会随用户的添加与删除动态变化。

② 角色表（ROLES）包括角色标识、角色名称、角色基数、角色可用标识。角色表是系统角色集，角色是由系统管理员来定义的。

③ 客体表（OBJECTS）包括对象标志、对象名称。客体表是系统中所有受控对象的集合。

④ 操作算子表（OPERATIONS）包括操作标志、操作算子名称。系统中所有受控对象的操作算子构成了操作算子表。

⑤ 许可表（PERMISSIONS）包括许可标志、许可名称、受控对象、操作标志。许可表给出了受控对象与操作算子的对应关系。

RBAC 系统由 RBAC 数据库、身份认证模块、系统管理模块和会话管理模块组成。RBAC 数据库与各模块的对应关系如图 4-15 所示。

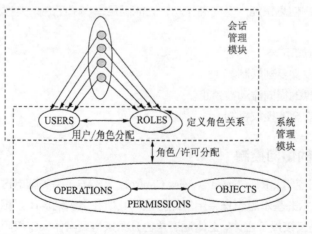

图 4-15　RBAC 数据库与各模块的对应关系

身份认证模块通过用户标志和用户口令来确认用户身份。此模块仅使用 RBAC 数据库中的 USERS 表。

系统管理模块主要完成用户增减（使用 USERS 表）、角色增减（使用 ROLES 表）、用户/角色的分配（使用 USERS 表、ROLES 表、用户/角色分配表、用户/角色授权表）、角色/许可的分配（使用 ROLES 表、PERMISSIONS 表、角色/许可授权表）、角色间关系的定义（使用 ROLES 表、角色层次表、静态互斥角色表、动态互斥角色表），其中每个操作都带有参数，也都有一定的前提条件。操作可使 RBAC 数据库发生动态变化。系统管理员可使用该模块来初始化和维护 RBAC 数据库。

系统管理模块的操作包括添加用户、删除用户、添加角色、删除角色、设置角色可用性、为角色增加许可、取消角色的某个许可、为用户分配角色、取消用户的某个角色、设置用户授权角色的可用性、添加角色继承关系、取消角色继承、添加一个静态角色互斥关系、删除一个静态角色互斥关系、添加一个动态角色互斥关系、删除一个动态角色互斥关系、设置角色基数等。

会话管理模块会结合 RBAC 数据库来管理会话，包括会话的创建与取消以及对活跃角色的管理。此模块会使用 USERS 表、ROLES 表、动态互斥角色表、会话表和活跃角色表来执行操作。

RBAC 系统的运行步骤如下。

① 用户登录时向身份认证模块发送用户标志、用户口令，确认用户身份。

② 会话管理模块在 RBAC 数据库中检索该用户的授权角色集并将其送回用户。

③ 用户从中选择本次会话的活跃角色集，在此过程中会话管理模块维持动态角色互斥。

④ 会话创建成功，本次会话的授权许可体现在菜单与按扭上，若不可用，则显示为灰色。

⑤ 在此会话过程中，系统管理员若要更改角色或许可，则可在此会话结束后进行，或者在终止此会话后立即进行。

图 4-16 给出了基于 RBAC 的用户集合、角色集合和资源集合之间的多对多的关系。理论上，一个用户可以通过多个角色访问不同资源。但是，在实际应用系统中，通常给一个用户授予一个角色，只允许其访问一种资源，这样就可以更好地保证资源的安全性。

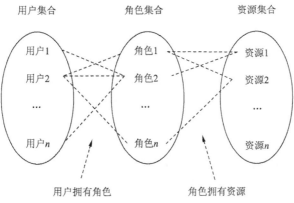

图 4-16　RBAC 中用户集合、角色集合和资源集合的关系

4.4.6　基于信任评估的动态访问控制

在物联网环境中，用户可以自由地加入或退出网络，而且用户数量可能相当庞大，为每个用户定义访问控制策略并不现实，因此，需要提出一种新的机制来解决物联网环境的动态

访问控制问题。

4.4.6.1　基于信任评估的动态访问控制模型

我们在对用户信任度进行评估的基础上，根据用户的信任度对用户进行分组，对用户集合进行角色的分配和访问控制，提出了基于信任评估的动态访问控制（Trust Evaluation-based Dynamic Role Access Control，TE-DAC）模型。该模型将信任度与访问控制相结合，可以体现系统的动态性。

TE-DAC 模型综合了信任管理和访问控制的优势，通过对用户进行信任评估，确定用户的信任度，进而即可根据其信任度和获得的角色对用户进行访问授权。TE-DAC 模型扩展了 RBAC 模型，增加了上下文监测、用户会话监控、用户信任度评估、根据用户信任度对用户角色进行权限指派等功能；同时通过将角色分为禁止状态（disable）、允许状态（enable）和激活状态（active），使得模型具有了更好的灵活性，方便用户的职责分离（Separation of Duty，SoD）。TE-DAC 模型如图 4-17 所示。

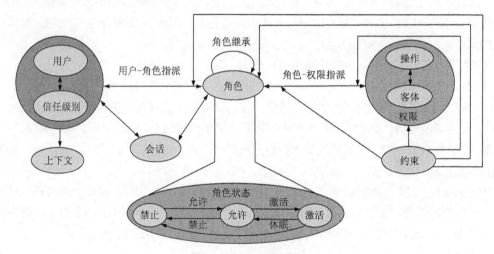

图 4-17　TE-DAC 模型

TE-DAC 模型的一个重要的特征是区分了角色的允许状态和激活状态。在该模型中，角色可以有 3 种状态：禁止状态、允许状态和激活状态。若角色处于禁止状态，则该角色不可以在任何用户会话的过程中使用，例如，用户不能获得分配给该角色的任何权限。允许状态表示在满足条件时用户可以激活该角色，即如果一个用户激活了某个角色，该角色就变为了激活状态。处于激活状态的角色表示至少一个用户激活了该角色，若只有一个用户使用该角色，则执行一次休眠操作后，该角色就会转变为允许状态；若有 N 个用户使用该角色，则执行 N 次休眠操作后，该角色才会转变为允许状态，否则，其仍是激活状态。角色处于激活状态时，重复激活不改变其状态。若有禁止事件发生，则角色会转变为禁止状态，不管其原来处于允许状态还是激活状态。

4.4.6.2　基于信任评估的动态访问控制过程

TE-DAC 系统与传统的访问控制系统的一个重要区别是可以在一个适当的粒度下控制访问请求和计算资源。信任作为一个计算参数，反映了用户行为的可信度。在物联网系统中，用户的每次访问请求，都由访问认证中心（Access Authorization Center，AAC）进行信任度检查，以判断用户是否满足允许访问的条件。在该模型中，信任度被作为用户的一个属性而进行综合认证。认证模块由策略执行点和策略决策点组成。

　　用户登录系统后，根据用户的身份为其分配相应的角色，此时的角色没有被指派任何属性，角色无任何权限，处于禁止状态，因此，用户不能进行任何操作。通过信任评估模块获得用户的信任度后，将其和其他属性作为角色属性赋予角色，然后查询策略库中的角色权限表，为角色分配相应的操作权限，此时，角色的状态转变为允许状态，可被激活，用户可通过事件激活角色以进行相应的操作。TE-DAC 模型的访问控制过程如图 4-18 所示。

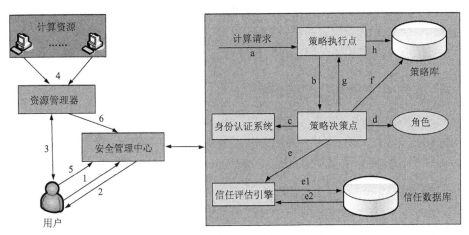

图 4-18　TE-DAC 模型的访问控制过程

　　访问控制过程包含 6 个步骤。

　　① 用户（User）将访问请求发送给安全管理中心（Security Management Engine，SME），访问请求中包含用户 ID、密码等认证信息。

　　② SME 通过对用户进行身份认证和信任评估，根据访问控制策略生成用户的访问授权策略并将其返回给用户。该步骤更详细的介绍如下：

　　a. 用户的计算请求提交给策略执行点（Policy Enforcement Point，PEP）；

　　b. PEP 向策略决策点（Policy Decision Point，PDP）发出访问决策请求，该请求包括用户的身份信息及服务类型信息；

　　c. PDP 向身份认证系统提交用户的安全凭证，以验证用户身份是否合法。如果认证失败，则生成终止访问的信息并执行步骤 h；

　　d. 若用户通过了身份认证，则 PDP 会根据用户身份为该用户分配相应的角色，此时的角色处于禁止状态；

　　e. PDP 向信任评估引擎（Trust Evaluation Engine，TEE）发出信任评估请求，TEE 通过查询信任数据库评估用户的行为信任度，并将评估结果返回给 PDP，同时用新的信任度更新信任数据库；

　　f. PDP 查询策略库中的角色属性表；

　　g. PDP 将步骤 e 中获得的用户信任度和步骤 f 中获得的角色属性指派给该用户的角色，然后查询策略库中的权限分配表（Permissions Assignment Table，PAT），获取角色当前对应的权限。PDP 检查该权限与用户请求的权限，若二者相同或该权限包含用户请求的权限，则允许该次访问请求，并生成允许访问的信息；若该权限小于用户请求的权限，则拒绝该次访问请求，并生成拒绝访问的信息；

h. PEP 执行 PDP 的决定，如果收到允许访问的信息，则激活用户的角色；如果收到拒绝访问的信息，则将其返回给用户；更新策略库。

③ 用户向资源管理器（Resource Manager，RM）提交资源请求服务。

④ RM 启动资源调度算法，为用户分配相应的服务提供者，然后使用分发程序将用户任务分发到相应的服务提供者进行执行。调度时，将服务提供者的信任作为调度算法的参数可以更有效地进行资源调度控制，提高资源利用率。

⑤ 在此次交互结束时，用户可以基于资源的性能等特性计算服务提供者的信任度，并将计算结果发送给 SME 以进行服务提供者的信任更新。

⑥ 同时，服务提供者也会对用户进行同样的信任更新。

4.4.7 基于信任关系的动态服务授权

对于服务（资源）提供者来说，其可根据服务请求者的不同 OTD，把服务请求者分别映射到不同的角色。同时，服务提供者在接到多个服务请求者请求的情况下，也需要按照不同的策略来分配资源，授权用户访问资源。

4.4.7.1 形式化描述

下面从服务提供者的角度给出一种基于信任关系的动态服务授权策略的形式化描述。

定义 4-5：设实体 P_j 向服务提供者 P_i 请求某种服务，P_i 对 P_j 的总体信任度 $\Gamma(P_i, P_j)$ 有 P 个评估等级 $c_1, c_2, \cdots, c_P$，其中 $0 \leqslant c_p \leqslant 1$（$p = 1, 2, \cdots, P$）。评估等级空间记作 U，表示为 $U = \{c_1, c_2, \cdots, c_P\}$，若评估等级空间 U 具有如下性质：$c_i \bigcap c_j = \varphi(i \neq j)$，且 $c_1 < c_2 < \cdots < c_P$，即 c_{k+1} 比 c_k 强，则称 $U = \{c_1, c_2, \cdots, c_P\}$ 为一个有序分割类。

定义 4-6：设实体 P_i 可提供 P 个级别的服务 $S = \{s_1, s_2, \cdots, s_P\}$，且 S 是一个有序分割类，S 和总体信任度 $\Gamma(P_i, P_j)$ 之间的映射函数 Ψ 表示为：

$$\Psi(\Gamma(P_i, P_j)) = \begin{cases} s_K, & c_P \leqslant \Gamma(P_i, P_j) \leqslant 1 \\ s_{K-1}, & c_{p-1} \leqslant \Gamma(P_i, P_j) \leqslant c_P \\ \vdots & \vdots \\ s_2, & c_1 \leqslant \Gamma(P_i, P_j) \leqslant c_2 \\ s_1, & 0 \leqslant \Gamma(P_i, P_j) \leqslant c_1 \end{cases}$$

分界点 $c_1, c_2, \cdots, c_P$ 可以根据信任度的实数空间的边界点确定，实体 P_j 向服务提供者 P_i 请求某种服务，P_i 首先要根据 P_j 的信任度级别 $\Gamma(P_i, P_j)$ 决定它所能得到的服务质量，这样既可以分级对不同的实体提供不同的服务，又有利于降低系统可能存在的风险。

4.4.7.2 基于信任关系的动态服务选择

在物联网系统中，服务双方通过身份认证和访问控制后，为对方提供多少资源也是一个非常重要的问题。如果交易一方提供虚假计算或存储资源，则预先确定的任务可能会被延期执行；如果交易一方恶意撤销计算或存储资源，则预先确定的任务将无法完成。针对这些问题，需要从信任评估的角度来实现交易双方的服务资源选择。

下面是从服务请求者的角度给出的一种基于信任度的资源选择方法。

令 $\forall P_i \in S$ 为计算市场中的服务请求者，$O = \{P_j, j \in [1, M]\}$ 为服务提供者（资源的集合），$\forall P_i \in S$ 向 $\exists P_j \in O$ 请求服务的过程定义为 P_i 和 P_j 的交易，而交易回馈信息则包含了 P_i 对 P_j 的信任评分及相关认证信息。

设 $\Gamma_D(P_i, P_j)$ 为 P_i 对 P_j 的直接信任度，表示 P_i 根据其与 P_j 的直接交易回馈信息而得到的信任关系。设 $\Gamma_I(P_i, P_j)$ 表示 P_i 根据其他节点的反馈而得到的其对 P_j 的信任，即反馈信任度。设 $\Gamma(P_i, P_j)$ 为由 $\Gamma_D(P_i, P_j)$ 和 $\Gamma_I(P_i, P_j)$ 聚合而得到的 P_i 对 P_j 的总体信任评价（OTD）。

物联网系统中基于信任的资源选择算法步骤如下。

① 从资源信息中心获取可用资源的列表 $O = \{P_j, j \in [1, M]\}$；

② 根据操作系统、体系结构和 CPU 个数等硬性需求，过滤掉不满足条件的计算资源；

③ 根据相关算法计算每一个资源的总体信任度 $\Gamma(P_i, P_j)$，根据用户作业的信任需求阈值，过滤掉信任度低于该阈值的资源；

④ 根据计算得到的每一个资源的 OTD，对可选资源进行排序；

⑤ 根据排序结果，选择 OTD 值最大的资源，并提交作业到该资源；

⑥ 等待作业结果，如果作业被按时成功执行，则进行后续工作，如支付报酬、下载结果文件等，然后回馈正面的评价，并根据相关算法增加直接信任度；

⑦ 如果执行作业超时或失败，则回馈较低的评价，根据相关算法降低直接信任度，并从排序列表中删除该资源。

⑧ 跳转到步骤③，直到作业完成。

现在分析这个算法的优缺点。假设每个服务请求者都是自私的，希望自己获得的服务是最好的。如果对某个服务请求者来说，能够为其提供服务的提供者有很多，那么他将选择信任度高的提供者来为自己服务。然而，这种方式对于信任度高的服务提供者来说却有两点不利：①信任度越高的服务提供者，其提供服务所消耗的资源越多；②信任度高的服务提供者和信任度低的服务提供者在这种方式下会获得相同的利益。因此，在一个实际应用系统中，需要对这一不利因素进行改进，例如，可以对多个服务提供者的 OTD 进行排名，然后设定 OTD 的阈值，挑选出比阈值高的所有服务提供者，从中随机选择一个作为目标，向其请求服务。这样就在一定程度上减轻了信誉高的域节点的负载。又如，除了服务提供者的 OTD 因素外，还可以考虑服务请求者在价格和风险方面的偏好等因素。

4.4.7.3 面向 FTP 的动态资源访问控制

设有一个提供文件共享服务的站点 P_0，为了保证网络系统的安全性，该 FTP 站点引入了信任评估机制，对所有的服务请求者节点进行信任度的评估，根据信任度的评估结果，对不同信任度的节点提供不同类别的服务质量。假设站点 P_0 可以提供 3 个等级的服务质量，设服务类别的等级用集合 S 表示，站点 P_0 的 S 可以定义为：$S = \{s_1, s_2, s_3,\}$，其中 s_1 表示拒绝服务，s_2 表示只读，s_3 表示既可以读也可以写。则可以定义如下的服务决策函数：

$$\Psi(\Gamma(P_0, P_j)) = \begin{cases} s_3, & 0.5 < \Gamma(P_0, P_j) \leqslant 1 \\ s_2, & 0.2 \leqslant \Gamma(P_0, P_j) \leqslant 0.5 \\ s_1, & 0 \leqslant \Gamma(P_0, P_j) < 0.2 \end{cases}$$

设节点 P_0 通过本书的计算方法得到某实体 P_j 的总体信任度为 $\Gamma(P_0, P_j) = 0.19$，则根据决策函数 Ψ 可得决策过程为 $\Psi(\Gamma(P_0, P_j)) = \Psi(0.19) = s_1$，这说明节点 P_j 的信任级别较低，站点 P_0

将拒绝为 P_j 提供服务。若 $\Gamma(P_0, P_j) = 0.40$，则 $\Psi(\Gamma(P_0, P_j)) = \Psi(0.40) = s_2$，表示节点 P_j 可以读节点 P_0 的资源。若 $\Gamma(P_i, P_j) = 0.90$，则 $\Psi(\Gamma(P_0, P_j)) = \Psi(0.90) = s_3$，表示节点 P_j 既可以读节点 P_0 的资源，也可以将数据保存（上传）到 P_0 的存储器中。

4.5 本章小结

本章论述了与物联网接入安全相关的问题与技术，包括信任与信任管理、身份认证和访问控制等，并介绍了一种基于信任计算的身份认证与访问控制方法。

4.6 习题

（1）基于行为的动态信任关系的核心思想是什么？

（2）影响行为信任的动态性和模糊性的关键因素是什么？

（3）什么是动态信任关系建模？动态信任关系建模的主要任务是什么？

（4）什么是动态信任管理技术？

（5）讨论基于本体论的动态信任概念模型，给出一种动态信任管理系统的体系结构。

（6）动态信任关系模型的设计原则是什么？

（7）什么是历史证据窗口（HEW）？论述基于 HEW 的总体信任度计算方法。

（8）什么是访问控制策略？什么是基于角色的访问控制？简述基于角色的访问控制模型的发展过程。

（9）什么是基于动态信任关系的服务授权策略？什么是可信系统的动态服务授权？

（10）如何基于动态信任关系进行资源选择？讨论基于模糊理论的资源选择方法。

（11）在基于角色的访问控制模型中，如何保证用户-资源的唯一关联性？

05 chapter

物联网系统安全

随着物联网的快速发展和广泛应用，如何保护物联网系统中的软、硬件资源免受偶然或者恶意的破坏，已经成为物联网系统亟须解决的根本问题之一。本章将重点介绍物联网系统中存在的安全问题，包括内部攻击问题和外部攻击问题，以及针对这些攻击问题所应采取的安全措施。

物联网系统的安全威胁主要来自两个方面：外部攻击和内部攻击。其中，外部攻击的目的是使物联网系统的网络访问无法进行，如 DDOS 攻击等；内部攻击的目的是破坏物联网系统的正常运行，盗取物联网的系统数据，如病毒、木马等。

5.1.1　恶意攻击的概念

网络恶意攻击通常是指利用系统存在的安全漏洞或弱点，通过非法手段获得某个信息系统的机密信息的访问权，以及对系统的部分或全部的控制权，并对系统安全构成破坏或威胁。目前常见的攻击手段有：用户账号及口令密码破解；程序漏洞中可能造成的"堆栈溢出"；程序中设置的"后门"；通过各种手段设置的"木马"；网络访问的伪造与劫持；各种程序设计和开发中存在的安全漏洞（如解码漏洞）；等。每一种攻击在具体实施时针对不同的网络服务又会有多种技术手段，并且随着时间的推移和版本的更新，还会不断产生新的攻击手段，呈现出不断变化演进的特性。

通过分析发现，除去通过破解账号及口令密码等少数手段外（可通过身份识别技术解决），最终一个系统被"黑客"攻陷，其本质原因是系统或软件本身存在可被"黑客"利用的漏洞或缺陷，这些漏洞或缺陷可能是设计上的、工程上的，也可能是配置管理疏漏等原因造成的。解决该问题通常有两条途径：一是提高软件安全设计与施工的开发力度，保障产品的安全，也就是目前有关可信计算所研究的内容之一；二是用技术手段来保障产品的安全，如身份识别、加密、IDS/IPS、FIREWALL 等。

人们更寄希望于用技术手段保障产品安全。一方面，造成程序安全性漏洞或缺陷的原因非常复杂，能力、方法、经济、时间甚至情感等诸多方面的不利因素都会影响软件产品的安全质量。另一方面，软件产品安全效益的间接性，安全效果难以用一种通用的规范加以测量和约束，以及人们普遍存在的侥幸心理，使得软件产品的开发在安全性与其他方面产生冲突时，安全性往往处于下风。虽然一直会有软件工程规范来指导软件的开发，但完全靠软件产品本身的安全设计与施工似乎很难解决其安全问题。这也是诸多产品甚至是大公司的产品（号称安全加强版的）不断暴露安全缺陷的原因所在。

5.1.2　恶意攻击的分类

恶意攻击可分为内部攻击和外部攻击。

（1）内部攻击

系统漏洞是导致内部攻击的主要原因。系统漏洞是由系统缺陷引起的，它是指应用软件、操作系统或系统硬件在逻辑设计上无意造成的设计缺陷或错误。攻击者一般会利用这些缺陷，在系统中植入木马、病毒以攻击或控制计算机，窃取信息，甚至破坏系统。系统漏洞是应用软件和操作系统的固有特性，不可避免，因此，防护系统漏洞攻击的最好办法就是及时升级系统，针对漏洞升级漏洞补丁。

（2）外部攻击

拒绝服务攻击（Denial of Services，DoS）是指利用网络协议的缺陷和系统资源的有限性实施攻击，导致网络带宽和服务器资源耗尽，使服务器无法对外正常提供服务，进而实现破坏信息系统的可用性。常用的拒绝服务攻击技术主要有 TCP flood 攻击、Smurf 攻击和 DDoS 攻击等。

① TCP flood 攻击：标准的 TCP 协议的连接过程需要 3 次握手以完成连接确认。起初由连接发起方发出 SYN 数据报到目标主机，请求建立 TCP 连接，等待目标主机确认。目标主机接收到请求的 SYN 数据报后，向请求方返回 SYN+ACK 响应数据报。连接发起方接收到目标主机返回的 SYN+ACK 数据报并确认目标主机愿意建立连接后，再向目标主机发送确认 ACK 数据报，目标主机收到 ACK 数据报后，TCP 连接建立完成，进入 TCP 通信状态。一般来说，目标主机返回 SYN+ACK 数据报时需要在系统中保留一定的缓存区，准备进一步的数据通信并记录本次连接信息，直到再次收到 ACK 数据报或超时为止。攻击者利用协议本身的缺陷，通过向目标主机发送大量的 SYN 数据报，并忽略目标主机返回的 SYN+ACK 数据报，不向目标主机发送最终用于确认的 ACK 数据报，致使目标主机的 TCP 缓冲区被大量虚假连接信息占满，无法对外提供正常的 TCP 服务，同时目标主机的 CPU 资源也会因不断处理大量过时的 TCP 虚假连接请求而被耗尽。

② Smurf 攻击：ICMP 用于 IP 主机、路由器之间传递控制信息，包括报告错误、交换受限状态、主机不可达等状态信息。ICMP 允许将一个 ICMP 数据报发送到一个计算机或一个网络，根据反馈的报文信息判断目标计算机或网络是否连通。攻击者利用协议的功能，伪造大量的 ICMP 数据报，将数据报的目标私自设为一个网络地址，并将数据报中的原发地址设置为被攻击的目标计算机 IP 地址。这样，被攻击的目标计算机就会收到大量的 ICMP 数据报，目标网络中包含的计算机数量越大，被攻击的目标计算机接收到的 ICMP 响应数据报就越多，进而就会导致目标计算机的资源被耗尽，不能正常对外提供服务。由于 ping 命令是简单网络测试命令，采用的是 ICMP，因此，连续大量地向某个计算机发送 ping 命令也会对目标计算机造成危胁。这种使用 ping 命令的 ICMP 攻击也称为 "Ping of Death" 攻击。要对这种攻击进行防范，一种方法是在路由器上对 ICMP 数据报进行带宽限制，将 ICMP 占用的带宽限制在一定范围内，这样即使有 ICMP 攻击，其所能占用的网络带宽也会非常有限，对整个网络的影响就不会太大；另一种方法是在主机上设置 ICMP 数据报的处理规则，如设定拒绝 ICMP 数据报。

③ DDoS（Distributed Denial of Service）攻击：攻击者为了进一步隐蔽自己的攻击行为，提升攻击效果，常常采用分布式的拒绝服务攻击方式。DDoS 攻击是在 DoS 攻击的基础上演变出来的一种攻击方式。攻击者在进行 DDoS 攻击前已经通过其他入侵手段控制了互联网上的大量计算机，这些计算机中，部分计算机被攻击者安装了攻击控制程序，这些被安装攻击控制程序的计算机称为主控计算机。攻击者发起攻击时，首先会向主控计算机发送攻击指令，主控计算机再向攻击者控制的其他计算机（称为代理计算机或僵尸计算机）发送攻击指令，大量代理计算机最后向目标主机发动攻击。为了达到攻击效果，DDoS 攻击者每次所使用的代理计算机的数量通常非常惊人，据估计能达到数十万或数百万个。在 DDoS 攻击中，攻击者几乎都会使用多级主控计算机以及代理计算机进行攻击，因此非常隐蔽，一般很难查找到攻击的源头。

此外，还有其他类型的拒绝服务攻击，如钓鱼攻击、邮件炸弹攻击、刷 Script 攻击和 LAND attack 攻击等。

钓鱼攻击是近些年出现的一种新型的攻击方式。钓鱼攻击是指在网络中通过伪装成信誉良好的实体来获得个人敏感信息（如用户名、密码和信用卡明细等）的犯罪诈骗过程。这些伪装的实体通常会假冒为知名社交网站、拍卖网站、网络银行、电子支付网站或网络管理者，以此来诱骗受害人点击登录或进行支付。网络钓鱼通常是通过 E-mail 或者即时通信工具进行的，它通常会引导用户到界面外观与真正网站别无二致的假冒网站上输入个人数据。就算使用强式加密的 SSL 服务器认证，也很难侦测网站是否是仿冒的。由于网络钓鱼主要针对的是网络银行、电子商务网站以及电子支付网站，因此，常常会对用户造成非常大的经济损失。目前针对网络钓鱼的防范措施主要有浏览器安全地址提醒、增加密码注册表和过滤网络钓鱼邮件等。

5.1.3 恶意软件

恶意软件是指在未明确提示用户或未经用户许可的情况下，在用户计算机或其他终端上安装运行，并侵犯用户合法权益的软件。

计算机遭到恶意软件入侵后，黑客会通过记录击键情况或监控计算机活动，试图获取用户个人信息的访问权限。黑客也可能会在用户不知情的情况下控制用户的计算机，以访问网站或执行其他操作。恶意软件主要包括特洛伊木马、蠕虫和病毒三大类。

特洛伊木马：木马是一种后门程序，黑客可以利用木马盗取用户的隐私信息，甚至远程控制用户的计算机。特洛伊木马通常会通过电子邮件附件、软件捆绑和网页挂马等方式向用户传播。

蠕虫：蠕虫是一种恶意程序，不必将自己注入其他程序就能传播自己。蠕虫可以通过网络连接自动将其自身从一台计算机发送到另一台计算机，一般这个过程不需要人工干预。蠕虫会执行有害操作，如消耗网络或本地系统资源，这样可能会导致拒绝服务攻击。有些蠕虫无须用户干预即可执行和传播，有些蠕虫则须用户直接执行蠕虫代码才能传播。

病毒：病毒是人为制造的、能够进行自我复制的、对计算机资源具有破坏作用的一组程序或指令的集合，病毒的核心特征就是可以自我复制并具有传染性。病毒会尝试将其自身附加到宿主程序中，以便在计算机之间进行传播。它可能会损害硬件、软件或数据。宿主程序执行时，病毒代码也会随之运行，并会感染新的宿主。

恶意软件的特征介绍如下。

① 强制安装：指在未明确提示用户或未经用户许可的情况下，在用户计算机或其他终端上安装软件的行为。

② 难以卸载：指未提供通用的卸载方式，或在不受其他软件影响、未被人为破坏的情况下，卸载后仍能活动程序的行为。

③ 浏览器劫持：指未经用户许可，修改用户浏览器或其他相关设置，迫使用户访问特定网站或导致用户无法正常上网的行为。

④ 广告弹出：指在未明确提示用户或未经用户许可的情况下，利用安装在用户计算机或其他终端上的软件弹出广告的行为。

⑤ 恶意收集用户信息：指未明确提示用户或未经用户许可，恶意收集用户信息的行为。

⑥ 恶意卸载：指未明确提示用户或未经用户许可，误导、欺骗用户卸载非恶意软件的行为。

⑦ 恶意捆绑：指在软件中捆绑已被认定为恶意软件的行为。

⑧ 其他侵犯用户知情权、选择权的恶意行为。

恶意软件的攻击主要表现在各种木马和病毒软件对信息系统的破坏。计算机病毒所造成的危害主要表现如下。

① 格式化磁盘，致使信息丢失。

② 删除可执行文件或者数据文件。

③ 破坏文件分配表，使系统无法读取磁盘信息。

④ 修改或破坏文件中的数据。

⑤ 迅速自我复制以占用空间。

⑥ 影响内容常驻程序的运行。

⑦ 在系统中产生新的文件。

⑧ 占用网络带宽，造成网络堵塞。

5.2　病毒攻击

5.2.1　计算机病毒的定义与特征

计算机病毒（Computer Virus）是人为制造的、能够进行自我复制的、对计算机资源具有破坏作用的一组程序或指令的集合，这是计算机病毒的广义定义。计算机病毒把自身附着在各种类型的文件上或寄生在存储媒介中，能对计算机系统和网络进行各种破坏，同时能够自我复制和传染。

在 1994 年 2 月 18 日公布的《中华人民共和国计算机信息系统安全保护条例》中，计算机病毒被定义为：“计算机病毒是指编制或者在计算机程序中插入的破坏计算机功能或者破坏数据，影响计算机使用并且能够自我复制的一组计算机指令或者程序代码。”

计算机病毒与生物病毒一样，有其自身的病毒体（病毒程序）和寄生体（宿主）。所谓感染或寄生，是指病毒将自身嵌入到宿主指令序列中。寄生体为病毒提供一种生存环境，是一种合法程序。当病毒程序寄生于合法程序之后，病毒就成为了程序的一部分，并在程序中占有合法地位。这样，合法程序就成为了病毒程序的寄生体，或称为病毒程序的载体。病毒可以寄生在合法程序的任何位置。病毒程序一旦寄生于合法程序，就会随合法程序的执行而执行，随它的生存而生存，随它的消失而消失。为了增强活力，病毒程序通常会寄生于一个或多个被频繁调用的程序中。

5.2.1.1　病毒特征

计算机病毒种类繁多、特征各异，但一般具有自我复制能力、感染性、潜伏性、触发性和破坏性。计算机病毒的基本特征介绍如下。

（1）计算机病毒的可执行性

计算机病毒与合法程序一样，是一段可执行程序。计算机病毒在运行时会与合法程序争夺系统的控制权。例如，病毒一般在运行其宿主程序之前先运行自己，通过这种方法抢夺系统的控制权。计算机病毒只有在计算机内运行时，才具有传染性和破坏性等活性。计算机病毒一经在计算机上运行，在同一台计算机内，病毒程序与正常系统程序就会争夺系统的控制权，往往会造成系统崩溃，导致计算机瘫痪。

（2）计算机病毒的传染性

计算机病毒的传染性是指病毒具有把自身复制到其他程序和系统的能力。计算机病毒也会通过各种渠道从已被感染的计算机扩散到未被感染的计算机，在某些情况下造成被感染的计算机工作失常甚至瘫痪。计算机病毒一旦进入计算机并得以执行，就会搜寻符合其传染条件的其他程序或存储介质，确定目标后再将自身代码插入其中，达到自我繁殖的目的。而被感染的目标又成了新的传染源，当它被执行以后，便又会去感染另一个可以被传染的目标。计算机病毒可以通过各种可能的渠道（如 U 盘、网络）等去感染其他的计算机。

（3）计算机病毒的非授权性

计算机病毒未经授权而执行。一般正常的程序由用户调用，再由系统分配资源，进行完成用户交给的任务，其目的对用户是可见的、透明的。而病毒隐藏在正常程序中，其在系统中的运行流程一般是：做初始化工作→寻找传染目标→窃取系统控制权→完成传染破坏活动，其目的对用户是未知的、未被允许的。

（4）计算机病毒的隐蔽性

计算机病毒通常附在正常程序中或磁盘中较隐蔽的地方，也有个别的病毒以隐含文件形式出现，目的是不让用户发现其存在。如果不经过代码分析，病毒程序与正常程序是不容易被区分的，而一旦病毒发作的影响表现出来，就往往已经给计算机系统造成了不同程度的破坏。正是由于计算机病毒的隐蔽性，其才得以在用户没有察觉的情况下扩散并游荡于世界上百万台计算机中。

（5）计算机病毒的潜伏性

一个编制精巧的计算机病毒程序进入系统之后一般不会马上发作。潜伏性越好，其在系统中存在的时间就会越长，病毒的传染范围就会越大。潜伏性是指不用专用检测程序无法检查出病毒程序，此外其还具有一种触发机制，不满足触发条件时，计算机病毒只传染而不做破坏，只有满足触发条件时，病毒才会被激活并使计算机出现中毒症状。

（6）计算机病毒的破坏性

计算机病毒一旦运行，就会对计算机系统造成不同程度的影响，轻者降低计算机系统的工作效率、占用系统资源（如占用内存空间、磁盘存储空间以及系统运行时间等），重者导致数据丢失、系统崩溃。计算机病毒的破坏性决定了病毒的危害性。

（7）计算机病毒的寄生性

病毒程序会嵌入宿主程序中，依赖于宿主程序的执行而生存，这就是计算机病毒的寄生性。病毒程序在嵌入宿主程序中后，一般会对宿主程序进行一定的修改，这样，宿主程序一旦执行，病毒程序就会被激活，从而可以进行自我复制和繁衍。

（8）计算机病毒的不可预见性

从对病毒的检测方面来看，病毒还有不可预见性。不同种类的病毒的代码千差万别，但有些操作是共有的（如驻内存、改中断等）。随着计算机病毒新技术的不断涌现，对未知病毒的预测难度也在不断加大，这也决定了计算机病毒的不可预见性。事实上，反病毒软件预防措施和技术手段往往滞后于病毒的产生速度。

（9）计算机病毒的诱惑欺骗性

某些病毒常以某种特殊的表现方式，引诱、欺骗用户不自觉地触发、激活病毒，从而发挥其感染、破坏功能。某些病毒会通过引诱用户点击电子邮件中的相关网址、文本、图片等来激活自身并进行传播。

5.2.1.2　病毒分类

根据传播和感染的方式，计算机病毒主要有以下几种类型。

（1）引导型病毒

引导型病毒（Boot Strap Sector Virus）藏匿在磁盘片或硬盘的第一个扇区。因为 DOS 的架构设计，病毒可以在每次开机时操作系统还未被加载之前就被加载到内存中，这个特性使病毒可以完全控制 DOS 的各类中断，并且拥有更大的能力进行传染与破坏。

（2）文件型病毒

文件型病毒（File Infector Virus）通常寄生在可执行（如.com、.exe 等）文件中。当这些文件被执行时，病毒程序就会跟着被执行。文件型病毒根据传染方式的不同，又分为非常驻型以及常驻型两种。非常驻型病毒将自己寄生在.com、.exe 或 .sys 文件中。当这些中毒的程序被执行时，它们就会尝试将病毒传染给另一个或多个文件。常驻型病毒寄生在内存中，其行为就是寄生在各类低阶功能（如中断等）中，由于这个原因，常驻型病毒往往会对磁盘造成更大的伤害。一旦常驻型病毒进入内存，只要执行文件，其就会对内存进行感染。

（3）复合型病毒

复合型病毒（Multi-Partite Virus）兼具引导型病毒和文件型病毒的特性。复合型病毒可以传染.com、.exe 文件，也可以传染磁盘的引导区。由于这个特性，这种病毒具有相当程度的传染力。一旦发病，其破坏程度将会非常可怕。

（4）宏病毒

宏病毒（Macro Virus）主要是利用软件本身所提供的宏能力来设计病毒，所以凡是具有宏能力的软件都有存在宏病毒的可能，如 Word、Excel、Powerpoint 等。

5.2.2 病毒攻击原理分析

以引导型病毒为例来分析病毒的攻击原理。

想要了解引导型病毒的攻击原理，首先要了解引导区的结构。硬盘有两个引导区，在 0 面 0 道 1 扇区的称为主引导区，内有主引导程序和分区表，主引导程序查找激活分区，该分区的第一个扇区即为 DOS BOOT SECTOR。绝大多数病毒可以感染硬盘主引导扇区和软盘 DOS 引导扇区。

尽管 Windows 操作系统使用广泛，但计算机在被引导至 Windows 界面之前，还是需要基于传统的 DOS 自举过程，从硬盘引导区读取引导程序。图 5-1 和图 5-2 分别描述了正常的 DOS 自举过程和带病毒的 DOS 自举过程。

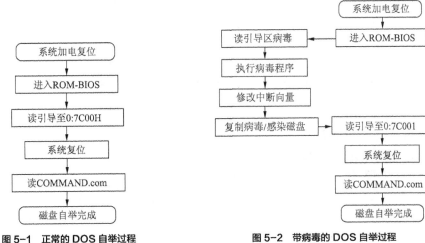

图 5-1　正常的 DOS 自举过程　　　图 5-2　带病毒的 DOS 自举过程

正常的 DOS 启动过程如下：

① 通电开机后，进入系统的检测程序并执行该程序，以对系统的基本设备进行检测；

② 检测正常后，从系统盘 0 面 0 道 1 扇区（即逻辑 0 扇区）读 Boot 引导程序到内存的 0000: 7C00 处；

③ 转入 Boot 执行；

④ Boot 判断是否为系统盘，如果不是，则给出提示信息；否则，读入并执行两个隐含文件，并将 COMMAND.com 装入内存；

⑤ 系统正常运行，DOS 启动成功。

如果系统盘感染了病毒，则 DOS 的启动将会是另一种情况，其过程如下：

① 将 Boot 区中的病毒代码首先读入内存的 0000: 7C00 处；

② 病毒将自身的全部代码读入内存的某一安全地区，常驻内存，并监视系统的运行；

③ 修改 INT 13H 中断服务处理程序的入口地址，使之指向病毒控制模块并执行；因为任何一种病毒感染软盘或者硬盘时，都离不开对磁盘的读写操作，所以修改 INT 13H 中断服务程序的入口地址是一项必不可少的操作；

④ 病毒程序全部被读入内存后，再读入正常的 Boot 内容到内存的 0000: 7C00 处，并进行正常的启动过程；

⑤ 病毒程序伺机（准备随时）感染新的系统盘或非系统盘。

如果发现有可攻击的对象，则病毒要进行下列工作：

① 将目标盘的引导扇区读入内存，并判别该盘是否感染了病毒；

② 当满足传染条件时，将病毒的全部或部分写入 Boot 区，把正常的磁盘引导区程序写入磁盘的特定位置；

③ 返回正常的 INT 13H 中断服务处理程序，完成对目标盘的传染。

5.2.3 木马的发展与分类

木马是一种后门程序，黑客可以利用其盗取用户的隐私信息，甚至远程控制用户的计算机。木马全称特洛伊木马，其名称源于古希腊神话中的《特洛伊木马记》。在公元前 12 世纪，希腊向特洛伊城宣战，交战了 10 年也没有取得胜利。最后，希腊军队佯装撤退，并在特洛伊城外留下很多巨大的木马。这些木马是空心的，里面藏了希腊最好的战士。在希腊人佯装撤走后，特洛伊人把这些木马作为战利品拉进了城。当晚，希腊战士从木马中出来并与城外的希腊军队里应外合攻下特洛伊城，这就是特洛伊木马名称的由来。因此，特洛伊木马一般会伪装成合法程序植入系统，进而对系统安全构成威胁。完整的木马程序一般由两部分组成，一是服务器被控制端程序，二是客户端控制端程序。黑客主要利用植入目标主机的客户端控制端程序来控制目标主机。

5.2.3.1 木马技术的发展

从木马技术的发展来看，其基本上可分为 4 代。

第 1 代木马功能单一，只是实现简单的密码窃取与发送等，在隐藏和通信方面均无特别之处。

第 2 代木马在隐藏、自启动和操纵服务器等方面有了很大进步。国外具有代表性的第 2 代木马有 BOZ000 和 Sub7。冰河可以说是国内木马的典型代表之一，它可以对注册表进行操作以实现自动运行，并能通过将程序设置为系统进程来进行伪装隐藏。

第 3 代木马在数据传递技术上有了根本性的进步，出现了 ICMP 等特殊报文类型传递数据的木马，增加了查杀的难度。这一代木马在进程隐藏方面也做了很大的改进，并采用了内核插入式的嵌入方式，利用远程插入线程技术嵌入 DLL 线程，实现木马程序的隐藏，达到了良好的隐藏效果。

第 4 代木马实现了与病毒紧密结合，利用操作系统漏洞，直接实现感染传播的目的，而不必像以前的木马那样需要欺骗用户主动激活。具有代表性的等 4 代木马有最近新出现的磁碟机和机器狗木马等。

5.2.3.2 木马程序的分类

根据木马程序对计算机的具体动作方式，可以把现在的木马程序分为以下 5 类。

（1）远程控制型

远程控制型木马是现今最广泛的特洛伊木马，这种木马具有远程监控的功能，使用简单，只要被控制主机联入网络并与控制端客户程序建立网络连接，就能使控制者任意访问被控制的计算机。这种木马在控制端的控制下可以在被控主机上做任何事情，如键盘记录、文件上传/下载、屏幕截取、远程执行等。

（2）密码发送型

密码发送型木马的目的是找到所有的隐藏密码，并且在用户不知情的情况下把它们发送到指定的邮箱。在大多数情况下，这类木马程序不会在每次 Windows 系统重启时都自动加载，它们大多数使用 25 端口发送电子邮件。

（3）键盘记录型

键盘记录型木马非常简单，它们只做一件事情，就是记录用户的键盘敲击，并且在 LOG 文件里进行完整的记录。这种木马程序会随着 Windows 系统的启动而自动加载，并能感知受害主机在线，且记录每一个用户事件，然后通过邮件或其他方式将用户事件发送给控制者。

（4）毁坏型

大部分木马程序只是窃取信息，不做破坏性的事件，但毁坏型木马却以毁坏并且删除文件为己任。它们可以自动删除受控主机上所有的.ini 或.exe 文件，甚至远程格式化受控主机硬盘，使受控主机上的所有信息都受到破坏。总而言之，该类木马的目标只有一个，就是尽可能地毁坏受感染系统，使其瘫痪。

（5）FTP 型

FTP 型木马会打开被控主机系统的 21 号端口（FTP 服务所使用的默认端口），使每个人都可以用一个 FTP 客户端程序无需密码就能连接到被控主机系统，进而进行最高权限的文件上传和下载，窃取受害系统中的机密文件。

根据木马的网络连接方向，可以将木马分为以下两类。

正向连接型：发起连接的方向为控制端到被控制端，这种技术被早期的木马广泛采用，其缺点是不能透过防火墙发起连接。

反向连接型：发起连接的方向为被控制端到控制端，其出现主要是为了解决从内向外不能发起连接这一问题。其已经被较新的木马广泛采用。

根据木马使用的架构，木马可分为 4 类。

C/S 架构：这种架构是普通的服务器、客户端的传统架构，一般将客户端作为控制端，服务器端作为被控制端。在编程实现的时候，如果采用反向连接的技术，那么客户端（也就是控制端）就要采用 socket 编程的服务器端的方法，而服务端（也就是被控制端）就要采用 Socket 编程的客户端的方法。

B/S 架构：这种架构是普通的网页木马所采用的方式。通常在 B/S 架构下，服务器端被上传了网页木马，控制端可以使用浏览器来访问相应的网页，进而达到对服务器端进行控制的目的。

C/P/S 架构：这里的 P 意为 Proxy，也就是在这种架构中使用了代理。当然，为了实现正常的通信，代理也要由木马作者编程实现，进而才能实现一个转换通信。这种架构的出现，主要是为了适应一个内部网络对另外一个内部网络的控制。但是，这种架构的木马目前还没有被发现。

B/S/B 架构：这种架构的出现，也是为了适应一个内部网络对另外一个内部网络的控制。当被控制端与控制端都打开浏览器浏览这个服务器上的网页时，一端就变成了控制端，而另一端就变成了被控制端。这种架构的木马已经在国外出现。

根据木马存在的形态的不同，可将木马分为以下几种：

传统 EXE 程序文件木马：这是最常见、最普通的木马，即在目标计算机中以.exe 文件运行的木马。

传统 DLL/VXD 木马：此类木马自身无法运行，它们须利用系统启动或其他程序来运行，或使用 Rundi132.exe 来运行。

替换关联式 DLL 木马：这种木马本质上仍然是 DLL 木马，但它却会替换某个系统的 DLL 文件并将它改名。

嵌入式 DLL 木马：这种木马利用远程缓冲区溢出的入侵方式，从远程将木马代码写入目前正在运行的某个程序的内存中，然后利用更改意外处理的方式来运行木马代码。这种技术在操作上难度较高。

网页木马：即利用脚本等设计的木马。这种木马会利用 IE 等的漏洞嵌入目标主机，传播范围广。

溢出型木马：即将缓冲区溢出攻击和木马相结合的木马，其实现方式有很多特点和优势，属于一种较新的木马类型。

此外，根据隐藏方式，木马可以分为以下几类：本地文件隐藏、启动隐藏、进程隐藏、通信隐藏、内核模块隐藏和协同隐藏等。隐藏技术是木马的关键技术之一，直接决定木马的生存能力。木马与远程控制程序的主要不同点就在于它的隐蔽性，木马的隐蔽性是木马能否长期存活的关键。

5.2.3.3 木马的功能

木马的功能可以概括为以下 5 种。

（1）管理远程文件

对被控主机的系统资源进行管理，如复制文件、删除文件、查看文件、以及上传/下载文件等。

（2）打开未授权的服务

为远程计算机安装常用的网络服务，令它为黑客或其他非法用户服务。例如，被木马设定为 FTP 文件服务器后的计算机，可以提供 FTP 文件传输服务、为客户端打开文件共享服务，这样，黑客就可以轻松获取用户硬盘上的信息。

（3）监视远程屏幕

实时截取屏幕图像，可以将截取到的图像另存为图片文件；实时监视远程用户目前正在进行的操作。

（4）控制远程计算机

通过命令或远程监视窗口直接控制远程计算机。例如，控制远程计算机执行程序、打开文件或向其他计算机发动攻击等。

（5）窃取数据

以窃取数据为目的，本身不破坏计算机的文件和数据，不妨碍系统的正常工作。它以系统使用者很难察觉的方式向外传送数据，典型代表为键盘和鼠标操作记录型木马。

5.2.4　木马攻击原理

木马程序是一种客户机服务器程序，典型结构为客户端/服务器（Client/Server，C/S）模式，服务器端（被攻击的主机）程序在运行时，黑客可以使用对应的客户端直接控制目标主机。操作系统用户权限管理中有一个基本规则，就是在本机直接启动运行的程序拥有与使用者相同的权限。假设你以管理员的身份使用机器，那么从本地硬盘启动的一个应用程序就享有管理员权限，可以操作本机的全部资源。但是从外部接入的程序一般没有对硬盘操作访问的权限。木马服务器端就是利用了这个规则，植入目标主机，诱导用户执行，获取目标主机的操作权限，以达到控制目标主机的目的的。

木马程序的服务器端程序是需要植入到目标主机的部分，植入目标主机后作为响应程序。客户端程序是用来控制目标主机的部分，安装在控制者的计算机上，它的作用是连接木马服务器端程序，监视或控制远程计算机。

典型的木马工作原理是：当服务器端程序在目标主机上执行后，木马打开一个默认的端口进行监听，当客户端（控制端）向服务器端（被控主机）提出连接请求时，被控主机上的木马程序就会自动应答客户端的请求，服务器端程序与客户端建立连接后，客户端（控制端）就可以发送各类控制指令对服务器端（被控主机）进行完全控制，其操作几乎与在被控主机的本机操作的权限完全相同。

木马软件的终极目标是实现对目标主机的控制，但是为了实现此目标，木马软件必须采取多种方式伪装，以确保更容易地传播，更隐蔽地驻留在目标主机中。

下面介绍木马的种植原理和木马的隐藏。

5.2.4.1　木马种植原理

木马程序最核心的一个要求是能够将服务器端程序植入目标主机。木马种植（传播）的方式一般包括以下 3 种。

（1）通过电子邮件附件夹带

这是最常用也是比较有效的一种方式。木马传播者将木马服务器端程序以电子邮件附件的方式附加在电子邮件中，针对特定主机发送或漫无目的地群发，电子邮件的标题和内容一般都非常吸引人，当用户点击阅读电子邮件时，附件中的程序就会在后台悄悄下载到本机。

（2）捆绑在各类软件中

黑客经常把木马程序捆绑在各类所谓的补丁、注册机、破解程序等软件中进行传播，当用户下载相应的程序时，木马程序也会被下载到自己的计算机中，这类方式的隐蔽度和成功率较高。

（3）网页挂马

网页挂马是在正常浏览的网页中嵌入特定的脚本代码，当用户浏览该网页时，嵌入网页的脚本就会在后台自动下载其指定的木马并执行。其中网页是网页木马的核心部分，特定的网页代码使网页被打开时木马能随之下载并执行。网页挂马大多利用浏览器的漏洞来实现，也有利用 ActiveX 控件或钓鱼网页来实现的。

5.2.4.2　木马程序隐藏

木马程序为了能更好地躲过用户的检查，以悄悄控制用户系统，必须采用各种方式将其隐藏在用户系统中。木马为了达到长期隐藏的目的，通常会同时采用多种隐藏技术。木马程序隐藏的方式有很多，主要包括以下 4 类：

① 通过将木马程序设置为系统、隐藏或是只读属性来实现隐藏；

② 通过将木马程序命名为和系统文件的名称极度相似的文件名，从而使用户误认为其是系统文件而忽略之；

③ 将木马程序存放在不常用或难以发现的系统文件目录中；

④ 将木马程序存放的区域设置为坏扇区的硬盘磁道。

5.2.4.3　木马启动隐藏

木马程序在启动时必须让操作系统或杀毒软件无法发现自身才能驻留系统。木马程序启动的隐藏方式介绍如下。

（1）文件伪装

木马最常用的文件隐藏方式是将木马文件伪装成本地可执行文件。例如，木马程序经常会将自己伪装成图片文件，修改其图标为 Windows 默认的图片文件图标，同时修改木马文件扩展名为.jpg、.exe 等，由于 Windows 默认设置不显示已知的文件后缀名，因此文件将会显示为.jpg，当用户以正常图片文件打开并浏览其时就会启动木马程序。

（2）修改系统配置

利用系统配置文件的特殊作用，木马程序很容易隐藏在系统启动项中。例如，Windows 系统配置文件 MSCONFIG.sys 中的系统启动项 system.ini 是众多木马的隐藏地。Windows 安装目录下的 system.ini[boot]字段中，正常情况下有 boot="Explorer.exe"，如果其后面有其他的程序，如 boot="Explorer.exe file.exe"，则这里的 file.exe 就有可能是木马服务端程序。

（3）利用系统搜索规则

Windows 系统搜寻一个不带路径信息的文件时遵循"从外到里"的规则，它会由系统所在的盘符的根目录开始向系统目录深处递进查找，而不是精确定位。这就意味着，如果有两个同样名称的文件分别放在"C:\"和"C:\WINDOWS"下时，搜索会执行 C:\下的程序，而不是C:\WINDOWS 下的程序。这样的搜寻规则就给木马提供了一个机会，木马可以把自己改为系统启动时必定会调用的某个文件，并复制到比原文件的目录浅一级的目录里，操作系统就会执行这个木马程序，而不是正常的那个程序。若要提防这种占用系统启动项而做到自动运行的木马，则用户必须了解自己的计算机里所有正常的启动项信息。

（4）替换系统文件

木马程序会利用系统里的那些不会危害到系统正常运行而又会被经常调用的程序文件,如输入法指示程序。木马程序会替换掉原来的系统文件，并把原来的系统文件名改成只有木马程序知道的一个生僻文件名。只要系统调用那个被替换的程序，木马就能继续驻留内存。木马程序作为原来的程序被系统启动时，会获得一个由系统传递来的运行参数，此时，木马程序就把这个参数传递给被改名的程序执行。

5.2.4.4　木马进程隐藏

木马程序运行后的进程隐藏有两种情况：一种是木马程序的进程存在，只是不出现在进程列表里，采用 APIHOOK 技术拦截有关系统函数的调用以实现运行时的隐藏；另一种是木马不以一个进程或者服务的方式工作，而是将其核心代码以线程或 DLL 的方式注入合法进程，用户很难发现被插入的线程或 DLL，从而达到木马隐藏的目的。

在 Windows 系统中常见的隐藏方式有注册表 DLL 插入、特洛伊 DLL、动态嵌入技术、CreateProcess 插入和调试程序插入等。

5.2.4.5　木马通信时的信息隐藏

木马运行时需要通过网络与外机通信，以获取外机的控制命令或向外机发送信息。木马通信时的信息隐藏主要包括通信内容、流量、信道和端口的隐藏。

木马常用的通信内容隐藏方法是对通信内容进行加密。通信信道的隐藏一般采用网络隐蔽通道技术。在 TCP/IP 族中，有许多冗余信息可用于建立网络隐蔽通道。木马可以利用这些网络隐蔽通道突破网络安全机制。比较常见的有：ICMP 畸形报文传递、HTTP 隧道技术、自定义 TCP/UDP 报文等。木马采用网络隐蔽通道技术时，如果选用一般的安全策略都会允许的端口（如 80 端口）进行通信，则可轻易穿透防火墙和避过入侵检测系统等安全机制的检测，从而获得较强的隐蔽性。通信流量的隐藏一般采用监控系统网络通信的方式，当监测到系统中存在其他通信流量时，木马程序就会启动通信；当不存在其他通信流量时，木马程序就会处于监听状态，等待其他通信开启。

5.2.4.6　木马隐蔽加载

木马隐蔽加载是指通过修改虚拟设备驱动程序（VxD）或动态链接库（DLL）来加载木马。这种方法基本上摆脱了原有的木马模式——监听端口，而采用了替代系统功能的方法（改写 VxD 或 DLL 文件）：木马用修改后的 DLL 替换系统原来的 DLL，并对所有的函数调用进行过滤。对于常用函数的调用，木马会使用函数转发器将其直接转发给被替换的系统 DLL；对于一些事先约定好的特殊情况，木马会自动执行。一般情况下，DLL 只是进行监听，一旦发现控制端的请求，其就会激活自身。这种木马没有增加新的文件，不需要打开新的端口，没有新的进程，使用常规的方法无法监测到。在正常运行时，木马几乎没有任何踪迹，只有在木马的控制端向被控制端发出特定的信息后，隐藏的木马程序才会开始运行。

5.3　入侵检测

入侵检测是网络安全的重要组成部分。根据信息的来源可将入侵检测系统分为基于网络的入侵检测系统和基于主机的入侵检测系统。目前采用的入侵检测技术主要有异常检测和误用检测两种，同时科技人员正在研究一些新的入侵检测技术，例如，基于免疫系统的检测方法、遗传算法和基于内核系统的检测方法等。

5.3.1　入侵检测的概念

入侵检测（Intrusion Detection）的概念首先是由詹姆斯·安德森（James Anderson）于 1980 年提出来的。入侵是指在信息系统中进行非授权的访问或活动，不仅指非系统用户非授权登录系统和使用系统资源，还包括系统内的用户滥用权利对系统造成的破坏，如非法盗用他人的账户、非法获得系统管理员权限、修改或删除系统文件等。

入侵检测可以被定义为识别出正在发生的入侵企图或已经发生的入侵活动的过程。入侵检测包含两层意思：一是对外部入侵（非授权使用）行为的检测；二是对内部用户（合法用户）滥用自身权利的检测。

入侵检测的内容包括：试图闯入、成功闯入、冒充其他用户、违反安全策略、合法用户账户信息的泄露、独占资源以及恶意使用。进行入侵检测的软件与硬件的组合便是入侵检测系统（Intrusion Detection System，IDS）。它通过从计算机网络或计算机系统的关键点收集信息并进行分析，从中发现网络或系统中是否有违反安全策略的行为和被攻击的迹象并且对其做出反应。入侵检测系统的有些反应是自动的，如（通过控制台或电子邮件）通知网络安全管理员，中止入侵进程，关闭系统，断开与互联网的连接，使该用户无效，执行一个准备好的命令等。

入侵检测被认为是防火墙之后的第二道安全闸门，提供对内部攻击、外部攻击和误操作的实时防护。这些防护都通过它执行以下任务来实现：

① 监视、分析用户及系统活动，查找非法用户和合法用户的越权操作；
② 审计系统构造和弱点，并提示管理员修补漏洞；
③ 识别反映已知进攻的活动模式并向相关人士报警，实时对检测到的入侵行为进行反应；
④ 统计分析异常行为模式，发现入侵行为的规律；
⑤ 评估重要系统和数据文件的完整性，如计算和比较文件系统的校验和；
⑥ 审计跟踪管理操作系统，并识别用户违反安全策略的行为。

5.3.2　入侵检测系统

图 5-3 描述了一个入侵检测系统中的各部分之间的关系。

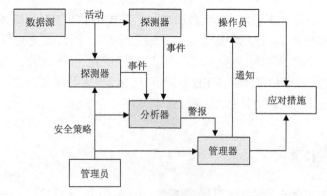

图 5-3　入侵检测系统

数据源为入侵检测系统提供最初的数据来源，入侵检测系统利用这些数据来检测入侵。数据源包括网络包、审计日志、系统日志和应用程序日志等。

探测器从数据源中提取出与安全相关的数据和活动，如不希望的网络连接（Telnet）或系统日志中用户的越权访问等，并将这些数据传送给分析器做进一步分析。

分析器的职责是对探测器传来的数据进行分析，如果发现未授权或不期望的活动，就产生警报并将其报告给管理器。

管理器是入侵检测系统的管理部件，其主要功能有配置探测器、分析器，通知操作员发生了入侵，采取应对措施等。管理器接收到分析器的警报后，便通知操作员并向其报告情况，通知的方式有声音、E-mail、SNMP Trap 等。同时管理器还可以主动采取应对措施，如结束进程、切断连接、改变文件和网络的访问权等。操作员利用管理器来管理入侵检测系统，并根据管理器的报告采取进一步的措施。

管理员是网络和信息系统的管理者，负责制定安全策略和部署入侵检测系统。

安全策略是预先定义的一些规则，这些规则规定了网络中哪些活动可以允许发生或者外部的哪些主机可以访问内部的网络等。安全策略通过被应用到探测器、分析器和管理器上来发挥作用。

依据不同的标准，可以将入侵检测系统划分成不同的类别。可以依照检测方法、对入侵的响应方式和信息的来源等不同的标准来划分入侵检测系统。但传统的划分方法根据信息的来源将入侵检测系统分为基于网络的入侵检测系统和基于主机的入侵检测系统两大类。

5.3.2.1　基于网络的入侵检测系统

基于网络的入侵检测系统的信息来源为网络中的数据包。基于网络的入侵检测系统通常通过在网络层监听并分析网络包来检测入侵，其可以检测到非授权访问、盗用数据资源、盗取口令文件等入侵行为。

基于网络的入侵检测系统不需要改变服务器等主机的配置，不会在业务系统的主机中安装额外的软件，从而不会影响这些机器的 CPU、I/O 接口与磁盘等资源的使用。基于网络的入侵检测系统不像路由器、防火墙等关键设备，其不会成为系统中的关键路径。基于网络的入侵检测系统发生故障不会影响到正常的业务运行，而且部署一个基于网络的入侵检测系统的风险比基于主机的入侵检测系统的风险小得多。

基于网络的入侵检测系统的优势在于它的实时性，当检测到攻击时，其能很快做出反应。另外，基于网络的入侵检测系统可以在一个点上监测整个网络中的数据包，不必像基于主机的入侵检测系统那样，需要在每一台主机上都安装检测系统，因此，基于网络的入侵检测系统是一种经济的解决方案。并且，基于网络的入侵检测系统检测网络包时并不依靠操作系统来提供数据，因此它有着对操作系统的独立性。

但基于网络的入侵检测系统也有一些缺陷，因此也面临着以下挑战。

① 网络入侵检测系统可能会将大量的数据传回分析系统。

② 不同网络的最大传输单元（Maximum Transmission Unit，MTU）不同，一些大的网络包常常被分成小的网络包来传递。当大的网络包被拆分时，其中的攻击特征有可能被分拆。基于网络的入侵检测系统在网络层无法检测到这些特征，而在上层这些被拆分的包又会重新装配起来，引发攻击与破坏。

③ 随着 VPN、SSH 和 SSL 的应用，数据加密越来越普遍，传统的基于网络的入侵检测系统工作在网络层，无法分析上层的加密数据，从而也无法检测到加密后的入侵网络包。

④ 在百兆甚至是千兆网上，仅仅通过在一个点上分析整个网络上的数据包是不可行的，那样必然会引发丢包问题，从而造成漏报或误报。

⑤ 异步传输模式（ATM）网络以小的、固定长度的包（信元）传送信息。53 字节定长的信元与以往的包技术相比具有一些优点：短的信元可以快速交换，硬件实现容易。但是，交换网络不能被传统网络侦听器监视，从而无法对数据包进行分析。

5.3.2.2　基于主机的入侵检测系统

基于主机的入侵检测系统的信息来源为操作系统事件日志、管理工具审计记录和应用程序审计记录。它通过监视系统运行情况（文件的打开和访问、文件权限的改变、用户的登录和特权服务的访问等）、审计系统日志文件（Syslog）以及应用程序（关系数据库、Web 服务器）日志文件来检测入侵。基于主机的入侵检测系统可以检测到用户滥用权限、创建后门账户、修改重要数据和改变安全配置等入侵行为，同时还可以定期对系统关键文件进行检查，计算其校验值以确信其完整性。

基于主机的入侵检测系统检测发生在主机上的活动，处理的都是操作系统事件或应用程序事件而不是网络包，所以高速网络对它没有影响。同时它使用的是操作系统提供的信息，经过加密的数据包在到达操作系统后，都已经被解密，所以基于主机的入侵检测系统能很好地处理包加密的问题。并且，基于主机的入侵检测系统还可以综合多个数据源进行进一步的分析，利用数据挖掘技术来发现入侵。

但是，基于主机的入侵检测系统也有自身的缺陷，主要有以下 5 点。

① 降低系统性能：原始数据要经过集中、分析和归档处理，这些都需要占用系统资源，因此，基于主机的入侵检测系统会在一定程度上降低系统性能。

② 配置和维护困难：每台被检测的主机上都需要安装检测系统，每个系统都有维护和升级的任务，安装和维护需要一笔不小的费用。

③ 存在被关闭的可能：由于基于主机的入侵检测系统安装在被检测的主机上，因此有权限的用户或攻击者可以关闭检测程序以使自己的行为在系统中没有记录，进而来逃避检测。

④ 存在数据欺骗问题：攻击者或有权限的用户可以插入、修改或删除审计记录，逃避基于主机的入侵检测系统的检测。

⑤ 实时性较差：基于主机的入侵检测系统进行的多是事后检测，因此，当发现入侵时，系统多数已经遭到了破坏。

5.3.2.3　分布式入侵检测系统

目前这种技术在 ISS 的 RealSecure 等产品中已经有所应用。分布式入侵检测系统检测的数据也是来源于网络中的数据包，不同的是，它采用分布式检测、集中管理的方法，即在每个网段安装一个黑匣子。该黑匣子相当于基于网络的入侵检测系统，只是没有用户操作界面；黑匣子用来检测其所在网段上的数据流，并根据集中安全管理中心制定的安全策略、响应规则等来分析检测到的网络数据，同时向集中安全管理中心发回安全事件信息。集中安全管理中心是整个分布式入侵检测系统面向用户的界面，它的特点是对数据保护的范围比较大，但对网络流量有一定的影响。

此外，根据工作方式可将入侵检测系统分为离线检测系统与在线检测系统。离线检测系统是非实时工作的系统，离线检测系统在事后分析审计事件，从中检查入侵活动。在线检测系统是实时联机的检测系统。在线检测系统的工作包含对实时网络数据包进行分析，对实时主机审计进行分析。其工作过程是在网络连接过程中实时检测入侵，一旦发现入侵迹象立即断开入侵者与主机的连接，并收集证据和实施数据恢复。这个检测过程是不断循环进行的。

5.3.3　入侵检测方法

入侵检测系统常用的检测方法有特征检测、统计检测与专家系统。目前入侵检测系统绝大多数属于使用入侵模板进行模式匹配的特征检测系统，其他少量是采用概率统计的统计检测系统与基于日志的专家系统。

5.3.3.1　特征检测

特征检测对已知的攻击或入侵的方式做出确定性的描述，形成相应的事件模式。当被审计的事件与已知的入侵事件模式相匹配时，即报警。原理上与专家系统相仿。其检测方法与计算机病毒的检测方式类似。目前基于对包特征描述的模式匹配应用较为广泛。

该方法预报检测的准确率较高，但对于无经验知识的入侵与攻击行为无能为力。

5.3.3.2　统计检测

统计模型常用异常检测，在统计模型中常用的测量参数包括：审计事件的数量、间隔时间、资源消耗情况等。常用的入侵检测的统计模型有：马尔可夫过程模型和时间序列分析模型。统计检测是基于对用户的历史行为进行建模以及在早期的证据或模型的基础上，审计系统实时地检测用户对系统的使用情况，根据系统内部保存的用户行为概率统计模型进行检测，当发现有可疑的用户行为发生时，保持跟踪并监测、记录该用户的行为。

统计检测的最大优点是它可以"学习"用户的使用习惯，从而获得较高的检出率与可用性。但是它的"学习"能力也给入侵者提供了机会。入侵者可以通过逐步"训练"使入侵事件符合正常操作的统计规律，从而透过入侵检测系统。

5.3.3.3　专家系统

使用专家系统对入侵进行检测，经常针对的是有特征入侵的行为。所谓的规则即知识，不同的系统与设置具有不同的规则，且规则之间往往无通用性。专家系统的建立依赖于知识库的完备性，知识库的完备性又取决于审计记录的完备性与实时性。入侵的特征抽取与表达，是入侵检测专家系统的关键。

该技术根据安全专家对可疑行为的分析经验来建立一套推理规则，然后在此基础上建立相应的专家系统，由此专家系统即可自动进行对所涉及的入侵行为的分析工作。该系统应当能够随着经验的积累而利用其自学能力进行规则的扩充和修正。

另外，入侵检测技术可以分为异常检测（anomaly detection）和误用检测（misuse detection）。异常检测是提取正常模式下审计数据的数学特征，检查事件数据中是否存在与之相违背的异常模式。误用检测是搜索审计事件数据，查看其中是否存在预先定义好的误用模式。为了提高准确性，入侵检测又引入了数据挖掘、人工智能、遗传算法等技术。但是，入侵检测技术还没有达到尽善尽美的程度，该领域的许多问题还有待解决。

5.3.3.4　其他入侵检测方法

随着入侵检测系统的不断发展，研究人员又提出了一些新的入侵检测技术，这些技术不能简单地归结为误用检测或异常检测，它们提供了一些具有普遍意义的分析技术。这些技术具体包括基于免疫系统的检测方法、遗传算法和基于内核的检测方法等。

（1）基于免疫系统的检测方法

免疫系统是保护生命机体不受病原体侵害的系统，它对病原体和非自身组织的检测是相当准确的，不但能够记忆曾经感染过的病原体的特征，还能够有效地检测未知的病原体。免疫系统具有分层保护、分布式检测、各部分相互独立和检测未知病原体的特性，这些都是计算机安全系统所缺乏和迫切需要的。

免疫系统最重要的能力就是识别自我（Self）和非我（Nonself）的能力，这个概念和入侵检测中的异常检测的概念很相似。因此，研究人员从免疫学的角度对入侵检测问题进行了探讨。

（2）遗传算法

另一种较为复杂的检测技术是使用遗传算法对审计事件记录进行分析。遗传算法是进化算法（evolutionary algorithms）的一种，通过引入达尔文在进化论里提出的"自然选择"概念对系统进行优化。遗传算法通常针对需要进行优化的系统变量进行编码，并将它们作为构成个体的"染色体"，再利用相应的变异和组合，形成新的个体。

在遗传算法的研究人员看来，入侵的检测过程可以抽象为：为审计记录定义一种向量表示形式，这种向量或者表示攻击行为，或者表示正常行为。通过对所定义的向量进行测试，提出改进后的向量表示形式，并不断重复这一过程，直至得到令人满意的结果（攻击或正常）。

（3）基于内核的检测方法

随着开放源代码的操作系统 Linux 的流行，基于内核的检测方法成为了入侵检测的新方向。这种方法的核心是从操作系统的层次上看待安全漏洞，并采取措施避免甚至杜绝安全隐患。该方法主要通过修改操作系统源代码或向内核中加入安全模块来保护重要的系统文件和系统进程等。OpenWall 和 LIDS 就是基于内核的入侵检测系统。

5.3.4 蜜罐和蜜网

现行入侵检测系统及其入侵检测技术，都存在一些缺陷。为了避免这一问题，科技人员引入了网络诱骗技术，即蜜罐（Honeypot）和蜜网（Honeynet）技术。

5.3.4.1 蜜罐（Honeypot）

Honeypot 是一种全新的基于网络的入侵检测系统，它诱导攻击者访问预先设置的 Honeypot 而不是工作中的网络，可以提高检测攻击和攻击者行为的能力，降低攻击带来的破坏。

Honeypot 的目的有两个：一是在不被攻击者察觉的情况下监视他们的活动、收集与攻击者有关的所有信息；二是牵制攻击者，让攻击者将时间和资源都耗费在攻击 Honeypot 上，使攻击者远离实际的工作网络。为了达到这两个目的，Honeypot 的设计方式必须与实际的系统一样，还应包括一系列能够以假乱真的文件、目录及其他信息。这样，攻击者一旦入侵 Honeypot，就会以为自己控制了一个很重要的系统，并会充分施展"才能"。而 Honeypot 就像监视器一样监视攻击者的所有行动：记录攻击者的访问企图，捕获击键，确定被访问、修改或删除的文件，指出被攻击者运行的程序等。Honeypot 会从捕获的数据中学习攻击者的技术，分析系统存在的脆弱性和受害程序，以便做出准确、快速的响应。

Honeypot 可以是这样的一个系统：模拟某些已知的漏洞或服务、模拟各种操作系统、在某个系统上进行设置以使它变成"牢笼"环境或者是一个标准的操作系统，在上面可以打开各种服务。

Honeypot 与基于网络的入侵检测系统相比，具有以下特点。

（1）较小的数据量

Honeypot 仅收集那些对它进行访问的数据。在同样的条件下，基于网络的入侵检测系统可能会记录成千上万的报警信息，而 Honeypot 却只记录几百条。这就使得 Honeypot 收集信息更容易，分析信息也更方便。

（2）减少误报率

Honeypot 能显著减少误报率。任何对 Honeypot 的访问都是未授权的、非法的，这样，Honeypot 检测攻击就非常有效，从而可以大大减少甚至避免错误的报警信息。网络安全人员可以集中精力采取其他的安全措施，如及时添加软件补丁等。

（3）捕获漏报

Honeypot 可以很容易地鉴别并捕获针对它的新的攻击行为。由于针对 Honeypot 的任何操作都不是正常的，因此任何新的、以前没有过的攻击很容易暴露。

（4）资源最小化：Honeypot 所需要的资源很少，即使工作在一个大型网络环境中也是如此。一个简单的 Pentium 主机可以模拟具有多个 IP 地址的 C 类网络。

5.3.4.2 蜜网（Honeynet）

Honeynet 的概念是由 Honeypot 发展而来的。起初人们为了研究黑客的入侵行为，在网络上放置了一些专门的计算机，并在上面运行专用的模拟软件，以使这些计算机在外界看来就是网络上运行某些操作系统的主机。把这些计算机放在网络上，并为之设置较低的安全防护等级，可使入侵者比较容易地进入系统。入侵者进入系统后，其一切行为都会在系统软件的监控和记录之下。系统软件通过收集描述入侵者行为的数据，可以对入侵者的行为进行分析。目前 Honeypot 的软件已经有很多，可以模拟各种各样的操作系统，如 Windows、RadHat、FreeBSD，甚至 Cisco 路由器的 iOS，但是模拟软件不能完全反映真实的网络状况，也不可能模拟实际网络中所出现的各种情况，在其上收集到的数据有很大的局限性，因此就出现了由真实计算机组成的网络 Honeynet。

（1）Honeynet 与 Honeypot 的区别

Honeynet 与传统意义上的 Honeypot 有 3 个最大的不同。

① 一个 Honeynet 是一个网络系统，而并非某台单一主机。这一网络系统是隐藏在防火墙后面的，所有进出的数据都会被其关注、捕获并控制。这些被捕获的数据可以帮助我们研究分析入侵者使用的工具、方法及动机。在这个 Honeynet 中，可以使用各种不同的操作系统及设备，如 Solaris、Linux、Windows NT、Cisco Switch 等。这样建立的网络环境看上去会更加真实可信，同时我们还在不同的系统平台上运行着不同的服务，如 Linux 的 DNS server，Windows NT 的 Web server 或者一个 Solaris 的 FTP server。我们可以学习不同的工具以及不同的策略，或许某些入侵者仅把目标定于几个特定的系统漏洞上，而多样化的系统可能会揭示出关于入侵者更多的特性。

② Honeynet 中的所有系统都是标准的机器，上面运行的都是真实完整的操作系统及应用程序。Honeynet 不会刻意地模拟某种环境或者故意地使系统不安全。在 Honeynet 里面找到的存在风险的系统，与互联网上的一些系统别无二致。将普通的操作系统放入 Honeynet 中，并不会对整个网络造成影响。

③ Honeypot 通过把系统的脆弱性暴露给入侵者或是故意使用一些具有强烈诱惑性的假信息（如战略性目标、年度报表等）来诱骗入侵者。这样虽然可以对入侵者进行跟踪，但也会引来更多的潜在入侵者（他们因好奇而来）。而更进一步，应该在实际的系统中运行入侵检测系统，当检测到入侵行为时，才能进行诱骗，这样才能更好地保护系统。Honeynet 是在入侵检测的基础上实现入侵诱骗的，这与目前 Honeypot 的理论差别很大。

（2）Honeynet 原型系统

图 5-4 所示为将防火墙、入侵检测系统、二层网关和 Honeynet 有机地结合起来，设计了一个 Honeynet 的原型系统。

在图 5-4 中，外部防火墙与系统原有安全措施兼容，只需对其安全策略进行调整，使之适应加入的 Honeynet 诱骗系统即可。在原型系统中实现 Honeynet 的入侵检测子系统和入侵行为重定向子系统。

图 5-4 中采用了最新 Honeynet 技术，即二层网关（也称网桥）。由于网桥没有 IP 协议栈，也就没有 IP 地址、路由通信量及 TTL 缩减等特征，因此入侵者很难发现网桥的存在，也永远不知道自己正处于被分析和监控之中。而且所有出入 Honeynet 的通信量必须通过网桥，这意味着在单一的网桥设备上就可以实现对全部出入通信量的数据控制和捕获。通过对网桥上的 rc.firewall 和 snort.sh 等脚本进行配置可以实现 Honeynet 的防火墙与入侵检测系统的智能连接控制、防火墙日志以及入侵检测系统日志功能。

网桥有 A、B、C 三个网络接口。A 接口用于和外部防火墙相连，接收重定向进来的属于可疑或真正入侵的网络连接；B 接口用于 Honeynet 内部管理以及远程日志等功能；C 接口用于和 Honeypot 主机相连，进行基于网络的入侵检测，实时记录 Honeynet 系统中的入侵行为。网桥上可以根据需要运行网络流量仿真软件，通过仿真流量来麻痹入侵者。路由器、外部防火墙和网桥为 Honeynet 提供了较高的安全保障。

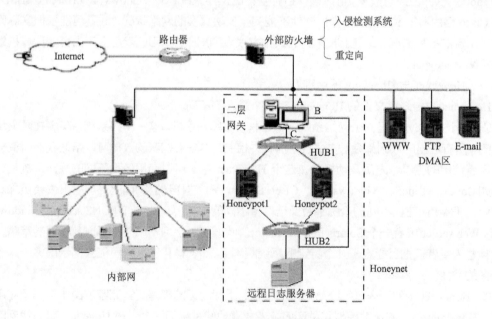

图 5-4　Honeynet 原型系统

两台 Honeypot 主机各自虚拟两个客户操作系统，4 个客户操作系统分别拥有各自的网络接口，根据 DMA 区的应用服务来模拟部署脆弱性服务，并应用 IP 空间欺骗技术来增加入侵者的搜索空间，运用网络流量仿真、网络动态配置和组织信息欺骗等多种网络攻击诱骗技术来提高 Honeynet 的诱骗质量。通过这种虚实结合的方式来构建一个虚拟 Honeynet 脆弱性模拟子系统，使其与入侵者进行交互周旋。

为了进行隐蔽的远程日志和 Honeynet 管理工作，在 Honeypot 主机的宿主操作系统、网桥和远程日志服务器上分别添加一个网卡，使它们互连成一个对入侵者透明的私有网络。远程日志服务器除了承担远程传来的防火墙日志、入侵检测系统日志以及 Honeypot 系统日志三重日志的数据融合工作以外，还充当了 Honeynet 的入侵行为控制中心，对 Honeynet 各个子系统进行协调、控制和管理。远程日志服务器的安全级别最高，可以令所有不需要的服务关闭。

5.3.5 恶意软件检测

计算机病毒是人为制造的、能够进行自我复制的、具有破坏计算机资源作用的一组程序或指令的集合。计算机病毒把自身附着在各种类型的文件上或寄生在存储媒介中，能对计算机系统和网络进行各种破坏，同时有独特的复制能力和传染性，能够自我复制和传染。

计算机病毒种类繁多、特征各异，但一般具有自我复制能力、感染性、潜伏性、触发性和破坏性。目前典型的病毒检测方法的介绍如下。

（1）直接检查法

感染了病毒的计算机系统的内部会发生某些变化，并会在一定的条件下表现出来，因而可以通过直接观察法来判断系统是否感染病毒。

（2）特征代码法

特征代码法是检测已知病毒的最简单、最经济的方法。为了实现特征代码法，需要采集已知病毒样本，依据如下原则抽取特征代码：抽取的代码比较特殊，不大可能与普通的正常程序代码吻合；抽取的代码要有适当的长度，一方面要维持特征代码的唯一性，另一方面要尽量使特征代码长度短些，以减少空间与时间开销。

特征代码法的优点是：检测准确快速、可识别病毒的名称、误报警率低、依据检测结果做解毒处理。缺点是：一方面，不能检测未知病毒；另一方面，搜集已知病毒的特征代码的开销大，在网络上的运行效率低（在网络上，长时间检索会使整个网络性能变差）。

（3）校验和法

校验和法是指计算正常文件内容的校验和，并将该校验和写入文件中或写入别的文件中进行保存。在文件使用过程中，定期地或每次使用文件前，检查文件当前内容算出的校验和与原来保存的校验和是否一致，从而发现文件是否被感染。

虽然病毒感染会引起文件内容变化，但是校验和法对文件内容的变化太过敏感，又不能区分是否是正常程序引起的变化，因而会频繁报警。当遇到软件版本更新、口令变更、运行参数修改时，校验和法都会误报警；校验和法对隐蔽性病毒无效。隐蔽性病毒进驻内存后，会自动剥去染毒程序中的病毒代码，使校验和法受骗（对一个有毒文件算出正常校验和）。

运用校验和法查病毒可采用 3 种方式：在检测病毒工具中纳入校验和法、在应用程序中放入校验和法自我检查功能、使校验和检查程序常驻内存以实时检查待运行的应用程序。

校验和法的优点：方法简单，能发现未知病毒，被查文件的细微变化也能被发现。

校验和法的缺点：发布通信记录正常态的校验和，误报警，无法识别病毒名称，无法对付隐蔽型病毒。

（4）行为监测法

利用病毒的特有行为来监测病毒的方法，称为行为监测法。通过对病毒多年的观察和研究发现，有一些行为是病毒的共同行为，而且比较特殊。在正常程序中，这些行为比较罕见。当程序运行时，监视其行为，如果发现了病毒行为，立即报警。

行为监测法的优点：可发现未知病毒，可相当准确地预报未知的多数病毒。

行为监测法的缺点：可能误报警，无法识别病毒名称，实现时有一定难度。

（5）软件模拟法

多态性病毒在每次感染时都会变化其病毒密码，对付这种病毒，特征代码法将失效。因为多态性病毒代码实施密码化，而且每次所用密钥不同，所以即使将感染了病毒的代码相互比较，也无法找出相同的可能作为特征的稳定代码。虽然行为检测法可以检测多态性病毒，但是在检测出病毒后，因为不清楚病毒的种类，所以难以做消毒处理。为了检测多态性病毒，可应用新的检测方法——软件模拟法，即用软件方法来模拟和分析程序的运行。

新型检测工具纳入了软件模拟法，该类工具开始运行时，使用特征代码法检测病毒，如果发现隐蔽病毒或多态性病毒嫌疑时，则启动软件模拟模块，监视病毒的运行，待病毒自身的密码译码后，再运用特征代码法来识别病毒的种类。

5.4 攻击防护

对于目前层出不穷的恶意软件攻击，需要采用多种策略来提高系统的安全性。本节结合几个案例对攻击防护的相关内容进行介绍。

5.4.1 防火墙

防火墙是众多安全设备中的一种，是一种简单有效的防护方式。防火墙的应用存在两个矛盾：一个是安全和方便的矛盾，另一个是效果与效能的矛盾。前者是指安全必然会带来过程的繁琐、造成使用的不便，后者是指想要达到更好的安全防护效果就需要消耗更多的资源。在设计合理可用的防火墙时往往需要考虑上述矛盾，并根据要求进行权衡。

防火墙的提出和实现最早可以追溯到 20 世纪 80 年代。研究人员采用包过滤（Packet Filter）技术先后推出了电路层防火墙和应用层防火墙，开发了基于动态包过滤技术的第 4 代防火墙和基于自适应代理技术的防火墙。防火墙有其简单的核心原理和运行机制，以确保有效性。本小节研讨防火墙的基本原理、分类、技术架构等问题。

5.4.1.1 防火墙的基本原理

防火墙是可以对计算机或网络访问进行控制的一组软件或硬件设备，也可以是固件。防火墙将网络分为内部网络和外部网络两部分，而其自身就是这两个部分之间的一道屏障。一般认为防火墙就是隔离在内部网络和外部网络之间的一道执行控制策略的防御系统。如图 5-5 所示，防火墙是一种形象的说法，其科学本质是建立在内部网络和外部网络之间的一个安全网关。

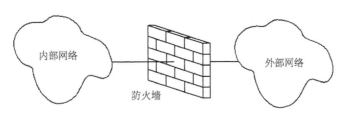

图 5-5　防火墙在网络中的位置

防火墙的核心原理是：分析出入的数据包，决定放行还是拦截，只允许符合安全设置的数据通过。从这一点来看，防火墙实质上是一种隔离控制技术，是在不安全的网络环境下构造一种相对安全的内部网络环境，它既是一个分析器，又是一个限制器。

防火墙的必要性和有效性的基本假设是：外部存在潜在的安全威胁，内部绝对安全；内外互通的数据全部流经防火墙。

防火墙的作用是通过访问控制来保证网络安全，具体包括端口管理、攻击过滤、特殊站点管理等。防火墙的具体作用如下。

（1）强化安全策略，过滤掉不安全的服务和非法用户，即过滤进、出网络的数据，管理进、出网络的访问行为，拒绝发往或者来自所选网点的请求通过防火墙。

（2）监视网络的安全性，并报警。

（3）利用网络地址转换技术，将有限的动态地址或静态地址与内部的地址对应起来，以缓解地址空间短缺的问题。

（4）防火墙是进出信息都必须通过的关口，适合收集关于系统和网络使用和误用的信息。利用此关口，防火墙能在网络之间进行信息记录，其是审计和记录使用费用的一个最佳地点。网络管理员可以在此提供连接的费用情况，查出潜在的带宽瓶颈位置，并能够依据本机构的核算模式提供部门级的计费。

（5）防火墙可以连接到一个单独的网络上，在物理上与内部网络隔开，并部署服务器以作为向外部发布内部信息的地点。

防火墙一般由服务访问规则、验证工具、包过滤、应用网关4个部分构成，微观上可以存在于路由器、服务器、PC端等多种设备中，宏观上部署在两个网络环境之间，如内部网络和外部网络之间、专用网络和公共网络之间等。

防火墙在运行时原理上可选的安全认证策略有3种：一种是肯定的，认为只有被允许的访问才可以放行，这可能会造成对安全访问行为的误杀；另一种是否定的，认为只有被禁止的访问才是不被允许的，这可能会导致未知的不安全访问发生；还有一种是以上两种策略的协调，即动态制定允许访问与禁止访问的条件。

5.4.1.2　防火墙的分类

防火墙的实现有多种类型，基于其核心思想，根据分析数据的不同和安全防护机制的不同，其可以划分为3种基本类型，基于这些基本类型可以构建复合类型。各类型的防火墙介绍如下。

（1）包过滤型防火墙

包过滤型防火墙工作在网络层，因此又称为网络级防火墙。包过滤技术是指根据网络层和传输层的原则对传输的信息进行过滤，其是最早出现的防火墙技术。在网络上传输的每个数据包都可以分为两部分：数据部分和包头。包过滤技术就是在网络的出口（如路由器）处分析通过的数据包中的包头信息，判断该包是否符合网络管理员设定的规则，以确定是否允许数据包通过。一旦发现不符合规则的数据包，防火墙就会将其丢弃。包过滤规则一般会基于某些或全部包头信息，如数据的源地址和目标地址、TCP源端口和目标端口、IP类型、IP源地址等。

包过滤技术的优点是简单实用、处理速度快、实现成本低、数据过滤对用户透明等。同时其也有很多缺点，主要的缺点是安全性较低，不能彻底防止地址欺骗，正常的数据包过滤路由技术无法执行某些安全策略。包过滤技术工作在网络层和传输层，与应用层无关，因此，其无法识别基于应用层的恶意侵入。

（2）应用代理（Application Proxies）型防火墙

代理服务器技术也称为应用层防火墙技术，它控制对应用程序的访问，能够代替网络用户完成特定的TCP/IP功能。一个代理服务器实质上是一个为特定网络应用而连接两个网络的网关。当内部客户机要使用外部服务器的数据时，首先会将数据请求发送给代理服务器，代理服务器接收到该请求后会检查其是否符合规则，如果符合，则代理服务器会向外部服务器索取数据，然后外部服务器返回的数据会经过代理服务器的检测，由代理服务器传输给内部客户机。由于代理服务器技术彻底隔断了内部网络与外部网络的直接通信，因此外部网络的恶意侵害也就很难进入内部网络。

代理服务器技术的优点是安全性较高，实施较强的数据流监控、过滤和日志功能，可以方便地与其他安全手段集成等。同时其也有很多缺点，主要的缺点是访问速度慢、对于每项服务代理可能会要求不同的服务器、代理对用户不透明等。

（3）网络地址转化代理（NAT Proxies）型防火墙

网络地址转换技术是一种通过在防火墙上装一个合法的IP地址集，把内部私有网络地址（IP地址）翻译成合法网络IP地址的技术。当不同的内部网络用户向外连接时，使用一个公用的IP地址；当内部网络用户互相通信时，则使用内部IP地址。

内部网络的IP地址对外部网络来说是不可见的，这极大地提高了内部网络的安全性，同时这种技术也缓解了少量的IP地址和大量主机间的矛盾。当然这种技术也有很多的局限，例如，内部网络可以通过木马程序利用网络地址转换技术与外部连接而穿越防火墙。

（4）状态检测防火墙

状态检测技术采用的是一种基于连接的状态检测机制，能够对各层的数据进行主动的、实时的检测。当防火墙接收到初始化连接的数据包时，会根据事先设定的规则对该数据包进行检查，如果该数据包被接受，则在状态表中记录下该连接的相关信息，并将其作为以后制定安全决策的参考。对于后续的数据包，将它们与状态表中记录的连接内容进行比较，以决定是否接受它们。状态检测技术的优点是提高了系统的性能、安全性高等。同时其也有很多缺点，主要的缺点是实现成本高、配置复杂、会降低网速等。

（5）复合型防火墙

把前述的基于各种技术的防火墙整合成一个系统，即为复合型防火墙，其可构筑多道防御，确保更高的安全。

5.4.1.3　防火墙的技术架构

从实现原理上分，防火墙的技术架构可分为4类：网络级防火墙（也叫包过滤型防火墙）、应用级网关、电路级网关和规则检查防火墙。它们各有所长，具体使用哪一种或是否混合使用，要根据具体需要确定。

（1）网络级防火墙

网络级防火墙一般是基于源地址和目的地址、应用、协议以及每个 IP 包的端口来做出通过与否的判断的。一个路由器便是一个"传统"的网络级防火墙，大多数路由器都能通过检查信息来决定是否将所收到的包转发，但它不能判断出一个 IP 包来自何方、去向何处。防火墙会检查每条规则直至发现包中的信息与某规则相符。如果没有一条规则能符合，则防火墙就会使用默认规则，一般情况下，默认规则就是要求防火墙丢弃该包。其次，通过定义基于 TCP 或 UDP 数据包的端口号，防火墙能够判断是否允许建立特定的连接，如 Telnet 连接、FTP 连接等。

（2）应用级网关

应用级网关能够检查进出的数据包，通过网关复制传递数据，防止受信任服务器和客户机与不受信任的主机直接建立联系。应用级网关能够理解应用层上的协议，能够做复杂的访问控制，以及精细的注册和稽核。应用级网关针对特别的网络应用服务协议，即数据过滤协议，并且能够对数据包进行分析以形成相关的报告。应用级网关会给予某些易于登录和控制所有输出输入的通信环境严格的控制，以防有价值的程序和数据被窃取。在实际工作中，应用级网关一般由专用工作站系统来充当。但每一种协议都需要相应的代理软件，使用时工作量大，效率不如网络级防火墙。应用级网关有较好的访问控制性能，是最安全的防火墙技术，但其实现困难，而且有的应用级网关缺乏"透明度"。在实际使用中，用户在受信任的网络上通过防火墙访问 Internet 时，经常会出现时延问题并且必须进行多次登录才能访问 Internet 或 Intranet。

（3）电路级网关

电路级网关用来监控受信任的客户或服务器与不受信任的主机间的 TCP 握手信息，进而来决定该会话（Session）是否合法。电路级网关在 OSI 模型中的会话层上过滤数据包，这样比包过滤防火墙要高两层。电路级网关还提供了一个重要的安全功能：代理服务器（Proxy Server）。代理服务器是设置在 Internet 防火墙网关中的专用应用级代码。这种代理服务准许网络管理员允许或拒绝特定的应用程序或一个应用程序的特定功能。包过滤技术和应用级网关是通过特定的逻辑判断来决定是否允许特定的数据包通过的，一旦判断条件满足，防火墙内部网络的结构和运行状态便会"暴露"在外来用户面前，这就引入了代理服务的概念，即防火墙内外计算机系统应用层的"链接"由两个终止于代理服务的"链接"来实现，这就成功地实现了防火墙内外计算机系统的隔离。同时，代理服务还可用于实施较强的数据流监控、过滤、记录和报告等功能。代理服务技术主要通过专用计算机硬件（如工作站等）来实现。

（4）规则检查防火墙

规则检查防火墙结合了包过滤防火墙、电路级网关和应用级网关的特点。它同包过滤防火墙一样，能够在 OSI 网络层上通过 IP 地址和端口号过滤进出的数据包。规则检查防火墙也像电路级网关一样，能够检查 SYN 和 ACK 标志和序列数字是否逻辑有序。当然，其也像应用级网关一样，可以在 OSI 应用层上检查数据包的内容，查看这些内容是否符合企业网络的安全规则。规则检查防火墙虽然集成了前三者的特点，但是其不同于一个应用级网关的是，规则检查防火墙并不打破客户机/服务器模式来分析应用层的数据，它允许受信任的客户机和不受信任的主机建立直接连接。规则检查防火墙不依靠与应用层有关的代理，而是依靠某种算法来识别进出的应用层数据，这些算法通过已知合法数据包的模式来比较进出数据包，这样在理论上其就能比应用级网关在过滤数据包上更有效。

5.4.1.4 防火墙的问题分析

防火墙自身有其局限性,它解决不了的问题包括:①不能防范不经过防火墙的攻击和威胁;②只能对跨越边界的信息进行检测、控制,而对网络内部人员的攻击不具备防范能力;③不能完全防止传送已感染病毒的软件或文件;④难于管理和配置,容易造成安全漏洞。

今后,防火墙技术的发展要求防火墙采用多级过滤措施,并辅以鉴别手段,使过滤深度不断加强,从目前的地址过滤、服务过滤发展到页面过滤、关键字过滤等,并逐渐具备病毒清除功能,安全管理工具、可疑活动的日志分析工具不断完善,对网络攻击的检测和警告将更加及时和准确。现行操作系统自身往往存在许多安全漏洞,而运行在操作系统之上的应用软件和防火墙也不例外,一定会受到这些安全漏洞的影响和威胁。因此,其运行机制是防火墙的关键技术之一。为保证防火墙自身的安全和彻底堵住因操作系统的漏洞而带来的各种安全隐患,防火墙的安全检测核心引擎可以采用嵌入操作系统内核的形态运行,直接接管网卡,将所有数据包进行检查后再提交给操作系统。并且,可以预见,未来防火墙的发展趋势有高性能防火墙、分布式防火墙、集成智能化防火墙等。

5.4.1.5 安卓防火墙

本小节以安卓(Android)系统下基于服务申请拦截的恶意软件检测防护工具为例介绍安卓防火墙。Android系统的重要系统资源都是以服务的形式提供给应用程序的,基于这一点,可以对服务进行拦截、判定,从而防止恶意软件非法申请资源。

Android系统下基于服务申请拦截的恶意软件检测防护工具的工作原理如图5-6所示。

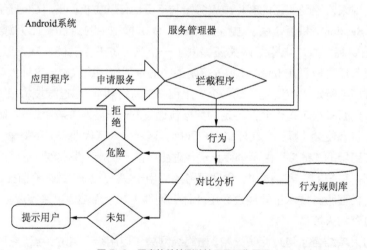

图5-6 恶意软件检测防护工具工作原理

当Android系统启动后,恶意软件检测防护工具的服务管理器跟踪和入侵系统的服务管理进程,修改服务申请响应函数,拦截服务申请以供后续判断;应用程序运行时,会申请其所需的各种服务,此时,服务管理器会对该服务申请进行拦截,获取服务申请的各个参数,判定服务的类型;接下来,根据应用程序申请的服务类型,查询行为规则库,判定该服务申请是否安全;若该服务申请危险,则拒绝服务申请,并中止提出申请的应用程序;若该服务申请的安全性未知,则提示用户,由用户自行拒绝或接受服务申请。通过这样的方法,我们可以在运行应用程序时发现并阻止软件的恶意行为，增强系统的安全性。

5.4.2　病毒查杀

计算机病毒的防治要从防毒、查毒、解毒 3 个方面进行，系统对于计算机病毒的实际防治能力和效果也要从防毒能力、查毒能力和解毒能力 3 个方面来评判。防毒能力是指预防病毒侵入的能力，查毒能力是指发现和追踪病毒的能力，解毒能力是指从感染对象中清除病毒、恢复被病毒感染前的原始信息的能力，该恢复过程不能破坏未被病毒修改的内容。

病毒查杀就是指利用各类安全工具发现系统中隐藏的各类可疑病毒程序，并且清除感染对象中的病毒，以恢复被病毒感染前的原始信息。病毒查杀的主要方式如下。

5.4.2.1　主动防御技术

主动防御技术是指通过对病毒行为的规律进行分析、归纳、总结，并结合反病毒专家判定病毒的经验提炼出病毒识别规则知识库；模拟专家发现新病毒的机理，通过分布在用户计算机系统上的各种探针动态监视程序运行的动作，并将程序的一系列动作通过逻辑关系分析组成有意义的行为，再结合病毒识别规则知识，实现对病毒的自动识别。

主动防御主要由以下模块组成。

① 实时监控模块：负责实时监控计算机系统内各个程序运行的动作，并将这些动作提交给程序行为分析模块进行分析。

② 病毒识别规则知识库：对病毒行为的规律进行分析、归纳、总结，并结合反病毒专家判定病毒的经验提炼出病毒行为识别规则知识库。病毒识别规则知识库主要包括恶意程序识别规则知识库和正常程序识别规则知识库。

③ 程序行为自主分析判断模块：依据实时监控模块监控的各个程序运行的动作，结合病毒识别规则知识库，对程序动作进行关联性分析，并结合反病毒专家判定病毒的经验进行自主分析，如果某程序是病毒，则首先阻止病毒危害行为的发生，同时通知病毒处理模块对病毒进行清除处理。

④ 病毒处理模块：负责对判定为病毒的程序进行清除处理。

5.4.2.2　云查杀技术

反病毒界提出的云查杀概念来源于云计算，试图利用云计算的思路从另一个途径解决越来越多的病毒危险问题。目前，云查杀基本上分为两类。

① 作为一个最新的恶意代码、垃圾邮件或钓鱼网址等的快速收集、汇总和响应处理的系统。

② 病毒特征库在云上的存储与共享。作为收集响应系统，它可收集更多的病毒样本。但是，因为"端"（用户计算机）没有自动识别新病毒的能力，所以需要将用户计算机中的文件上传到"云"（反病毒公司）。

5.4.2.3　基于云的终端主动防御技术

奇虎 360 公司提出了基于云的终端主动防御技术。该技术采用在服务器端进行文件审计与行为序列的统计模型，在客户端部署轻量的行为监控点，以透过服务器端的文件知识库与行为序列实现恶意软件行为的拦截。

（1）客户端的行为监控技术

以往安全软件的主动防御功能基本是基于客户端的，即在客户端本地具有一系列判定程序行为是否为恶意的规则，当某个程序的行为序列触发了本地规则库中的规则，并且超过权重评分系统的某个特定阈值时，即判断该程序有恶意行为。这一方法的最大不足在于，恶意软件作者通过逆向分析安全软件程序及本地规则库，较容易绕过安全软件的行为监控点并实现"免杀"，这会降低安全软件的防护能力，造成安全软件的被动应对。

基于云的主动防御技术会在客户端收集某一程序的行为特征，并将其发送到云端服务器，由云端服务器来判定客户端程序的行为恶意与否。

（2）服务器端的行为判定技术

将单体客户端上的特定程序的特征/行为序列发送给服务器，由服务器在其数据库中进行分析比对，根据比对结果判定该程序的特征/行为序列的恶意与否，并将判定结果反馈给客户端。这一过程的难点在于如何实现服务器端的判定。其具体可以分为两个步骤：首先，取得程序文件的信誉评级，包括文件的等级（黑、白、灰、未知）、文件的流行度、文件的年龄等；其次，根据程序文件的行为序列与文件的信誉评级进行综合规则匹配。例如，若文件等级未知，流行度小于 10 个用户，文件年龄小于 2 天，另外，行为规则符合特定行为特征串，那么返回"有风险须注意"的标示。

服务器端行为序列与文件信誉两者结合匹配是一个社区化联防的创新方式。随着木马手段趋向于社交工程方式攻击，这套匹配方式可以快速提取行为特征并结合文件信誉评级，提高快速响应速度。

（3）客户端的响应处置技术

客户端需要根据服务器端反馈的判定结果，决定是否对程序行为进行拦截，终止执行该程序或清理该程序，恢复系统环境。

服务器端针对反馈的结果可以采取不同的策略，有些是清除文件、结束进程，有些是指定放行，或配合其他新增的防御模块提供新的动作，例如，提示用户使用沙箱运行该程序。这种机制不再局限于传统规则匹配后只能有命中和不命中两种处理策略。由于处理策略是在服务器端指定的，因此只须变更服务器端，即可变更针对不同行为特征的恶意软件的处置方法，使系统针对新型未知恶意行为的防护能力和响应速度大大提升。

综上所述，基于云的主动防御技术将行为规则放在服务器端，提高了被突破的门槛，同时大大提高了响应速度，无须升级客户端规则文件；并通过结合海量程序文件行为与属性数据，可以实现行为攻击预警与联防。

5.4.2.4　手机杀毒技术

随着手机的广泛使用，病毒也开始向手机传播。本小节以 Android 系统下基于包校验的病毒查杀工具为例，介绍手机病毒查杀。在 Android 系统下，人们获得软件的渠道是不可控的，病毒、木马和广告程序等恶意代码经常会被植入正常软件中。由于 Android 系统下软件都是以 APK 包的形式传输和安装的，因此可以通过软件包校验的方法获知软件是否被篡改过，同样地，也可以检测软件是否为已知的恶意软件。

Android 系统下基于包校验的病毒查杀工具的工作原理如图 5-7 所示。

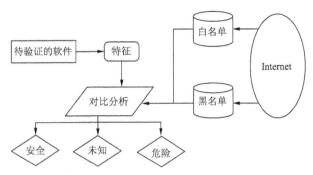

图 5-7　手机病毒查杀工具工作原理

病毒查杀工具的高效运行依赖于软件黑白名单的建立。通过搜集大量常用软件的可信版本（如软件的官方网站版本、大的软件市场的高下载量无恶评版本等），并对 Android 安装包（Android Package，APK）文件做 MD5 和 SHA-1 的 Hash 运算，用软件名、版本、Hash 值即可形成白名单。与此类似，通过搜集大量恶意软件的样本，并对 APK 文件做 MD5 和 SHA-1 的 Hash 运算，用软件名、版本、Hash 值即可形成黑名单。

对待验证的软件，病毒查杀工具会获取其 APK 文件的软件名、版本、Hash 值，并将它们与白、黑名单中的内容进行对比分析，若白名单中有相应的软件名、版本，且 Hash 值完全匹配，则说明用户要安装的软件是安全的；若白名单中有相应的软件名、版本，但 Hash 值不匹配，则说明用户要安装的软件被篡改过，是危险的；如果白名单中没有相应的软件名、版本，则查询黑名单，若黑名单中有相应的软件名、版本，且 Hash 值完全匹配，则说明用户要安装的软件是已知的恶意软件，是危险的（仅 Hash 值完全匹配也可以说明是恶意软件）；若黑名单中也没有相应的软件名、版本、Hash 值，则说明白、黑名单未收录该软件，安全性未知。通过这样的方法，我们可以快速有效地识别软件的安全性，直接查杀部分恶意软件，归类未知软件，为其他安全策略提供参考。

5.4.3　云安全体系架构

奇虎 360 公司的云安全系统是一个客户端和服务器端（云端）配合实现的智能安全防护体系，由客户端的云安全智能防护终端软件和服务器端的云端智能协同计算平台两部分构成，如图 5-8 所示。

5.4.3.1　云安全智能防护终端

云安全智能防护终端包括 360 安全卫士和 360 杀毒等系列软件，作为 360 云安全体系的重要组成部分，客户端发挥了"传感器"和"处置器"的作用。

首先，客户端的主要作用是充当恶意软件/网页样本的采集传感器。为了确保采集的全面性，需要尽可能多地对恶意软件可能的行为、传播途径进行监控和审计，主动防御技术可以用于这一目的。在 360 云安全的客户端软件中，从以下各个层面实现了针对恶意软件的查杀、行为监控和审计。

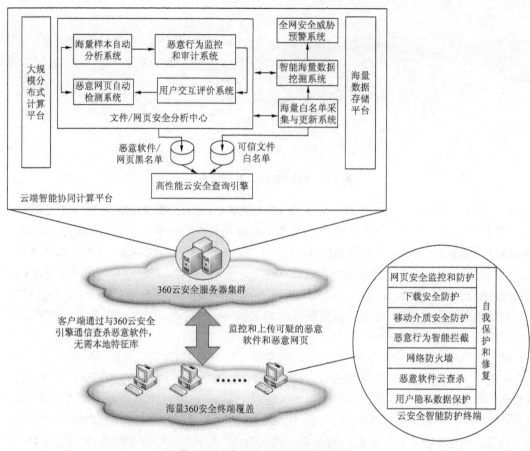

图5-8 奇虎360公司的云安全体系架构

（1）恶意软件云查杀

当用户进行系统扫描时，对系统的关键启动位置、内存、关键目录、指定的文件目录等进行扫描，提取文件名称、路径、大小、MD5指纹、签名信息等文件特征信息，并通过实时联网与360云安全查询引擎通信，将文件特征信息发送给云安全查询引擎，然后根据云安全查询引擎返回的结果或规则的分析，对被扫描文件进行相应的处置。

（2）网页安全监控和防护

据统计，90%以上的恶意软件是通过浏览恶意网页传播的，因此网页安全浏览是终端安全防护的第一道关口。360安全卫士的网盾采用静态特征匹配和动态行为监控相结合的技术，通过挂钩系统关键应用程序编程接口（Application Programming Interface，API）实现行为监控，根据一系列规则判定被浏览网页是否为恶意网页。网页恶意行为的特征包括：修改系统文件、写注册表、下载可执行文件、创建进程、加载驱动程序、加载系统DLL等。当发现可疑的恶意网页时，即将恶意网页的统一资源定位符（Uniform Resource Locator，URL）地址及其行为特征上传至云端服务器。

（3）下载安全防护

恶意软件传播的另一个主要途径是通过软件的捆绑或后台升级，下载器软件就是典型的木马传播者。360安全卫士会监控系统所有进程的下载行为，一旦发现有从可疑地址下载文件的行为，就会将下载者的进程文件样本及其行为特征上传至云端服务器。

（4）移动介质安全防护

大量恶意软件利用 AutoRun 的机制通过 U 盘等移动介质进行传播，360 安全卫士的 U 盘防火墙功能将自动监测移动介质的连接及其自动运行的程序，一旦发现其有可疑行为，就会将其文件样本和行为特征上传至云端服务器。

（5）恶意行为智能拦截

恶意行为智能拦截即 360 安全卫士的主动防御功能，又称系统防火墙。木马等恶意软件入侵系统时总会试图执行若干特定操作以便实现驻留系统并开机运行的目的，这些基本上都是通过修改系统关键启动项、修改文件关联、增加浏览器插件、劫持通信协议等方式实现的。基于360 安全卫士长期积累的对木马行为特征的研究，我们总结了一系列行之有效的判定恶意行为特征的规则，利用这些规则，360 安全卫士可以有效发现文件的可疑行为，并将其样本和行为特征上传至云端服务器。

（6）网络防火墙

网络防火墙可以对可疑软件的网络通信行为进行监控，例如，ARP 攻击、劫持通信协议、连接恶意网址等，一旦发现即可将其样本和行为特征上传至云端服务器。

（7）用户隐私数据保护

绝大部分木马恶意软件的目的是实施盗号，因此，它们必然会对特定的应用（如网络游戏、网上银行等）实施挂钩、注入、直读内存等行为。360 账号保险箱软件对针对特定应用程序的敏感操作进行了监控，一旦发现即可将其样本和行为特征上传至云端服务器。

由上述分析可知，360 云安全智能防护终端在恶意软件传播的各个主要途径都进行了拦截监控，一旦发现有某个文件的行为触发了一定的规则，就会判定其行为可疑，经过与云安全中心确认该文件尚未采集，即可将其文件样本和客户端对其行为特征的初步分析结果上传至云端服务器。这就保证了对新的可疑文件的最全面的采集能力，同时将对可疑文件行为分析的一部分工作分散至终端完成，从而节约了服务器端的计算资源。

5.4.3.2 云端智能协同计算平台

云端智能协同计算平台是 360 云安全体系的服务器端核心技术。它可以完成恶意软件/网页的云计算分析，即不仅可以对文件/网页样本进行自动分析，还可以结合客户端分析该样本初步行为的结果，以及大量用户对客户端处置的人工交互反馈结果（如对安全告警的选择），这实际上体现了群体智慧或协同计算的概念。云端智能协同计算平台包括文件/网页安全分析中心、海量白名单采集与自动更新系统、高性能云安全查询引擎、智能海量数据挖掘系统、全网安全威胁预警系统、大规模分布式计算平台、海量数据存储平台等几个部分。各部分功能说明如下。

（1）文件/网页安全分析中心

文件/网页安全分析中心主要包括海量样本自动分析系统、恶意网页监测系统和恶意行为监控和审计系统 3 部分。

① 海量样本自动分析系统：采用静态特征码匹配、启发式扫描、机器学习等方法，对客户端采集并上传的海量可疑文件/网页样本，或者通过搜索引擎蜘蛛程序抓取的网页，进行自动分析，判定每个样本的安全级别。

② 恶意网页监测系统：监测整个中国互联网，检测识别挂马、钓鱼、欺诈等恶意网页，同时发现新的操作系统和应用软件漏洞。

③ 恶意行为监控和审计系统：对于无法通过自动静态分析判定安全级别的文件/网页样本，将其放入虚拟机环境运行，监控并记录其所有行为，若其行为特征触发特定的恶意行为规则且超过指定阈值，则判定其为恶意行为。

（2）海量白名单采集与自动更新系统

文件/网页安全分析中心的结果是形成恶意软件/网页的黑名单，但是对于恶意软件的判定，无论是采用静态特征码匹配，还是采用动态行为监控技术，都不可能保证100%的准确性，因而可能导致误报。此外，基于一个假设"恶意软件的数量可能会远远超过可信正常软件的数量"，这个黑名单的数量可能会非常庞大。这时，更为有效的解决方案是建立可信正常软件的白名单技术，亦即尽可能多地采集用户常用的各类软件（包括操作系统软件、硬件驱动程序、办公软件、第三方应用软件等）的文件白名单，且保持白名单的实时更新。事实上，只要白名单技术足够有效，云安全系统就完全可以采用"非白即黑"的策略（即前述可信软件的配置管理方案），也就是任何不在白名单内的文件即可认为其是可疑的恶意软件（黑）。这种策略已实际应用在了360云安全系统中。实践表明这一策略对恶意软件的查杀效果非常好。

（3）高性能云安全查询引擎

高性能云安全查询引擎是360云安全体系中的核心部件之一。云安全体系所要形成的主要结果为文件/网页的安全级别和可信度信息（包括恶意软件/网页黑名单数据、正常软件的白名单数据、未知安全级别文件数据），数据的规模十分庞大，而且具有极快的更新速度。服务器端需要为海量的文件/网页的安全级别和可信度信息建立索引，并提供面向客户端的高性能查询引擎。

（4）智能海量数据挖掘系统

智能海量数据挖掘系统会对文件/网页安全分析中心的分析结果数据和白名单系统中的数据，以及用户上传和云查询引擎的检索日志与查询结果数据进行统计分析和挖掘，从中可以分析出大量有用的结果，如某个恶意软件的感染传播趋势、某个恶意被网页代码的挂马传播趋势、某个漏洞被利用的趋势等，甚至可以分析并发现新的0day漏洞，这对云安全体系的整体效果的改善有着重要的指导作用。

（5）全网安全威胁预警系统

全网安全威胁预警系统利用智能海量数据挖掘系统的分析结果，对可能威胁公众及国家网络安全的大规模安全事件进行预警分析与管理。这个系统可为国家有关部门、重要的信息系统等提供面向中国互联网的安全威胁监测和预警服务。

（6）大规模分布式计算平台

为了实现对海量数据的高性能处理能力，云计算一般需要利用大规模分布式并行计算技术，这是云安全所需的核心技术之一。实现云安全所需的分布式并行计算平台，需要考虑以下两个因素：① 数据规模十分庞大；② 与恶意软件的对抗是一个长期的过程，对恶意软件的分析与判定方法也会不断变化，因此，这个分布式并行计算平台应具备较强的可伸缩性和适应性，不仅可以扩展支持更大的数据处理规模，还可以将新的分析方法或加工过程灵活地加入系统，而不会导致系统体系结构出现较大变化。

（7）海量数据存储平台

海量数据存储平台也是云计算体系中的核心平台技术之一。海量样本、整个云端处理流程中的各类中间结果数据、用户反馈数据、用户查询日志等，每一种数据的规模都是海量的。360

云安全系统建立了一个海量的分布式文件数据存储平台,并提供对上层应用的透明数据存取访问功能,可保证数据存储的可靠性、一致性和容灾性。

5.4.4 沙箱工具

沙箱(Sandbox)工具可为来源不可信、具有破坏力或无法判定程序意图的程序提供运行环境,它是在受限的安全环境中运行应用程序的一种做法,这种做法是要限制授予应用程序的代码访问权限。

沙箱技术是安全厂商和计算机安全研究人员常用的一种检测恶意软件和病毒的技术,本小节以 Android 系统下的一个沙箱工具为例具体介绍沙箱技术。此沙箱工具结合服务申请监控和软件自动化测试方法,可以自动化地检测软件运行时有无恶意行为,从而判定软件的安全性,为黑白名单的扩充提供基础。

Android 系统下的软件安全判定沙箱工具的工作原理如图 5-9 所示。

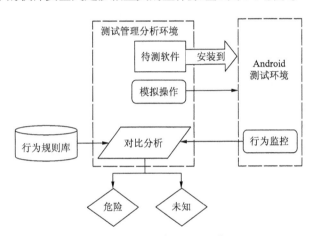

图 5-9 软件安全判定沙箱工具工作原理

软件安全判定沙箱工具由行为规则库、测试管理分析环境以及 Android 测试环境 3 个部分组成。首先,准备封闭可监控的 Android 测试环境,用于待测试软件的运行。接下来,待测试软件会被推送安装到 Android 测试环境中。在 Android 测试环境中,通过采用各种手段(模拟用户操作,如随机操作、页面爬行等;模拟关键事件;激发软件恶意行为)自动化测试应用程序,使其表现出运行时的行为,并对其行为进行监控和记录。当运行测试完成后,处理行为记录,采用行为规则或数据挖掘等方法分析应用的行为,判定应用的安全性,其中,行为规则方法需要事先总结归纳恶意行为的一般特征,数据挖掘方法则需要依赖大量的样本数据。最后,积累分析结果,结合其他分析结果扩充行为规则库,扩充样本集,从而持续提高行为分析的准确率。通过这样的方法,我们可以自动、大量地测试应用软件,判定其安全性,获取行为规则,以扩充行为规则库和病毒库。

图 5-10 所示为 Android 系统下的软件安全判定沙箱工具的原型,展示了对批量应用程序安全性判定的结果。

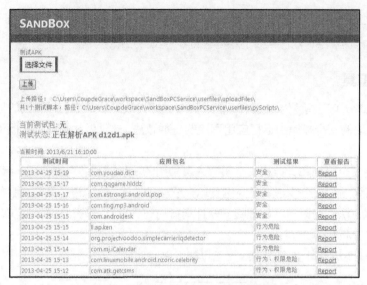

图 5-10　软件安全判定沙箱工具判定结果截图

区块链与可信监管

5.5.1　区块链的产生与发展

2008 年 10 月，中本聪（Satoshi Nakamoto）在论文《比特币：一种点对点式的电子现金系统》（Bitcoin: A Peer-to-Peer Electronic Cash System）中基于区块链技术描述了一种称为比特币（Bitcoin）的电子现金系统。谈到区块链不得不提及比特币。区块链起源于比特币，但其后来的发展大大超过了比特币的范畴。2009 年 1 月，比特币系统正式运行，世界上产生了第一个比特币。此时的比特币在密码学、分布式计算等技术的基础上又集成了区块链这一创新技术。在比特币的世界里，币和链是合一的，也就是说，此时的区块链不能脱离比特币这个应用。

2013 年，以太坊社区的推出，第一次实现了链币分离，在区块链的底层技术平台上，能够支撑任何应用的可能性已经实现，这是一次重大的技术飞跃。但无论比特币还是以太坊，它们全都是公有链，任何人都可以参与，很难监管；直到 2015 年，全球才首次出现联盟区块链，其最大的特点是有准入控制，有极好的隐私保护，性能也得到了极大的提升。

2019 年 6 月，Facebook 加密货币项目《Libra 白皮书》正式公布，引起世界各国的高度关注，并再一次将数字货币与区块链技术推向了一个新的阶段。

5.5.2　区块链的概念

区块链是一种由多方共同维护，使用密码学保证传输和访问安全，实现数据一致存储、难以篡改、防止抵赖的记账技术，也称为分布式账本技术。区块链技术为进一步解决互联网中的信任问题、安全问题和效率问题，提供了新的解决方案，也为互联网、金融等行业的发展带来了新的机遇和挑战。

我们可以用记账的故事来解释区块链，从根本上说，区块链就是一种新型信息记录方式。

例如，某个村庄中，张三借给李四 100 元，他要让大家知道这笔账，就通过广播站播出。全体村民听到这个广播，收到信息，会通过自己的方式去核验信息真伪，然后把这个信息记在自己的账本上。这样一来，全部村民的账本上都写着"张三借给李四 100 元"。事后这笔借款就不会有纠纷，也没有做假账的可能。这个记账系统是分布式的，账本数据根据时间顺序组装排列为一个个区块，区块连起来就成了我们说的区块链。它按照时间的顺序头尾相连，可回溯，但不可篡改，因为它们都是加密的。假如要篡改，全体村民每个人都可以核实，这就是"共识算法"。这也可以说明区块链的一个核心思想：单点发起、全网广播、交叉审核、共同记账。包括分布式架构、共识算法、智能合约等在内的一系列技术促成了区块链的实现。

区块链的公开、透明、可回溯、难篡改，使得通过层层的消息回溯，能够直接证明和确认某一主体的所有行为，从而确定性地解决了信息真实问题。不同主体之间由于不信任而在传统技术领域做出的大量"对账"行为，在区块链的分布式账本一致性逻辑下，便不再需要了。这对于整个互联网的诚信体系，甚至延伸到现实社会中的诚信体系，都有很大的价值。

虽然区块链目前是建立在现有互联网之上、由应用软件相互连接而成的一个新型网络，但随着时间的推移，它会逐渐下沉到互联网基础层，与现有互联网融合发展，从而共同构建下一代互联网基础设施。

5.5.3　区块链的共识机制

共识机制是区块链的核心技术，与区块链系统的安全性、可扩展性、性能效率、资源消耗密切相关。从选取记账节点的角度，现有的区块链共识机制可以分为选举类、证明类、随机类、联盟类和混合类共 5 种类型。

5.5.3.1　选举类

选举类共识是指矿工节点在每一轮共识过程中通过"投票选举"的方式选出当前轮次的记账节点，首先获得半数以上选票的矿工节点将会获得记账权。在实用拜占庭容错（Practical Byzantine Fault Tolerance，PBFT）系统中，一旦有 1/3 或以上的记账人停止工作，系统将无法提供服务；当有 1/3 或以上的记账人联合作恶，且其他所有的记账人都恰好被分割在两个网络孤岛时，恶意记账人可以使系统出现分叉。

5.5.3.2　证明类

证明类共识被称为"Proof of X"类共识，即矿工节点在每一轮共识过程中必须证明自己具有某种特定的能力，证明方式通常是竞争性地完成某项难以解决但易于验证的任务。在竞争中胜出的矿工节点将获得记账权，具体包括工作量证明（Proof of Work，PoW）共识算法和权益证明（Proof of Stake，PoS）共识算法等。PoW 的核心思想是通过分布式节点的算力竞争来保证数据的一致性和共识的安全性。PoS 的目的是解决 PoW 中资源浪费的问题。PoS 中具有最高权益的节点将获得新区块的记账权和收益奖励，不需要进行大量的算力竞赛。PoS 在一定程度上解决了 PoW 算力浪费的问题，但是 PoS 共识算法会导致拥有权益的参与者可以持币获得利息，这样容易产生垄断问题。

5.5.3.3　随机类

随机类共识是指矿工节点根据某种随机方式直接确定每一轮的记账节点，随机类共识算法包括 Algorand 共识算法和所用时间证明（Proof of Elapsed Time，PoET）共识算法等。Algorand

共识算法是为了解决 PoW 共识算法存在的算力浪费、扩展性弱、易分叉、确认时间长等不足而被设计的。Algorand 共识算法的优点包括：能耗低，不管系统中有多少用户，大约每 1500 名用户中只有 1 名会被系统随机挑中执行长达几秒的计算；民主化，不会出现类似比特币区块链系统的"矿工"群体；出现分叉的概率低于 10^{-18}。

5.5.3.4 联盟类

联盟类共识是指矿工节点基于某种特定方式首先选举出一组代表节点，而后由代表节点以轮流或者选举的方式依次取得记账权。这是一种以"代议制"为特点的共识算法，例如，授权 PoS（Delegated Proof of Stake，DPoS）共识算法等。DPoS 不仅能够很好地解决 PoW 浪费能源和联合挖矿对系统的"去中心化"构成威胁的问题，还能够弥补 PoS 中拥有记账权益的参与者未必希望参与记账的缺点。

5.5.3.5 混合类

混合类共识是指矿工节点采取多种共识算法的混合体来选择记账节点，例如，PoW+PoS 混合共识、DPoS+BFT 混合共识等。通过结合多种共识机制，能够取长补短，解决单一共识机制存在的能源消耗与安全风险问题。

共识机制是区块链系统能够稳定、可靠运行的核心关键技术。不同于传统的中心化系统，区块链系统中所有网络节点是自由参与、自主维护的，不存在一个可信的中心节点承担网络维护、数据存储等任务。因此，如何使众多地理位置分散、信任关系薄弱的区块链节点建立一致性的可信数据副本，并实现系统稳定运行，是区块链共识机制必须解决的难题。

共识机制的主要功能是解决以下两个基本问题。

（1）谁有权写入数据

区块链系统中，每一个骨干网络节点都将各自独立维护一份区块链账本（即区块链系统中的数据库）。为了避免不同的区块链账本出现数据混乱的问题，必须要设计公平的挑选机制，每次只挑选一个网络节点负责写入数据。

（2）其他人如何同步数据

当被挑选的网络节点写入数据后，其他网络节点必须能够准确及时地同步这些数据。为了避免网络中出现伪造、篡改新增数据的情况，必须设计可靠的验证机制，使所有网络节点能够快速验证接收到的数据是由被挑选的网络节点写入的数据。

一旦解决了上述这两个问题，区块链分布式网络中的节点就可以自发建立一致性的可信数据副本。首先，每隔一定的时间，经过共识机制挑选的节点将挑选待入库的交易，构造最小的区块链数据存储结构"区块"，然后将区块数据广播到区块链网络中。其次，全网所有节点都对接收到的区块数据进行检测，根据共识机制判断区块数据是否是由合法的授权节点发布的。如果区块数据满足共识机制和其他格式需求，将会被节点追加在各自维护的区块链账本中，完成一次数据同步。通过重复这两项过程，区块链账本即可稳定、可靠地实现更新与同步，避免数据混乱、数据伪造等问题产生。

5.5.4 基于区块链的可信监管

从目前趋势来看，西方区块链技术发展的重点是公有链，应用和产业发展的重点主要是基于公有链的金融创新，而中国区块链技术发展的重点是自主可控的联盟链，应用和产业发展的重点是区块链如何服务于产业经济、政府服务和社会治理。2019 年以来，联盟链在我国金融、法律、医疗、能源、公益等诸多领域都有了实际落地的应用。

（1）可信互联网

通过区块链可以实现可靠的信任传递，区块链因而被视作下一代价值互联网和信任互联网的基石。传统互联网历经 50 年发展历程，给人类社会带来了巨大改变，互联网的下一个 50 年会往什么方向走？不少研究者认为，很有可能会从信息互联网走向价值互联网和信任互联网。信息互联网解决的是信息传递和信息共享问题，但却无法保证信息的真实性。无论是人工智能技术，还是大数据分析技术，都只能从概率上判断在互联网上通信的另一方的真实性。而信任互联网要解决的就是信息真实问题。区块链被视作信任互联网的重要支撑。

（2）可信金融

2019 年，区块链技术帮助中国建设银行总行与住房和城乡建设部完成了全国 491 个城市公积金中心的互联，在实现数据同步的同时保证了数据权责明晰，有效配合了国务院有关新个税专项抵扣细则的实施落地。在人才频繁流动背景下，人们跨地域办理公积金业务的需求突出，以往要实现"互联"可能需要组建集中管理数据的部门，建设集中存储数据的物理空间，而现在通过区块链技术可以让数据所属权留在各公积金中心。491 个公积金中心作为相对平等的节点加入一个联盟区块链网络中，只通过智能合约就可以共享数据。

再如中小企业贷款难问题。以往，企业想贷款，需要提供资产担保或股票担保，或者由其他企业提供担保。所有担保提供、合同签订、工作协调都需要花费时间，进而即会影响贷款效率。现在，如果中小企业有订单或者应收账款，完成可以把订单或者应收账款变成区块链上的数字凭证，以方便银行做出是否给予贷款的决定，进而大大提高贷款办理效率。

（3）可信追踪

基于区块链的商品溯源方案，可以让商品的生产方、渠道商、海外发货海关、国际运输方、进口海关和国内物流等共同把商品流转信息记录到区块链上，与传统的扫码溯源相比，整个信息更公开、透明、可信，让消费者能够判定自己下单的"海外购"是否真的来自某地。针对司法领域棘手的知识产权保护问题，区块链技术也大有用处，它可以做到知识产权生成的瞬间就被确权，而且确权以后可以公开、透明、可信地进行交易。如果没有区块链技术，那么当某个音乐平台向创作者反馈某首歌写得不错，这个月被下载了 1 000 次时，创作者可能会心生疑问：也许是 1 万次呢？但是有了区块链后，所有交易记录都是真实可信的，平台方无法作假。

由此可见，只要涉及存证、信任、协同、不可篡改等特点，区块链就会有很大的应用空间。区块链将成为数字经济发展的新动能和社会信用体系的重要支撑，并会在金融、民生、政务、工业制造等领域率先应用和落地。

5.6 本章小结

本章分析了物联网系统面临的主要安全威胁，介绍了恶意攻击的概念、分类和手段，讨论了病毒攻击的原理和特征，介绍了木马的发展、分类及其攻击原理，讨论了入侵检测的概念、架构和方法，描述了 Honeypot 和 Honeynet 的原理，深入讨论了防火墙原理、传统的病毒查杀方法和基于云安全体系架构的病毒查杀方法，最后介绍了区块链的关键技术及其在可信监管中的应用。

（1）简述恶意攻击的概念、分类和手段。

（2）简述病毒攻击的常用模式。

（3）简述计算机病毒的定义与特征。

（4）分析引导型病毒的攻击原理。

（5）调研并分析木马的发展过程与分类方法。

（6）调研并分析主要木马的攻击原理。

（7）什么是网络蠕虫？简述蠕虫与病毒的区别。

（8）简述入侵检测的常用方法。

（9）简述入侵检测系统中各部分的功能。

（10）什么是 Honeypot？什么是 Honeynet？

（11）分析 Honeypot 与 Honeynet 的区别。

（12）什么是防火墙？防火墙的主要功能和作用是什么？

（13）简述病毒查杀的常用方法。

（14）简述云安全体系架构在病毒和木马查杀中的优缺点。

（15）什么是沙箱工具？其主要作用是什么？

（16）简述区块链的发展历程。

（17）简述区块链的共识机制。

（18）分析区块链在不同应用场景中的作用。

物联网隐私保护

chapter

06

随着智能手机、无线传感网络、RFID 阅读器等信息采集终端在物联网中的广泛应用，个人隐私数据的暴露和非法利用的可能性大增。物联网环境下的数据隐私保护已经引起了政府和个人的密切关注。特别是手机用户在使用位置服务过程中，位置服务器上留下了大量的用户轨迹，而且附着在这些轨迹上的上下文信息能够披露用户的生活习惯、兴趣爱好、日常活动、社会关系和身体状况等个人敏感信息。当这些信息不断增加且被泄露给不可信第三方（如服务提供商）时，滥用个人隐私数据的大门就会被打开。本章介绍隐私的概念、度量、威胁以及数据库隐私、位置隐私和轨迹隐私等的相关内容。

6.1.1　隐私的概念

狭义的隐私是指以自然人为主体的个人秘密，即凡是用户不愿让他人知道的个人（或机构）信息都可以称为隐私（privacy），如电话号码、身份证号、个人健康状况、企业重要文件等。广义的隐私不仅包括自然人的个人秘密，也包括机构的商业秘密。隐私蕴含的内容很广泛，而且对不同的人、不同的文化和民族，隐私的内含也不相同。简单来说，隐私就是个人、机构或组织等实体不愿意被外部世界知晓的信息。

随着社会文明进程的推进，隐私保护也渐渐受到了人们的重视。为了保护隐私，美国于1974 年制定了《隐私权法》，随后，许多国家也相继立法保护隐私权。2002 年我国颁布的《民法典草案》，对隐私权保护的隐私做了规定，包括私人信息、私人活动、私人空间和私人的生活安宁等 4 个方面。我国在《侵权责任法》中也提到了对隐私权的保护。2012 年 12 月，我国出台了《关于加强网络信息保护的决定》，将网络上的个人信息保护作为重点加以规定。

随着物联网、云计算、大数据、人工智能等的快速发展，越来越多的人在日常生活中与各种网络、计算机和通信系统进行信息交互与共享。每一次交互的过程中必然会在通信和计算机系统中产生大量的关于"如何""什么时候""在哪里""通过谁""和谁""为了什么目的"等的个人数据，而这些数据中包含了大量的个人敏感信息，如果处理不当，则很容易在数据交互和共享的过程中遭受恶意攻击者攻击而导致机密泄露、财物损失或正常的生产秩序被打乱，进而构成严重的隐私安全威胁。

王利明教授在其著作《人格权法新论》中指出："在网络空间的个人隐私权主要指公民在网上享有的私人生活安宁与私人信息依法受到保护，不被他人非法侵犯、知悉、搜集、复制、公开和利用的一种人格权，也指禁止在网上泄露某些与个人有关的敏感信息，包括事实、图像以及毁损声誉的意见等。"

但由于猎奇心理或是利益的驱动，许多恶意攻击者仍然时刻觊觎着他人的隐私。物联网的快速发展，一方面促使大量隐私信息存储在网络上，为恶意攻击者提供了丰富的潜在目标；另一方面，由于监管的困难及安全防范的不足，恶意攻击者也更容易通过网络实施各种侵犯隐私的行为。2011 年 12 月，世纪乐知（Chinese Software Developer Network，CSDN）的安全系统遭到了黑客攻击，600 万名用户的登录名、密码及邮箱遭到了泄露。此外，层出不穷的各类网上隐私照片泄露事件也都在提醒人们，存储在网络上的隐私其实处在一个十分容易泄露的环境中。

显然，仅仅依靠法律规范来保护隐私还远远不够，必须要从技术上防止恶意用户窃取用户隐私。

保护隐私信息最常见的技术是加密。信息经过加密后，可读的明文信息会被转变为无法识别的密文信息。即使密文被攻击者窃取，在没有密钥的情况下，攻击者也很难获得有效信息。因此，加密是保护隐私信息的有效手段。随着计算机及互联网技术的发展，人们越来越多地依靠互联网传输并存储信息，其中不乏隐私信息，如网络用户的敏感信息，甚至是经济、政治、军事机密。为了保障信息的安全，人们通常需要把敏感信息加密后再存储到网络上。

在具体应用中，隐私即为数据拥有者不愿意披露的敏感信息，包括敏感数据以及数据所表征的特性，如个人的兴趣爱好、身体状况、宗教信仰、公司的财务信息等。但当针对不同数据以及数据拥有者时，隐私的定义也会存在差别。例如，保守的病人会视疾病信息为隐私，而开放的病人却不会视之为隐私。从隐私拥有者的角度而言，隐私通常可分为以下两类。

（1）个人隐私

个人隐私（privacy of individual）一般是指数据拥有者不愿意披露的敏感信息，如个人的兴趣爱好、健康状况、收入水平、宗教信仰和政治倾向等。

由于人们对隐私的限定标准不同，因此对隐私的定义也就有所差异。一般来说，任何可以确定是个人的，但个人不愿意披露的信息都可以认定为是个人隐私。在个人隐私的概念中主要涉及 4 个范畴：① 信息隐私、收集和处理个人数据的方法和规则，如个人信用信息、医疗和档案信息，信息隐私也被认为是数据隐私；② 人身隐私，涉及侵犯个人物理状况相关的信息，如基因测试等；③ 通信隐私，信件、电话、电子邮件以及其他形式的个人通信的信息；④ 空间隐私，对干涉自有地理空间的制约，包括办公场所、公共场所，如搜查、跟踪、身份检查等。

（2）共同隐私

共同隐私（privacy of corporate）与个人隐私相对应，是指群体的私生活安宁不受群体之外的任何他人非法干扰，群体内部的私生活信息不被他人非法搜集、探听和公开。公开共同隐私一般需要共同隐私人全部同意。在没有征得共同隐私的其他成员的同意与许可的情况下，披露共同隐私一般情况下也属于侵权行为。但是，如果共同隐私主体之一或者全部为公众人物或者官员，则他们的隐私和共同隐私的保护也会受到社会公共利益的限制。为了满足人们知情权的需要以及舆论监督的需要，有时候需要对共同隐私予以必要的限制，即在特殊情况下，未经当事人同意而披露这部分共同隐私不属于侵犯隐私权。如果当事人有特别约定部分共同隐私人可以披露他们的共同隐私，则其也不会被视为侵权。另外，如果法律有特别规定，则也不应该视为侵犯共同隐私其他方的隐私权。共同隐私不仅包含个人的隐私，还包含所有个人共同表现出的、但不愿被暴露的信息，如公司员工的平均薪资、薪资分布等信息。

6.1.2　隐私与安全

隐私与安全存在紧密关系，但也存在一些细微差别。一般地，隐私总是相对于用户个人而言的，它与公共利益、群体利益无关，是指当事人不愿他人知道或他人不便知道的个人信息，当事人不愿他人干涉或他人不便干涉的个人私事，以及当事人不愿他人侵入或他人不便侵入的个人领域。

传统个人隐私在网络环境中主要表现为个人数据，包括可用来识别或定位个人的信息（如电话号码、地址和信用卡号等）、敏感的信息（如个人的健康状况、财务信息、公司的重要文件等）。网络环境下对隐私权的侵害也不再简单地表现为对个人隐私的直接窃取、扩散和侵扰，而更多的是收集大量的个人资料，通过数据挖掘方法分析出个人并不愿意让他人知道的信息。

安全更多地与系统、组织、机构、企业等相关。安全涉及的范围更广，影响范围更大，在我们日常的物联网信息生活中，安全问题一定存在，包括身份认证、访问控制、病毒检测和网络管理等。

另外，安全是绝对的，而隐私则是相对的。因为对某人来说属于个人隐私的事情，对他人来说可能不是隐私。而安全问题往往和个人的喜好关系不大，每个人的安全需求基本类同。况且，信息安全对个人隐私保护具有重大的影响，甚至决定了隐私保护的强度。

6.1.3　隐私度量

随着无线通信技术和个人通信设备的飞速发展，各种计算机、通信技术悄无声息地融入了人们的日常生活，深刻地影响着人们的生活方式。人们在利用这些技术享受信息时代的各种信息服务带来的便利的同时，个人隐私信息也难免会遭到威胁。虽然这些服务中融入了隐私保护技术，但是，再完美的技术也难免存在漏洞，面对恶意攻击者的强大攻击能力和可变的背景知识，个人隐私信息仍旧会泄露。这些隐私保护技术应用于实际生活中的效果如何？它们到底在多大程度上保护了用户的隐私？基于此，隐私度量的概念应运而生。

隐私度量就是指评估个人的隐私水平与隐私保护技术应用于实际生活中能达到的效果，同时也是为了测量"隐私"这个概念而被提出的。度量和量化用户的隐私水平是非常重要且必不可少的，它可以度量给定的隐私保护系统所能提供的真实的隐私水平，分析影响隐私保护技术实际效果的各个隐私，并为隐私保护技术设计者提供重要的参考。

不同的隐私保护系统的隐私保护技术的度量方法和度量指标有所不同，下面将从数据库隐私、位置隐私、数据隐私 3 个方面介绍隐私的概念与度量方法。

6.1.3.1　数据库隐私度量

隐私保护技术需要在保护隐私的同时，兼顾数据的可用性。通常从以下两个方面对数据库隐私保护技术进行度量。

（1）隐私保护度

通常通过发布数据的披露风险来反映隐私保护度。披露风险越小，隐私保护度越高。

（2）数据可用性

数据可用性是对发布数据质量的度量，它可以反映通过隐私保护技术处理后数据的信息丢失情况：数据缺损越高，信息丢失越多，数据利用率越低。具体的度量指标有：信息缺损的程度、重构数据与原始数据的相似度等。

6.1.3.2　位置隐私度量

位置隐私保护技术需要在保护用户隐私的同时，能为用户提供较高的服务质量。通常从以下两个方面对位置隐私保护技术进行度量。

（1）隐私保护度

一般通过位置隐私或查询隐私的披露风险来反映隐私保护度。披露风险越小，隐私保护度越高。披露风险越大，隐私保护度越低。披露风险是指在一定的情况下，用户位置隐私或查询隐私泄露的概率。披露风险依赖于攻击者掌握的背景知识和隐私保护算法。攻击者掌握的关于用户查询内容属性和位置信息的背景知识越多，披露风险越大。

（2）服务质量

在位置隐私保护中，通常采用服务质量来衡量隐私算法的优劣。在相同的隐私保护度下，移动对象获得的服务质量越高说明隐私保护算法越好。一般情况下，服务质量由查询响应时间、计算和通信开销、查询结果的精确性等来衡量。

6.1.3.3　数据隐私度量

数据隐私披露风险是指由于个人的敏感数据或者企业和组织的机密数据被恶意攻击者或非法用户获取后，他们可以借助某些背景知识推理出个人的隐私信息或者企业和组织的机密信息，从而给个人、企业和组织带来严重损失。保护敏感数据常用的方法之一就是采用密码技术对敏感数据进行加密，因此，主要从机密性、完整性和可用性 3 个方面对数据隐私进行度量。

（1）机密性

数据必须按照数据拥有者的要求保证一定的机密性，不会被非授权的第三方非法获知。敏感的机密信息只有得到拥有者的许可后，其他人才能够获得该信息。信息系统必须能够防止信息的非授权访问和泄露。

（2）完整性

完整性是指信息安全、精确和有效，不因人为因素而改变信息原有的内容、形式和流向，即不能被未授权的第三方修改。它包含数据完整的内含，既要保证数据不被非法篡改和删除，又要包含系统的完整性内含，即保证系统以无害的方式按照预定的功能运行，不受有意的或意外的非法操作破坏。数据的完整性包括正确性、有效性和一致性。

（3）可用性

可用性是指数据资源能够提供既定的功能，无论何时何地，只要需要即可使用，而不会受系统故障和误操作等影响，此类影响会导致使用资源丢失或妨碍资源使用，进而使服务不能得到及时的响应。

6.1.4　隐私保护技术分类

隐私保护技术是为了既能使用户享受各种服务和应用，又能保证其隐私不被泄露和滥用。在数据库隐私保护、位置隐私保护、数据隐私保护的研究中已经提出了大量的隐私保护技术，这些技术有些是相同的，有些因面向具体应用而不同。

下面从数据库隐私、位置隐私和数据隐私 3 个方面介绍常用的隐私保护技术。

6.1.4.1　数据库隐私保护技术

一般来说，数据库中的隐私保护技术大致可以分为 3 类。

① 基于数据失真的技术，可使敏感数据失真但同时保持某些数据或数据属性不变。例如，采用添加噪声、交换等技术对原始数据进行扰动处理，但要求处理后的数据仍然可以保持某些统计方面的性质，以便进行数据挖掘等操作。

② 基于数据加密的技术，它是一种采用加密技术在数据挖掘过程中隐藏敏感数据的技术，多用于分布式应用环境，如安全多方计算法。

③ 基于限制发布的技术，可根据具体情况有条件地发布数据，如不发布数据的某些阈值、进行数据泛化等。

基于数据失真的技术，效率比较高，但是存在一定程度的信息丢失；基于数据加密的技术则刚好相反，它能保证最终数据的准确性和安全性，但计算开销比较大；而基于限制发布的技术的优点是能保证所发布的数据一定真实，但发布的数据会有一定的信息丢失。

6.1.4.2　位置隐私保护技术

目前的位置隐私保护技术大致可分为 3 类。

① 基于策略的隐私保护技术，是指通过制定一些常用的隐私管理规则和可信任的隐私协定来约束服务提供商，使其公平、安全地使用用户的个人位置信息。

② 基于匿名和混淆的隐私保护技术，是指利用匿名和混淆技术分隔用户的身份标志和其所在的位置信息，降低用户位置信息的精确度以达到隐私保护的目的，如 k-匿名技术。

③ 基于空间加密的隐私保护技术，是通过对空间位置进行加密以达到匿名的效果，如 Hilbert 曲线法。

基于策略的隐私保护技术实现简单，服务质量高，但其隐私保护效果差；基于匿名和混淆的隐私保护技术在服务质量和隐私保护度上取得了较好的平衡，是目前位置隐私保护的主流技术；基于空间加密的隐私保护技术能够提供严格的隐私保护，但其需要额外的硬件和复杂的算法支持，计算开销和通信开销比较大。

6.1.4.3 数据隐私保护技术

对于传统的敏感数据可以采用加密、Hash 函数、数字签名、数字证书、访问控制等技术来保证其机密性、完整性和可用性。随着新型计算模式（如云计算、移动计算、社会计算等）的不断出现与应用，我们对数据隐私保护技术提出了更高的要求。传统网络中的隐私主要发生在信息传输和存储的过程中，而外包计算模式下的隐私不仅要考虑数据传输和存储过程中的隐私问题，还要考虑数据计算过程中可能出现的隐私泄露问题。外包数据计算过程中的数据隐私保护技术，按照运算处理方式不同可分为两种。

① 支持计算的加密技术，是一类能满足支持隐私保护的计算模式（如算数运算、字符运算等）的要求，通过加密手段保证数据的机密性，同时密文能支持某些计算功能的加密方案的统称，如同态加密技术。

② 支持检索的加密技术，是指在加密状态下可以对数据进行精确检索和模糊检索，从而保护数据隐私的技术，如密文检索技术。

6.2　数据库隐私保护

6.2.1　数据库的隐私威胁模型

目前，隐私保护技术在数据库中的应用主要集中在数据挖掘和数据发布两个领域。数据挖掘中的隐私保护（Privacy Protection Data Mining，PPDM）是指如何在能保护用户隐私的前提下进行有效的数据挖掘；数据发布中的隐私保护（Privacy Protection Data Publish，PPDP）是指如何在保护用户隐私的前提下发布用户的数据，以供第三方有效地研究和使用。

图 6-1 描述了数据收集和数据发布的一个典型场景。

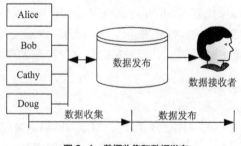

图 6-1　数据收集和数据发布

在数据收集阶段，数据发布者从数据拥有者（如 Alice，Bob 等）处收集到了大量的数据。在数据发布阶段，数据发布者发布收集到的数据给挖掘用户或公共用户，这里也将他们称为数据接收者，它能够在发布的数据上进行有效的数据挖掘以便于研究和利用。这里讲的数据挖掘具有广泛的意义，并不仅限于模式挖掘和模型构建。例如，疾病控制中心须收集各医疗机构的病历信息，以进行疾病的预防与控制。某医疗机构从患者那里收集了大量的数据，并且把这些数据发布给疾病控制中心。本例中，医疗机构是数据发布者，患者是数据记录拥有者，疾病控制中心是数据接收者。疾病控制中心进行的数据挖掘可以是从糖尿病患者的简单计数到任何事情的聚类分析。

有两种计算模型针对数据发布者。在不可信计算模型中，数据发布者是不可信的，它可能会尝试从数据拥有者那里识别敏感信息。各种加密方法、匿名通信方法以及统计方法等都可用于从数据拥有者那里匿名收集数据而不泄露数据拥有者的身份标志。在可信计算模式中，数据发布者是可信的，而且数据拥有者也愿意提供他们的数据给数据发布者。但是，数据接收者是不可信的。

数据挖掘与知识发现在各个领域都扮演着非常重要的角色。数据挖掘的目的在于从大量的数据中抽取出潜在的、有价值的知识（模型或规则）。传统的数据挖掘技术在发现知识的同时会给数据的隐私带来严重威胁。例如，疾病控制中心在收集各医疗机构的病历信息的过程中，传统数据挖掘技术将不可避免地会暴露患者的敏感数据（如所患疾病），而这些敏感数据是数据拥有者（医疗机构、病人）不希望被揭露或被他人知道的。

6.2.2　数据库的隐私保护技术

隐私保护技术是为了解决数据挖掘和数据发布中的数据隐私暴露问题。隐私保护技术在具体实施时需要考虑以下两个方面：①如何保证数据应用过程中不泄露数据隐私；②如何更有利于数据的应用。下面将分别对基于数据失真的隐私保护技术、基于数据加密的隐私保护技术、基于限制发布的隐私保护技术进行详细介绍。

6.2.2.1　基于数据失真的隐私保护技术

数据失真技术是通过扰动原始数据来实现隐私保护的，扰动后的数据需要满足：①攻击者不能发现真实的原始数据，即攻击者不能通过发布的失真数据并借助一定的背景知识重构出真实的原始数据；②经过失真处理后的数据要能够保持某些性质不变，即利用失真数据得出的某些信息和从原始数据中得出的信息要相同，如某些统计特征要一样，这保证了基于失真数据的某些应用是可行的。

基于失真的隐私保护技术主要采用随机化、阻塞、凝聚等技术。

（1）随机化

数据随机化就是在原始数据中加入随机噪声，然后发布扰动后的数据。随机化技术包括随机扰动和随机应答两类。

① 随机扰动。随机扰动采用随机化技术来修改敏感数据，达到对数据隐私的保护。图 6-2（a）给出了随机扰动的过程。攻击者只能截获或观察扰动后的数据，这样就实现了对真实数据 X 的隐藏，但是扰动后的数据仍然保留着原始数据的分布信息。通过对扰动数据进行重构，如图 6-2（b）所示，可以恢复原始数据 X 的信息，但不能重构原始数据的精确值 $x_1, x_2, \cdots, x_n$。

输入	a. 原始数据$x_1, x_2, \cdots, x_n$, 服从未知X分布 b. 扰动数据$y_1, y_2, \cdots, y_n$, 服从特定Y分布		输入	a. 随机扰动后的数据$x_1+y_1, x_2+y_2, \cdots, x_n+y_n$ b. 扰动数据的分布Y
输出	随机扰动后的数据$x_1+y_1, x_2+y_2, \cdots, x_n+y_n$		输出	原始数据分布X

　　　　　　　（a）随机扰动过程　　　　　　　　　　　　　　　　（b）重构过程

图 6-2　随机扰动与重构过程

　　随机扰动技术可以在不暴露原始数据的情况下进行多种数据挖掘操作。由于扰动后的数据通过重构得到的数据分布几乎和原始数据的分布相同,因此,利用重构数据的分布进行决策树分类器训练后,得到的决策树能很好地对数据进行分类。在关联规则挖掘中,可以通过在原始数据中加入大量伪项来隐藏频繁项集,再通过在随机扰动后的数据上估计项集的支持度来发现关联规则。除此之外,随机扰动技术还可以被应用到联机分析处理(Online Analytical Processing, OLAP)上,实现对隐私的保护。

　　② 随机应答。随机应答是指数据拥有者在扰动原始数据后再将其发布,以使攻击者不能以高于预定阈值的概率得出原始数据是否包含某些真实信息或伪信息。虽然发布的数据不再真实,但是在数据量比较大的情况下,统计信息和汇聚信息仍然可以被较为精确地估计出来。随机应答和随机扰动的不同之处在于敏感数据是通过一种应答特定问题的方式提供给外界的。

　　(2)阻塞与凝聚

　　随机化技术的一个无法避免的缺点是:针对不同的应用都需要设计特定的算法以对转换后的数据进行处理,因为所有的应用都需要重建数据的分布。凝聚技术可以克服随机化技术的这一缺点,它的基本思想是:将原始数据分成组,每组内存储着由k条记录产生的统计信息,包括每个属性的均值、协方差等。这样,只要是采用凝聚技术处理的数据,都可以用通用的重构算法进行处理,并且重构后的数据并不会披露原始数据的隐私,因为同一组内的k条记录是两两不可区分的。

　　与随机化技术修改敏感数据、提供非真实数据的方法不同,阻塞技术采用的是不发布某些特定数据的方法,因为某些应用更希望基于真实数据进行研究。例如,可以通过引入代表不确定值的符号"?"来实现对布尔关联规则的隐藏。由于某些值被"?"代替,所以对某些项集的计数是一个不确定的值,此值位于一个最小估计值和最大估计值之间。于是,对敏感关联规则的隐藏就是在数据中的阻塞尽量少的情况下,将敏感关联规则可能的支持度和置信度控制在预定的阈值以下。另外,利用阻塞技术还可以实现对分类规则的隐藏。

6.2.2.2　基于数据加密的隐私保护技术

　　基于数据加密的隐私保护技术多用于分布式应用中,如分布式数据挖掘、安全查询、几何计算、科学计算等。分布式应用的功能实现通常会依赖于数据的存储模式和站点的可信度及其行为。

　　分布式应用采用垂直划分和水平划分两种数据模式存储数据。垂直划分数据是指分布式环境中每个站点只存储部分属性的数据,所有站点存储的数据不重复;水平划分数据是将数据记录存储到分布式环境中的多个站点,所有站点存储的数据不重复。分布式环境下的站点,根据其行为可以分为准诚信攻击者和恶意攻击者。准诚信攻击者是遵守相关计算协议但仍试图进行攻击的站点;恶意攻击者是不遵守相关计算协议且试图披露隐私的站点。一般会假设所有站点为准诚信攻击者。

基于加密技术的隐私保护技术主要有安全多方计算、分布式匿名化、分布式关联规则挖掘、分布式聚类等。

（1）安全多方计算

安全多方计算协议是密码学中非常活跃的一个学术领域，它有很强的理论和实际意义。一个简单安全多方计算的实例就是著名华人科学家姚期智提出的百万富翁问题：两个百万富翁 Alice 和 Bob 都想知道他俩谁更富有，但他们都不想让对方知道关于自己财富的任何信息。

按照常规的安全协议运行之后，双方只知道谁更加富有，而对对方具体有多少财产却一无所知。

通俗地讲，安全多方计算可以被描述为一个计算过程：两个或多个协议参与者基于秘密输入来计算一个函数。安全多方计算假定参与者愿意共享一些数据用于计算。但是，每个参与者都不希望自己的输入被其他参与者或任何第三方知道。

一般来说，安全多方计算可以看成是在具有 n 个参与者的分布式网络中私密输入为 $x_1, x_2, \cdots, x_n$ 的计算函数 $f(x_1, x_2, \cdots, x_n)$，其中参与者 i 仅知道自己的输入 x_i 和输出 $f(x_1, x_2, \cdots, x_n)$，再没有任何其他多余信息。如果假设有可信第三方存在，则这个问题的解决就会变得十分容易，参与者只需要将自己的输入通过秘密通道传送给可信第三方，由可信第三方计算这个函数，然后将计算结果广播给每一个参与者即可。但是在现实中很难找到一个让所有参与者都信任的可信第三方。因此，安全多方计算协议主要是针对在无可信第三方的情况下安全计算约定函数的问题。

众多分布式环境下基于隐私保护的数据挖掘应用都可以抽象成无可信第三方参与的安全多方计算问题，即如何使两个或多个站点通过某种协议完成计算后，每一方都只知道自己的输入和所有数据计算后的结果。

由于安全多方计算基于了"准诚信模型"这一假设，因此其应用范围有限。

（2）分布式匿名化

匿名化就是隐藏数据或数据来源，因为大多数应用都需要对原始数据进行匿名处理以保证敏感信息的安全，然后在此基础上进行数据挖掘与发布等操作。分布式下的数据匿名化都面临在通信时如何既保证站点数据隐私又能收集到足够信息以实现利用率尽量大的数据匿名这一问题。

以在垂直划分的数据环境下实现两方分布式 k-匿名为例来说明分布式匿名化。假设有两个站点 S_1、S_2，它们拥有的数据分别是 $\{ID, A_1, A_2, \cdots, A_n\}$ 和 $\{ID, B_1, B_2, \cdots, B_n\}$，其中，$A_i$ 为 S_1 拥有数据的第 i 个属性。利用可交换加密在通信过程中隐藏原始信息，在构建完整的匿名表时判断是否"满足 k-匿名条件"先实现。分布式 k-匿名算法如下所示。

输入：站点 S_1、S_2，数据 $\{ID, A_1, A_2, \cdots, A_n\}$、$\{ID, B_1, B_2, \cdots, B_n\}$

输出：k-匿名数据表 $T^\times$

过程：① 2 个站点分别产生私有密钥 K_1 和 K_2，且须满足：$E_{K_1}(E_{K_2}(D)) = E_{K_2}(E_{K_1}(D))$，其中 D 为任意数据。

　　② 表 $T^\times \leftarrow$ NULL。

　　③ while $T^\times$ 中数据不满足 k-匿名条件 do。

　　④ 站点 i（i=1 或 2）

　　　　a. 泛化 $\{ID, A_1, A_2, \cdots, A_n\}$ 为 $\{ID, A_1^\times, A_2^\times, \cdots, A_n^\times\}$，其中 $A_1^\times$ 表示 A_1 泛化后的值；

　　　　b. $\{ID, A_1, A_2, \cdots, A_n\} \leftarrow \{ID, A_1^\times, A_2^\times, \cdots, A_n^\times\}$；

---

c. 用 K_i 加密 $\{ID, A_1^{\times}, A_2^{\times}, \cdots, A_n^{\times}\}$ 并将其传递给另一站点；

d. 用 K_i 加密另一站点加密的泛化数据并回传；

e. 根据两个站点加密后的 ID 值对数据进行匹配，构建经 K_1 和 K_2 加密后的数据表 $T^{\times}\{ID, A_1^{\times}, A_2^{\times}, \cdots, A_n^{\times}, \ ID, B_1, B_2, \cdots, B_n\}$。

⑤ end while。

在水平划分的数据环境中，可以通过引入第三方，利用满足性质的密钥来实现数据的 k-匿名化：每个站点加密私有数据并将其传递给第三方，当且仅当有 k 条数据记录的准标志符属性值相同时，第三方的密钥才能将这 k 条数据记录进行解密。

（3）分布式关联规则挖掘

在分布式环境下，关联规则挖掘的关键是计算项集的全局计数，加密技术能保证在计算项集计数的同时，不会泄露隐私信息。例如，在数据垂直划分的分布式环境中，需要解决的问题是：如何利用分布在不同站点的数据计算项集计数，找出支持度大于阈值的频繁项集。此时，在不同站点之间计数的问题被简化为在保护隐私数据的同时，在不同站点间计算标量积的问题。

（4）分布式聚类

基于隐私保护的分布式聚类的关键是安全地计算数据间的距离，聚类模型有 Naïve 聚类模型（K-means）和多次聚类模型，两种模型都利用了加密技术来实现信息的安全传输。

① Naïve 聚类模型：各个站点将数据加密方式安全地传递给可信第三方，由可信第三方进行聚类后返回结果。

② 多次聚类模型：首先各个站点对本地数据进行聚类并发布结果，然后通过对各个站点发布的结果进行二次处理，实现分布式聚类。

6.2.2.3 基于限制发布的隐私保护技术

限制发布是指有选择地发布原始数据、不发布或者发布精度较低的敏感数据以实现隐私保护。当前基于限制发布的隐私保护技术主要采用数据匿名化技术，即在隐私披露风险和数据精度之间进行折中，有选择地发布敏感数据及可能披露敏感数据的信息，但保证敏感数据及隐私的披露风险在可容忍的范围内。

数据匿名化一般采用两种基本操作。

① 抑制。抑制某数据项，即不发布该数据项。

② 泛化。泛化指对数据进行更抽象的和概括性的描述。例如，可把年龄 30 岁泛化成区间 [20,40] 的形式，因为 30 在区间 [20,40] 内。

数据匿名化处理的原始数据一般为数据表形式，表中每一行都是一个记录，对应一个人。每条记录包含多个属性（数据项），这些属性可分为 3 类。

① 显式标志符（explicit identifier），能唯一表示单一个体的属性，如身份证、姓名等。

② 准标志符（quasi-identifiers），几个属性联合起来可以唯一标志一个人，如邮编、性别、出生年月等联合起来可能就是一个准标志符。

③ 敏感属性（sensitive attribute），包含用户隐私数据的属性，如疾病、收入、宗教信仰等。

表 6-1 所示为某家医院的原始诊断记录，每一条记录（行）都对应一个唯一的病人，其中 {"姓名"} 为显示标志符属性，{"年龄""性别""邮编"} 为准标志符属性，{"疾病"} 为敏感属性。

表 6-1　某医院原始诊断记录

姓名	年龄	性别	邮编	疾病
Betty	25	女	12300	肿瘤
Linda	35	男	13000	消化不良
Bill	21	男	12000	消化不良
Sam	35	男	14000	肺炎
John	71	男	27000	肺炎
David	65	女	54000	胃溃疡
Alice	63	女	24000	流行感冒
Susan	70	女	30000	支气管炎

传统的隐私保护方法是先删除表 6-1 中的显示标志符"姓名",然后再将其发布出去。表 6-2 给出了表 6-1 的匿名数据。假设攻击者知道表 6-2 中有 Betty 的诊断记录,而且攻击者知道 Betty 年龄是 25 岁,性别是女,邮编是 12300,则根据表 6-2,攻击者可以很容易地确定 Betty 对应表中的第一条记录。因此,攻击者可以肯定 Betty 患了肿瘤。

表 6-2　某医院原始诊断记录(匿名)

年龄	性别	邮编	疾病
25	女	12300	肿瘤
35	男	13000	消化不良
21	男	12000	消化不良
35	男	14000	肺炎
71	男	27000	肺炎
65	女	54000	胃溃疡
63	女	24000	流行感冒
70	女	30000	支气管炎

显然,由传统的数据隐私保护算法得到匿名数据不能很好地阻止攻击者根据准标志符信息推测目标个体的敏感信息。因此,需要有更加严格的匿名处理方法以达到保护数据隐私的目的。

(1)数据匿名化算法

大多数匿名化算法致力于解决根据通用匿名原则怎样更好地发布匿名数据这一问题,另一方面则致力于解决在具体应用背景下,如何使发布的匿名数据更有利于应用。

① 基于通用原则的匿名化算法

基于通用原则的匿名化算法通常包括泛化空间枚举、空间修剪、选取最优化泛化、结果判断与输出等步骤。基于通用原则的匿名化算法大都基于 k-匿名算法,不同之处仅在于判断算法结束的条件,而泛化策略、空间修剪等都是基本相同的。

② 面向特定目标的匿名化算法

在特定的应用场景下,通用的匿名化算法可能不能满足特定目标的要求。面向特定目标的匿名化算法就是针对特定应用场景的隐私化算法。例如,考虑到数据应用者需要利用发布的匿名数据构建分类器,因此设计匿名化算法时就需要考虑在保护隐私的同时,怎样使发布的数据更有利于分类器的构建，并且采用的度量指标要能直接反映出对分类器构建的影响。已有的自底向上的匿名化算法和自顶向下的匿名化算法都将信息增益作为度量。发布的数据信息丢失越少，构建的分类器的分类效果越好。自底向上的匿名化算法会在每次搜索泛化空间时，采用使信息丢失最少的泛化方案进行泛化，重复执行以上操作直到数据满足匿名原则的要求为止。自顶向下的匿名化算法的操作过程则与之相反。

③ 基于聚类的匿名化算法

基于聚类的匿名化算法将原始记录映射到特定的度量空间，再对空间中的点进行聚类以实现数据匿名。类似 k-匿名，算法保证每个聚类中至少有 k 个数据点。根据度量的不同，有 r-gather 和 r-cellular 两种聚类算法。在 r-gather 算法中，以所有聚类中的最大半径为度量对所有数据点进行聚类，在保证每个聚类至少包含 k 个数据点时，所有聚类中的最大半径越小越好。

基于聚类的匿名化算法主要面临以下两个挑战。

a. 如何对原始数据的不同属性进行加权（因为对属性的度量越准确，聚类的效果就越好）？

b. 如何使不同性质的属性同意映射到同一度量空间？

数据匿名化由于能处理多种类型的数据，并发布真实的数据，因此能满足众多实际应用的需求。图 6-3 所示是数据匿名化的场景及相关隐私匿名实例。可以看到，数据匿名化是一个复杂的过程，需要同时权衡原始数据、匿名化技术、匿名数据、背景知识、攻击者等众多因素。

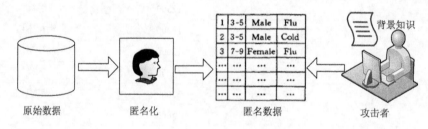

图 6-3 数据匿名化场景

（2）k-匿名规则

基于 k-匿名规则演化的各种数据发布方式将原始数据表中的属性分成了以下 3 类。

① 标志符属性

标志符属性是指唯一标志身份的个体属性，这种属性必须在数据发布之前从数据表中全部抹掉，如用户姓名、电话号码、身份证号码、联系方式等。

② 敏感属性

通常，包含了个体隐私信息的属性称为敏感属性，如身体健康状况、收入水平、年龄、籍贯等。

③ 准标志符属性

通过某些单个属性的连接来标志个体的唯一身份的属性，称为准标志符属性，其能够进行共享，也有可能会通过与其他的外部数据表进行连接而泄露隐私信息。

k-匿名规则：是指要求其在所发布的数据表中的每一条记录，不能区别于其他 $k-1$（k 为正整数）条记录，这些不能相互区分的 k 条记录称为一个等价类。

等价类：就是在准标志符上的投影完全相同的记录所组成的等价组，它是针对非敏感属性值而言的，是不能被区分的。

全局泛化：指对于每一个相同的簇，至少包含 k 个元组，它们对于簇中准标志符的属性的取值完全相同，即属性均被泛化。如表 6-3 所示，这是一个对于年龄属性全局泛化的例子，年龄在所有簇中的取值相同。

表 6-3　年龄属性全局泛化的 k-匿名表

年龄	性别	国籍	年收入（元）
[25,45]	男	印度（India）	≥40k
[25,45]	男	印度（India）	≤30k
[25,45]	女	德国（Germany）	[30, 40)k
[25,45]	女	德国（Germany）	≥40k
[25,45]	男	澳大利亚（Australia）	≥40k
[25,45]	男	澳大利亚（Australia）	≥40k

局部泛化：指每个簇中的准标志符属性相同，并且均大于 k，但是簇间的属性泛化后的值却不相同。局部泛化的 k-匿名表如表 6-4 所示。

表 6-4　局部泛化的 k-匿名表

年龄	性别	国籍	年收入（元）
[26,30]	男	印度（India）	≥40k
[26,30]	男	印度（India）	≤30k
[31,35]	女	德国（Germany）	[30, 40)k
[31,35]	女	德国（Germany）	≥40k
[36,40]	男	澳大利亚（Australia）	≥40k
[36,40]	男	澳大利亚（Australia）	≥40k

在传统 k-匿名的基础上，人们从多个方面对 k-匿名进行了优化和改进。改进后的算法主要有多维 k-匿名算法、Datefly 算法、Incognito 算法、Classfly 算法、Mingen 算法等。

k-匿名方法通常采用泛化和压缩技术对原始数据进行匿名化处理以便得到满足 k-匿名规则的匿名数据，从而使得攻击者不能根据发布的匿名数据准确地识别出目标个体的记录。

k-匿名规则要求每个等价类中至少包含 k 条记录，即匿名数据中的每条记录都至少不能和其他 $k-1$ 条记录区分开来，这样可以防止攻击者根据准标志符属性识别目标个体对应的记录。一般 k 值越大对隐私的保护效果越好，但丢失的信息越多，数据还原越难。

表 6-5 给出了使用泛化技术得到的表 6-2 的 $k=4$ 时的 k-匿名数据（简称 4-匿名数据）。

表 6-5　4-匿名数据

组标识	年龄	性别	邮编	疾病
1	[2, 60]	女	[12000,15000]	肿瘤
1	[2, 60]	男	[12000,15000]	消化不良
1	[2, 60]	男	[12000,15000]	消化不良
1	[2, 60]	男	[12000,15000]	肺炎

组标识	年龄	性别	邮编	疾病
2	[61, 75]	男	[23000,55000]	肺炎
2	[61, 75]	女	[23000,55000]	胃溃疡
2	[61, 75]	女	[23000,55000]	流行感冒
2	[61, 75]	女	[23000,55000]	支气管炎

k-匿名规则切断了个体与数据库中某条具体记录的联系，可以防止敏感属性值泄露，而且每个个体身份被准确标志的概率最大为 $1/k$，这在一定程度上保护了个人隐私。然而，数据表在匿名化过程中并未对敏感属性做任何约束，这也可能会导致隐私泄露。k-匿名的泛化技术的思想是将原始数据中的记录划分成多个等价类，并用更抽象的值替换同一等价类中记录的准标志符属性值，使每个等价类中的记录都拥有相同的准标志符属性值。这样，同一等价类内若敏感属性值较为集中，甚至完全相同（可能在形式上，也可能在语义上），则即使满足 k-匿名要求，也很容易推理出与指定个体相应的敏感属性值。除此之外，攻击者也可以通过自己掌握的足够的相关背景知识以很高的概率来确定敏感数据与个体的对应关系，从而导致隐私泄露。因此，攻击者可以根据准标志符属性值来区分同一等价类的所有记录。

k-匿名方法的缺点在于并没有考虑敏感属性的多样性问题，攻击者可以利用一致性攻击（homogeneity attack）和背景知识攻击（background knowledge attack）来确认敏感数据与个人的联系，进而导致隐私泄露。

常见的针对匿名化模型的攻击方式有以下 4 种。

① 链接攻击：某些数据集存在其自身的安全性，即孤立情况下不会泄露任何隐私信息，但是当恶意攻击者利用其他存在属性重叠的数据集进行链接操作时，便可能唯一识别出特定的个体，从而获取该个体的隐私信息。将医疗信息和选举人信息结合在一起，能够发现两个数据集的共有属性，这样，恶意攻击者通过链接攻击就能够轻易确定选举人的医疗信息情况。因此，该类攻击手段会造成极其严重的隐私泄露。

② 同质攻击：当通过链接攻击仍然无法唯一确认个体时，存在个体对应的多条记录拥有同一条敏感隐私信息，从而造成隐私的泄露，这一过程称为同质攻击。

③ 相似性攻击：由于敏感信息往往存在敏感度类似的情况，因此攻击者虽然无法唯一确定个体，但是如果个体对应的多条记录拥有相似的敏感信息，则可推测出个体的大概隐私情况。例如，某个体患有极其不愿为人所知的疾病，这也属于一种无法回避的严重攻击。虽然该攻击类似于同质攻击，并且不如同质攻击泄露得那么直接，但其发生的可能性极大，给被泄露者造成的心理压力往往难以预料，因此需要特别重视此种攻击手段。

④ 背景知识攻击：指攻击者掌握了某个体的某些具体信息，通过链接攻击后即使只能得到某个体对应的多条信息记录，并且记录间的敏感属性也完全不同或不相似，也能根据所掌握的背景知识，从多条信息记录中找出唯一对应的信息记录，从而获取到该个体的隐私信息。

(a,k)-匿名规则、l-多样性规则、t-逼近规则等算法在此基础之上都进行了相应程度的改进。

（3）(a, k)-匿名模型

(a, k)-匿名模型是一种扩展后的 k-匿名模型，其目的是保护标志属性与敏感信息之间的关联关系不被泄露，从而防止攻击者根据已经知道的准标志符属性的信息找到敏感属性值。该模型要求发布的数据值在满足 k-匿名原则的同时，还需要保证这些数据里包含的每个等价类中任意一个敏感属性值出现的次数与等价类个数的百分比小于 a。

a 表示某个敏感属性可以接受的最大泄露概率，它所反映的是一个隐私属性值所应该受到的保护程度，因此 a 的设置至关重要，它是根据每个敏感属性值的重要程度设置的。a 的数值越小，该敏感属性值的泄露概率就越小，隐私保护程度就越高。a 的数值越大，该敏感属性值的泄露概率就越大。

例如，在处理工资信息时，需要重点关注的是超高收入人群和超低收入人群，这是因为往往这两个群体会更加在意他们的工资信息是否被泄露。然而对于那些工资处于平均水平的人群来说，他们对个人工资信息的保护欲则较低。这种情况下，敏感属性值就可以设置得大一些，甚至可以设为 1。可以理解为该敏感属性值与保护等级相关联。通过设定阈值 a，能更加有效地防止隐私信息的泄露，从而提高隐私信息的保护程度。

如表 6-6 所示，在外部数据表中，姓名为标志符属性，已经将其删除。年龄、性别、国籍为准标志符属性，年收入为敏感属性。给定数据表 RT $(A_1, A_2, \cdots, A_n)$，QI 是与 RT 相关联的准标志符。若仅在 RT [QI] 中出现的每个值序列，至少在 RT[QI] 中出现过 k 次，这里的 $k=2$，则 RT 就满足 k-匿名。若敏感属性中的每个取值出现的频率都小于 a，这里 a 设置为 0.5，则 RT 就满足 (a, k)-匿名。

表 6-6　$(0.5, 2)$-匿名表

年龄	性别	国籍	年收入（元）
[26,35]	男	印度（India）	≥50k
[26,35]	男	印度（India）	≤30k
[36,40]	女	德国（Germany）	[30, 40)k
[36,40]	女	德国（Germany）	≥50k

（4）l-多样性规则

为了解决同质性攻击和背景知识攻击所带来的隐私泄露问题，研究人员在 k-匿名规则的基础上提出了 l-多样性（l-diversity）规则。

如果说数据表 RT′ 满足 k-匿名规则，且在同一等价类中的元组至少有 l 个不同的敏感属性，则称数据表 RT′ 满足 l-多样性规则。

l-多样性规则建立在 k-匿名规则的基础之上，其意义在于解决属性链接，降低敏感属性和准标志属性之间的相关联程度。该规则除了要求等价类中的元组数大于 k 以外，还要满足每组元组至少有 l 个不同的敏感属性。在一定程度上而言，l-多样性规则与 (a, k)-匿名规则的意义类似。表 6-7 所示是满足 2-多样性规则的匿名信息表，在每个等价类中，敏感属性收入取值均大于或等于 2，因此我们可以说表 6-7 满足 2-多样性规则。

表 6-7　2-多样性表

年龄	性别	国籍	年收入（元）
[26,35]	男	印度（India）	≥40k
[26,35]	男	印度（India）	≤30k
[36,40]	女	德国（Germany）	[30, 40)k
[36,40]	女	德国（Germany）	≥40k
[40,45]	男	印度（India）	≥40k
[40,45]	男	印度（India）	[30, 40)k

同理，表 6-5 发布的数据不仅满足 4-匿名规则，这满足 3-多样性规则，即每个等价类中至少有 3 个不同的敏感属性。

显然，l-多样性规则仍然将原始数据中的记录划分成了多个等价类，并利用泛化技术使每个等价类中的记录都拥有相同的准标志符属性，但是 l-多样性规则要求每个等价类中至少有 l 个不同的敏感属性。因此，l-多样性规则会使得攻击者最多以 $1/l$ 的概率确认某个体的敏感信息。

此外，l-多样性规则仍然采用泛化技术来得到满足隐私要求的匿名数据，而泛化技术的根本缺点在于丢失了原始数据中的大量信息。因此 l-多样性规则仍未解决 k-匿名规则会丢失原始数据中的大量信息这一问题。另外，l-多样性规则还不能阻止相似攻击（similarity attack）。

（5）t-逼近规则

t-逼近（t-closeness）规则要求匿名数据中的每个等价类中敏感属性值的分布接近于原始数据中的敏感属性值的分布，两个分布之间的距离不超过阈值 t。t-closeness 规则可以保证每个等价类中的敏感属性值具有多样性的同时在语义上也不相似，从而使其自身能够阻止相似攻击。但是，t-closeness 规则只能防止属性泄露，却不能防止身份泄露。因此，t-closeness 规则通常与 k-匿名规则同时使用以防止身份泄露。另外，t-closeness 规则仍是采用泛化技术的隐私规则，在很大程度上降低了数据发布的精度。

（6）Anatomy 方法

Anatomy 是肖小奎等人提出的一种高精度的数据发布隐私保护方法。Anatomy 首先利用原始数据产生满足 l-多样性规则的数据划分，然后将结果分成两张数据表发布，一张表包含每个记录的准标志符属性值和该记录的等价类 ID，另一张表包含等价类 ID、每个等价类的敏感属性值及其计数。这种将结果"切开"发布的方法，在提高准标志符属性值的同时，保证了发布的数据满足 l-多样性规则，对敏感数据提供了较好的保护。

6.3 位置隐私保护的概念与结构

6.3.1 位置与位置服务

位置是人或物体所在或所占的地方、所处的方位。位置的近义词是地址，也指一种空间分布。定位是指确定方位，确定场所或界限。本小节将介绍常用的定位方法和位置服务过程。

6.3.1.1 定位服务

定位服务即用户获取自己位置的服务，定位服务是基于位置的服务（Location Based Service，LBS）发展的基础，客户端只有获取到当前的位置后，才能进行 LBS 的查询。现在使用最广泛的定位方式主要有全球定位系统定位和基于第三方定位服务商（Location Provider，LP）所提供的 Wi-Fi 定位。

（1）全球定位系统定位

全球定位系统（Global Positioning System，GPS）通过全球 24 颗人造卫星，能够提供三维位置和三维速度等无线导航定位信息。在一个固定的位置完成定位需要 4 颗卫星，客户端首先需要搜索出 4 颗在当前位置可用的卫星，然后 4 颗卫星将其位置和与客户端的距离发送给客户端，最后由客户端的 GPS 芯片计算出客户端的当前位置。GPS 的定位精度较高，一般在 10 m 以内，但是其缺点也很明显：①首次搜索卫星时间相对较长；②GPS 无法在室内或建筑物相对密集的场所使用；③使用 GPS 的电量损耗较高。

为了解决首次搜索可定位卫星时间较长的问题，AGPS（Assisted GPS）技术被提出。AGPS 技术的特点主要是在定位时使用网络直接将当前地区的可用卫星信息下载下来用于定位，这不仅可以提高发现卫星的速度，还能够降低设备的电量使用情况。

（2）Wi-Fi 定位

Wi-Fi 定位不仅支持室外定位，也支持室内定位。Wi-Fi 设备分布广泛，每个 Wi-Fi 接入点（Access Point，AP）都有全球唯一的 Mac 地址，并且 AP 在一段时间内是不会大幅度移动的，移动设备可以收集到周围的 AP 信号，获取其 Mac 地址和信号强度（Received Signal Strength Indication，RSSI）。通常，LP 会通过现场采集或用户提交的方式建立自己的定位数据库，并对数据库进行定期更新。在定位过程中，LP 会要求移动客户端提交其周围的 AP 集合信息，并将这些信息作为其位置指纹，进而 LP 即可通过与定位数据库进行匹配计算估计出当前的位置。Wi-Fi 定位的精度通常在 80m 以内。

Wi-Fi 定位可以测量不同信号的到达时刻（Time of Arrival，TOA）或到达角度（Angle of Arrival，AOA），较用的是基于 Wi-Fi 指纹的定位。正如每个人的指纹不同，每个位置的 Wi-Fi 指纹也不同，一个确定位置的 Wi-Fi 指纹包括该位置采集的 AP 的 Mac 地址和 RSSI 的集合。

Wi-Fi 指纹定位主要包含两个步骤：离线采集和在线定位。

离线采集会将已知的确定位置作为参考点，将在该位置所采集到的 AP 的 Mac 地址和 RSSI 作为该位置的指纹，并将其加入数据库中。

在线定位会将在某个非确定位置采集到的 AP 的 Mac 地址和 RSSI 作为指纹以与指纹数据库进行匹配估计，从而获得用户的确切位置，常用的指纹数据库匹配算法包括最近邻（Nearest Neighbor，NN）算法、Top-K 近邻（Top K-Nearest Neighbor，TKNN）算法、距离加权 K 近邻算法（Weight K-Nearest Neighbors，WKNN）算法等。

6.3.1.2 基于位置的服务

基于位置的服务（LBS）是首先获取移动终端用户的位置信息，然后在地理信息系统（Geographic Information System，GIS）平台的支持下，为用户提供相应服务的一种增值业务。

图 6-4 展示了 LBS 的系统结构，包括定位组件、移动设备、LBS 提供商和通信网络等。

① 定位组件为确定移动设备的位置提供了基础，移动设备可以通过内置的 GPS 芯片或第三方网络定位提供商追踪其具体位置，并将位置信息传给应用程序。

② 移动设备是指可以连入网络并传递数据的电子设备，移动设备作为采集位置数据并发送 LBS 请求的基础，通常包括智能手机、笔记本计算机、智能手表和车联网设备等。

③ LBS 服务商是指可以为移动设备提供 LBS 服务的第三方，LBS 服务商通常拥有或可以创造基于位置的信息内容。

④ 通信网络用于将移动设备同 LBS 服务商或网络定位提供商相连接，实现它们之间的信息传输，包括无线通信网络、卫星网络等。

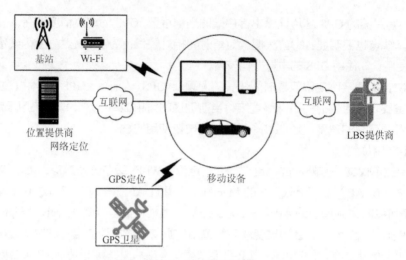

图 6-4 LBS 的系统结构

LBS 服务主要包含以下两个阶段。

① 位置获取阶段：移动设备通过 GPS 定位或者第三方网络定位获取当前位置的阶段。

② 服务获取阶段：移动设备将第一阶段获取的位置信息和查询的兴趣点发送给 LBS 提供商，LBS 提供商进行信息查询并将查询结果返回给移动设备的阶段。

6.3.1.3 位置服务的隐私安全问题

随着移动互联网技术的发展与智能手机设备的迅速普及，越来越多的人开始习惯于使用 LBS。LBS 应用程序在智能手机中得到了迅猛的发展，LBS 也获得了非常广泛的注意。为了使用 LBS，智能手机用户可以从应用商店下载基于位置的应用，这些应用首先通过 GPS 或网络等方式获取用户的位置，然后将用户的位置信息以及用户希望获得的服务通过查询请求的方式发送到 LBS 服务器，LBS 服务器进行相应的查询并将查询结果返回给用户。据统计全球数以亿计的智能手机、车载导航等设备每秒发送的位置信息就超过了 1 亿条。目前，位置服务覆盖了各行各业，被应用到了不同的领域，如健康、工作、个人生活等。

在位置服务过程中，用户产生的空间数据具有复杂、异构、实时、巨量等大数据特征，通过开放共享与智能管理，这些数据不仅可以为个人生活（如交通路线导航、周边兴趣点查询等）提供便利，也可以为政府决策（如重大事件应急响应、住宅小区规划等）和企业生产（如广告投放、商业布点等）提供精准服务。但是，用户在获取这些服务的过程中，数据服务器上会留下大量的用户记录，而且附着在这些记录上的上下文信息能够披露用户的生活习惯、兴趣爱好、日常活动、社会关系和身体状况等个人敏感信息。因此，如何在保护用户隐私的同时又能为用户提供高质量的数据分析与决策服务，是空间数据服务过程中必须解决的重要技术问题。

加密是一种保护数据隐私的有效方法，然而，加密后的数据不能直接进行检索和利用，不能有效地提供分析和决策支持，并不适合数据开放共享的应用场景。中国卫星导航定位协会公布的数据显示，我国卫星导航与位置服务产业总产值超过 2 000 亿元，国内导航定位终端产品总销量突破 10 亿台；根据思科公司的预测，到 2019 年，全球约有 46 亿部智能手机，每月全球移动互联网流量将达 24.3EB。如此大规模的数据，已超出了传统数据处理技术在可接受时间下获取、管理、检索、分析、挖掘和可视化的能力。

显然，服务提供商为了增强位置信息的精度，需要实时获取每个用户的位置及相关信息，以进一步提高用户的服务质量（如获得实时位置以提供更智能的路线规划方案）。用户在上传移动位置信息的同时，其个人隐私也会遭到泄露。一旦大量个人隐私信息被攻击者盗取，将导致整个社会产生安全信任危机。

此外，位置信息也可以被公开发布给相关研究机构和研究人员进行挖掘分析，并将分析结果作为决策依据。例如，某数据部门通过分析不同时间段的 GPS 位置数据来分析不同职业群体的饮食习惯；通过数据挖掘，可以发现相同的职业群体经常在相同或者不同的时刻出现在同样的地方。因此，当这种位置关联被利用后通过再次挖掘，就可以分析出用户之间的社交关联。一旦社交关联被披露，更多的敏感信息将面临二次泄露的风险。

例如，假设 A、B、C 均是学生，他们在相同的时间段内在相同的位置共同出现了两次，因此攻击者可能会推测他们是同班同学。再通过他们的背景知识，如果 A 的年纪、学校或者社会关系被泄露，那么 B 和 C 的相应背景也会被泄露。如果不考虑用户之间的关联信息，只是单纯地进行位置保护，那么攻击者可以利用这种关联属性进行关联推理攻击，使用户的个人隐私遭到更多的泄露，危及用户的个人生命和财产安全。因此，为更好地保护用户隐私，隐私保护还需要充分考虑群体用户的关联位置所带来的风险。

6.3.1.4　位置隐私及位置隐私保护对象

隐私是个人或群体通过选择性表达有意识地保护的相关信息。不同的人对于隐私有不同的关注程度，同时也与人们所处的环境信息有关，但是相同的是，这些信息对于个人来说一定是十分敏感的。位置隐私是物联网中用户的位置信息，指人们在获取位置和使用位置时将自身的位置信息视作一种个人隐私信息，同时也可以指用户为了保护自身位置隐私所应具备的权利和能力。

通常，移动用户在使用位置服务时需要提交用户的身份标志符（identity）、空间信息（position）、时间信息（time）等。根据移动用户提交的信息，我们可以概括隐私保护的对象如下。

① 身份标志符：用来唯一标志用户信息的凭证。即使用户在发布查询的过程中隐藏了身份标志符信息，攻击者仍然可以通过发布的位置信息或提交的特定查询等上下文信息推测出用户的身份。

② 空间信息：在 LBS 中指用户提交的位置信息，在定位服务中指用户所提交的用于定位的相关信息，包括 Wi-Fi 指纹信息等。用户的空间信息泄露会直接或间接地导致攻击者知道用户的当前位置，进而可根据用户的当前位置，合理地判断用户的工作场所、生活习惯等。例如，攻击者可以根据用户在工作日经常提交的位置信息推测出用户的工作地点。用户可能希望提供不同的位置精度，例如，告诉朋友们准确的位置，而为天气服务提供粗略的位置。此外，位置信息不只是具体的经纬度信息，例如，用户不希望发布其在医院的信息，这里需要保护的空间信息代表一个位置场所。

③ 轨迹：时间信息和空间信息一起定义了在一段时间内用户的位置移动顺序，即轨迹。相对于位置信息，轨迹信息更容易导致用户的生活习惯泄露，例如，攻击者可以推测出用户的上下班线路。

6.3.2　位置隐私保护结构

根据用户的位置是否连续，位置隐私保护技术可以分为单点位置的隐私保护技术和连续轨迹的隐私保护技术。单点位置的隐私是指谁在某个时刻到过什么地方，而连续轨迹的隐私是指谁在什么时间段内到过哪些地方。

本章所指的位置隐私是单点位置隐私。位置隐私保护的目标有 3 种：

① 身份保护，隐藏用户身份，SP 只能知道位置但不知道是谁在请求服务；

② 位置保护，SP 知道是谁在请求服务，但不能获取其准确位置；

③ 身份和位置保护，SP 不知道是谁在哪里请求服务。

目前的位置隐私保护技术所采用的结构大体可以分为以下 3 类：独立结构、集中式结构和 P2P 结构。

（1）独立结构

独立结构由用户和 SP 两部分构成，因此又称为客户服务器结构。如图 6-5 所示，独立结构中一次 LBS 的整体流程如下：首先用户在通过定位技术获取位置信息后，通过假名或者模糊位置对自己要发送给 SP 的信息进行匿名处理，形成一个虚假的结果或者一个结果集，这些工作全部由用户独立完成，并直接和 SP 进行通信，并将结果发送给 SP，SP 根据接收到的信息，完成用户提出的查询任务，并将查询结果返回给用户，用户收到后从中选出符合自己需要的结果即可。独立结构比较简单，容易实现，但是，所有的隐私保护工作需要用户自己来完成，对移动设备要求高，而且在人员稀疏的环境中保护效果会很差，很容易被攻击者识别出真实的身份信息和位置信息。

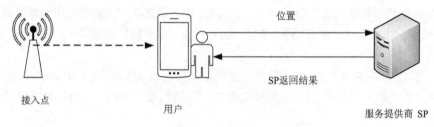

图 6-5　独立结构

（2）集中式结构

集中式结构是在独立结构的基础上引入了可信的第三方——匿名服务器。该服务器位于用户和 SP 之间，负责管理用户的位置信息、匿名需求、定位结果处理、查询结果筛选等，须对用户的位置进行保护。图 6-6 所示为集中式结构中一次 LBS 的整体流程。用户首先获得自己精确的位置信息，然后将精确的位置信息发送给匿名服务器。匿名服务器结合其他用户上传的位置信息，使用匿名算法按照用户的匿名需求对位置进行匿名处理，之后将处理过的结果发送给 SP。SP 根据接收到的数据，查询相应的结果并将其返回给匿名服务器，经过对结果的筛选，匿名服务器即可把最终的结果返回给查询用户。从服务过程的变化可以看出，引入可信第三方（匿名服务器）能够充分减小移动设备的工作负担，解决了移动设备计算和存储能力有限的问题，可以把更复杂的匿名算法引入位置保护系统，还能够利用周边环境和其他用户的信息，有效提高位置隐私保护的效率和安全性。但是，集中式结构也有明显的缺点：每个用户的匿名都需要通过匿名服务器的计算和分析，当用户数量大幅增加时，匿名服务器就会成为性能的瓶颈，影响 LBS 的时效性，甚至会发生服务器崩溃的情况。更为重要的是，匿名服务器中保存着大量的用户身份信息和位置信息数据，一旦遭到攻击，大量用户隐私必将泄露，这将会造成十分严重的后果。

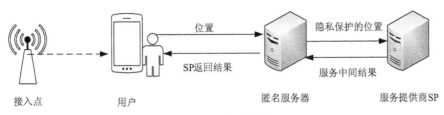

图 6-6　集中式结构

（3）P2P 结构

因为集中式结构中匿名服务器的局限性和移动设备性能的飞速发展，P2P 结构应运而生。P2P 结构去掉了可信第三方中间件，仅由移动用户和 SP 组成。与独立结构不同的是，移动设备用户为了利用其他用户的信息来保护自身的位置隐私，用户之间建立了对等网络。虽然同样是由用户自身完成位置隐私保护工作，但是 P2P 结构中有许多对等的移动节点提供了平等的信息共享服务，在每个节点发起查询时，其他节点会提供协助以共同完成隐私保护，抵御攻击。图 6-7 所示为 P2P 结构中一次 LBS 的整体流程。当用户需要发起 LBS 时，其首先会请求网络内其他用户的协助，即会将请求协助信息在网络内广播。收到其他节点的回复后，将其中符合匿名要求的信息收集到一起作为匿名集合。之后由用户随机选择的代理用户将查询请求发送给SP。SP 经过查询后将结果返回给代理用户并由代理用户最终返回给用户。P2P 结构取消了匿名服务器，解决了集中式结构中第三方处理数据的瓶颈问题（如可行度、性能等），但是要求每个移动用户都必须具有两个独立的网络，一个网络用于 LBS 通信，另一个网络用于 P2P 通信；同时对移动设备的性能和网络的传输效率要求较高；在人员稀少的地区比较难以实现匿名区的组建；恶意节点的存在会导致匿名的安全性和质量难以满足要求。

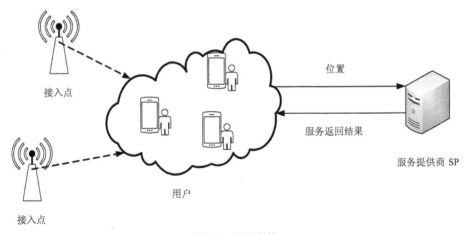

图 6-7　P2P 结构

6.4　位置隐私保护技术

位置隐私保护是为了防止用户的历史位置以及现在的位置被不法分子或不可信的机构在未经用户允许的情况下获取，也是为了阻止不法分子或不可信的机构根据用户位置信息，结合相应的背景知识推测出用户的其他个人隐私情况，如用户的家庭住址、工作场所、工作内容、个人的身体状况和生活习惯等。下面将介绍几种常用的位置隐私保护技术。

6.4.1　基于干扰的位置隐私保护技术

基于干扰的隐私保护技术主要使用虚假信息和冗余信息来干扰攻击者对查询用户信息的窃取。根据查询用户信息（身份信息和位置信息）的不同，基于干扰的隐私保护技术大致可以分为假名技术和假位置技术两种。

（1）假名技术

假名是基于干扰的位置隐私保护技术中干扰身份信息的技术之一。用户使用假名来隐藏真实的身份信息，如用户小张所处的位置是（X,Y），要查询他附近的 KTV，用户小张的查询请求包括：小张，位置（X,Y），"离我最近的 KTV"。当攻击者截获了这个请求后，可以很轻易地识别出用户的所有信息。而采用假名技术，用户小张使用假名小李，他的查询请求就变成了：小李，位置（X,Y），"离我最近的KTV"。这样攻击者就认为处于位置（X,Y）的人是小李，用户成功地隐藏了自己的真实身份。

假名技术通过分配给用户一个不可追踪的标志符来隐藏用户的真实身份，用户使用该标志符代替自己的身份信息进行查询。在假名技术中，用户需要有一系列的假名，而且为了获得更高的安全性，用户不能长时间使用同一个假名。假名技术通常使用独立结构和集中式结构，当在独立结构中使用时，用户何时何地更换假名只能通过自己的计算和推测来确定，这样就可能在同一时刻有两个名字相同的用户定位在不同地点，令服务器和攻击者很轻易地知道用户使用了假名。而在集中式结构中使用时，用户把更换假名的权利交给匿名服务器，匿名服务器通过周围环境和其他用户的信息，能够更好地完成假名的使用。

为了使攻击者无法通过追踪用户的历史位置信息和生活习惯将假名与真实用户相关联，假名也需要以一定的频率定期交换。通常使用假名技术时需要在空间中定义若干混合区（Mix Zone），用户可在混合区内进行假名交换，但是不能发送位置信息。

如图 6-8 所示，进入混合区前的假名组合为（user1 user2 user3），在混合区内进行假名交换，将会产生 6 种可能的假名组合。由于用户在进入混合区前后的假名不同，并且用户的名字为假名的可能性会随着进入混合区的用户数目成指数增长，因此，在混合区模式下，攻击者很难通过追踪的方式将用户与假名关联，进而即可起到位置隐私保护的效果。

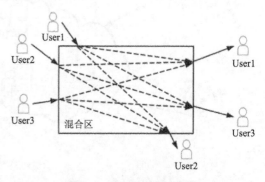

图 6-8　混合区内的假名交换

混合区的大小设置与空间部署是假名技术的关键所在，因为在混合区内要求不能提交位置信息，所以混合区过大会将导致服务质量下降，混合区过小会将导致同一时刻区内的用户较少，进行假名交换的效率较低。当混合区内只有一个用户时，将不会发生假名更换，从而增大了被攻击的可能性。

（2）假位置技术

假位置技术是在用户提交查询信息中，使用虚假位置或者加入冗余位置信息对用户的位置信息进行干扰。假位置技术按照对位置信息的处理结果可分为孤立点假位置和地址集两种。

孤立点假位置是指用户向 SP 提交当前位置时，不发送自己的真实位置，而是用一个真实位置附近的虚假位置代替。例如，用户小张所在的位置是 (X,Y)，要查询他附近离他最近的 KTV，用户小张发送的查询请求并不是：小张，位置 (X,Y)，"离我最近的 KTV"，而是会采用虚假位置 (M,N) 代替真实位置，此时他的查询请求就变成了：小张，位置 (M,N)，"离我最近的 KTV"。这样，攻击者就会认为处于位置 (M,N) 处的人是小张，用户小张也就成功地隐藏了自己的真实位置。

地址集则是在发送真实位置的同时，加入了冗余的虚假位置信息形成的。将用户真实的位置隐藏在地址集中，通过干扰攻击者对用户真实位置的判断，达到保护用户位置信息的目的。例如，用户小张所在的位置是 (X,Y)，要查询附近离他最近的 KTV，这次用户小张发送的查询请求中，由一个包含真实位置 (X,Y) 的集合代替用户所在的位置。因此，他的查询请求就变成了：小张，地址集 $\{(X,Y),(X_0,Y_0),(X_1,Y_1),(X_2,Y_2),(X_3,Y_3),\cdots\}$，"离我最近的 KTV"。这样就可以使攻击者很难从地址集中寻找到用户的真实位置。但地址集的选择非常重要，地址数量过少可能会达不到要求的匿名度，而地址数量过多则会增加网络传输的负载。采用随机方式生成假位置的算法，能够保证多次查询中生成的假位置带有轨迹性。

（3）哑元位置技术

哑元位置技术也是一种假位置技术，通过添加假位置的方式同样可以实现 k-匿名。哑元位置技术要求在查询过程中，除真实位置外还须加入额外的若干个假位置信息。服务器不仅响应真实位置的请求，还响应假位置的请求，以使攻击者无法从中区分出哪个是用户的真实位置。

假设用户的初始查询信息为（user_id locreal），locreal 为用户的当前位置，那么使用假位置技术后用户的查询信息将变为 q*=（user_id, locreal, dummy_loc1, dummy_loc2），其中 dummy_loc1 和 dummy_loc2 为生成的假位置。

哑元位置技术的关键在于如何生成无法被区分的假位置信息，若假位置出现在湖泊或人烟稀少的大山中，则攻击者可以对其进行排除。假位置可以直接由客户端产生（但客户端通常缺少全局的环境上下文等信息），也可以由可信第三方服务器产生。

6.4.2　基于泛化的位置隐私保护技术

泛化技术是指将用户所在的位置模糊成一个包含用户位置的区域，最常用的基于泛化的位置隐私保护技术就是 k-匿名技术。k-匿名是指在泛化形成的区域中，包含查询用户及其他 $k-1$ 个用户。SP 不能把查询用户的位置与区域中其他用户的位置区分开来。因此，匿名区域的形成是决定 k-匿名技术好坏的重要因素，常用集中式结构和 P2P 结构来实现。

k-匿名技术要求发布的数据中包含 k 个不可区分的标志符，使特定个体被发现的概率为 $1/k$。在位置隐私保护中，k-匿名通常要求生成一组包含 k 个用户的查询集，随后用户即可使用查询集所构成的一个共同的匿名区域。图 6-9 展示了用户 User1、User2 和 User3 所构成的匿名区域 $((X_1,Y_1),(X_r,Y_r))$。

k-匿名技术中通常要求的若干参数介绍如下。

① 匿名度 k：定义匿名集中的用户数量。匿名度 k 的大小决定了位置隐私保护的程度，更大的 k 值意味着匿名集包含更多的用户，这会使攻击者更难进行区分。

② 最小匿名区域 A_{min}：定义要求 k 个用户位置组成空间的最小值。当用户分布较密集时将导致组成的匿名区域过小，即使攻击者无法准确地从匿名集中区分用户，匿名区域也可能将用户的位置暴露给攻击者。

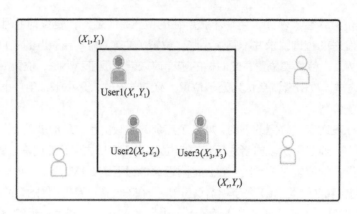

图6-9　混合区内的假名交换

③ 最大延迟时间 $T_{\max}$：定义用户可接受的最长匿名等待时间。

k-匿名技术在某些场景下仍可能导致用户的隐私信息暴露。例如，当匿名集中用户的位置经纬度信息都可以映射到某一具体的物理场所（如医院）时。对此，增强的 *l*-多样性、*t*-closeness 等技术被提出，要求匿名集中用户的位置要相隔得足够远以致不会处于同一物理场所内。

k-匿名技术可以通过匿名服务器来完成匿名集的收集与查询的发送，也可以通过分布式点对点的技术由若干客户端组成对等网络来完成。

（1）集中式 *k*-匿名

典型的集中式 *k*-匿名是间隔匿名。间隔匿名算法的基本思想为：匿名服务器构建一个四叉树的数据结构，将平面空间递归地用十字分成 4 个面积相等的正方形区间，直到所得到的最小正方形区间的面积为系统要求的允许用户所采用的最小匿名区面积为止，每个正方形区间对应四叉树中的一个节点。系统中的用户每隔一定的时间就将自己的位置坐标上报给匿名服务器，匿名服务器更新并统计每个节点对应区间内的用户数量。当用户 U 进行匿名查询时，匿名器会通过检索四叉树为用户 U 生成一个匿名区 ASR，间隔匿名算法从包含用户 U 的四叉树的叶子节点开始向四叉树根的方向搜索，直至找到包含不少于 K 个用户（包括用户 U）的节点，进而即可将该节点所对应的区域作为用户 U 的一个匿名区。如图 6-10 所示，如果用户 U1 发起 $K=2$ 的匿名查询，则间隔匿名算法将首先搜索到象限区间[（0,0），（4,4）]，其中包含不少于两个用户，然后，向根的方向上升一级搜索到象限区间[（0,0），（2,2）]，该象限区间包含 3个用户，大于要求的两个，算法停止搜索，并将该区间作为用户 U1 的匿名区。由于该算法所得到的匿名区所包含的用户数量可能远大于 K，因此其会加大 LBS 服务器的查询处理负担和网络流量负荷。

Casper 匿名算法与间隔匿名算法类似，但不同于间隔匿名算法的是：Casper 采用 Hash 表来识别和访问四叉树的叶子节点，同时当搜索节点用户数小于 K 时，首先会对其相邻的两个兄弟节点进行搜索，如果该节点与其相邻的两个兄弟节点合并后的总用户数大于 K，则将它们合并，并作为匿名区，否则，再对其父节点进行搜索。Casper 生成的匿名区面积相比于间隔匿名算法生成的要小，这会减少网络的负载。

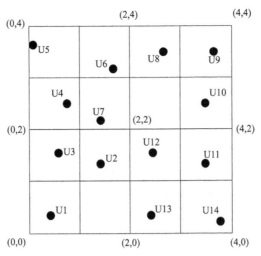

图 6-10 *k*-匿名实例

Hilbert 匿名算法的基本思想是通过 Hilbert 空间填充曲线将用户的二维坐标位置转换成一维 Hilbert 值进行匿名，按照曲线通过的顺序对用户进行编号，此编号即为用户的 Hilbert 值，并把相邻的 *k* 个用户放入同一个桶中。匿名集就是包含请求服务的用户所在桶内的所有用户。计算出匿名集的最小绑定矩形并将其作为匿名区。若两个用户在二维空间中相邻，那么映射到一维空间的 Hilbert 值也有较大的概率会相邻。Hilbert 匿名算法可以满足绝对匿名。如图 6-11 所示，用户 U1 的匿名度为 3，他和他的相邻用户 U3 和 U4 共同组成了匿名区域。

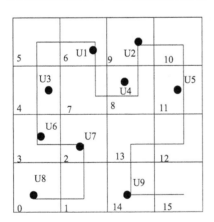

图 6-11 Hilbert 匿名实例

（2）P2P 结构下的 *k*-匿名

基于 P2P 结构的 *k*-匿名查询算法的基本思想是：假设所有的节点都是可信的。每个用户都有两个独立的无线网络，一个网络用于与 LBS 通信，另一个网络用于 P2P 通信，并且系统中的用户都是安全可信的。一个完整的查询过程包括以下 3 步。

① 对等点查询。移动用户需要通过单跳或多跳网络查找不少于 *k*-1 个对等点邻居。

② 生成匿名区。移动用户与他所查找到的 *k*-1 个邻居形成一个组，将他准确地隐藏到一个覆盖整个组内所有用户的区域（即匿名区）中。如果生成的 ASR 面积小于用户所要求的最小匿名区面积 $A_{\min}$，那么就需要扩大这个匿名区 ASR 到最小匿名面积 $A_{\min}$。

③ 选择代理并查询。为了防止攻击者通过移动蜂窝定位技术进行攻击，移动用户需要在

所形成的组内随机找一个对等点邻居并将其作为代理。通过专门用于 P2P 通信的网络，将生成的匿名区和查询的参数内容告诉代理，由代理通过另一个网络与 LBS 服务器联系，发送查询参数和匿名区，并接收候选集，然后代理通过专门用于 P2P 的网络将候选集传回查询用户。最后查询用户对返回的候选集进行过滤，得到查询结果。

6.4.3 基于模糊法的位置隐私保护技术

位置混淆技术的核心思想在于通过降低位置精度来提高隐私保护程度。一种模糊法可将坐标替换为语义位置，即利用带有语义的地标或者参照物代替基于坐标的位置信息，实现模糊化。也有用圆形区域代替用户真实位置的模糊法技术，此时，将用户的初始位置本身视为一个圆形区域（而不是坐标点），并提出 3 种模糊方法：放大、平移和缩小。利用这 3 种方法中的一种或两种的组合，可生成一个满足用户隐私度量的圆形区域。

例如，可以将由用户位置的经纬度坐标转换而来的包含该位置的圆形或矩形区域作为用户的位置进行提交。当提交查询时，我们使用圆形区域 C_1 替换用户的真实位置（X,Y）。

此外，还可以采用基于物理场所语义的位置混淆技术，该技术会提交用户所在的场所而不是用户的具体坐标。例如，使用在西安交通大学校园内的语义地点"图书馆"替换我的具体坐标；也可以使用"兴庆公园"内的黑点位置所示用户，发起查询"最近加油站"的位置服务。

混淆技术的关键在于如何生成混淆空间。用户总是在混淆区域的中间位置，或混淆区域中大部分区域是用户无法到达的河流等场所，亦或混淆区域内人口相对稀疏，这些都会增加攻击者发现用户真实位置的可能性。

大多数模糊法技术无须额外信息辅助，即可在用户端直接实现，因此它们多使用独立结构。

与泛化法不同，多数模糊法技术没有能力对 LBS 返回的结果进行处理，往往会产生比较粗糙的 LBS 结果。例如，使用图 6-12 中兴庆公园模糊化用户请求"最近加油站"时，事实上 S_1 是最近的加油站，当将 C_1 作为其模糊区域时能够寻找到正确结果；但当将隐私程度更高的 C_2 作为模糊区域时，SP 将把 S_2 作为结果返回。所以，虽然 C_2 的半径大于 C_1 的半径，这使得隐私程度提高，但此时 SP 没有最好地满足用户需求。模糊法技术应解决如何在"保证 LBS 服务质量"和"满足用户隐私需求"之间寻求平衡的问题。解决该问题的一种方式是在 SP 和用户之间采用迭代询问的方法，不断征求用户是否同意降低其隐私度量，在有限次迭代中尽可能地提高服务质量。

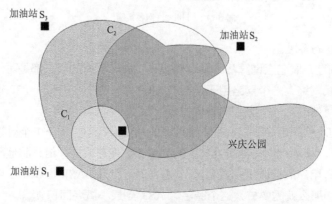

图 6-12 基于模糊法的隐私保护技术

6.4.4 基于加密的位置隐私保护技术

在基于位置的服务中，基于加密的位置隐私保护技术将用户的位置、兴趣点加密后，即会在密文空间内进行检索或者计算，而 SP 则无法获得用户的位置以及查询的具体内容。两种典型的基于加密的位置隐私保护技术分别是基于隐私信息检索（Private Information Retrieval，PIR）的位置隐私保护技术和基于同态加密的位置隐私保护技术。

（1）基于隐私信息检索（PIR）的位置隐私保护技术

PIR 是客户端和服务器通信的安全协议，能够保证客户端在向服务器发起数据库查询时，客户端的私有信息不被泄露给服务器的条件下完成查询并返回查询结果。例如，服务器 S 拥有一个不可信任的数据库 DB，用户 U 想要查询数据库 DB[i]中的内容，PIR 可以保证用户能以一种高效的通信方式获取到 DB[i]，同时又不让服务器知道 i 的值。

在基于 PIR 的位置隐私保护技术中，服务器无法知道移动用户的位置以及要查询的具体对象，从而防止了服务器获取用户的位置信息以及根据用户查询的对象来确定用户的兴趣点并推断出用户的隐私信息。其加密思想如图 6-13 所示：用户想要获得 SP 服务器数据库中位置 i 处的内容，用户自己将查询请求加密得到 $Q(i)$，并将其发送给 SP，SP 在不知道 i 的情况下找到 X，将结果进行加密 $R(X, Q(i))$ 并返回给用户，用户可以轻易地计算出 X_i。包括 SP 在内的攻击者都无法通过解析得到 i，因此无法获得查询用户的位置信息和查询内容。

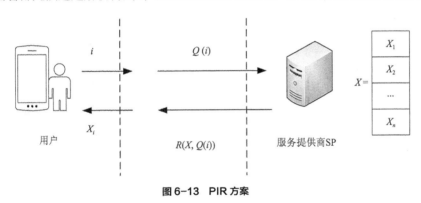

图 6-13　PIR 方案

PIR 可以保证用户的请求、信息的检索以及结果的返回都是安全可靠的。但是，PIR 要求 SP 存储整个区域的兴趣点和地图信息，这使存储空间和检索效率受到了极大挑战。如何设计出更合适的存储结构及检索方式是 PIR 要继续研究的重点。

（2）基于同态加密的位置隐私保护技术

同态加密是一种支持密文计算的加密技术。对同态加密后的数据进行计算等处理，处理的过程不会泄露任何原始内容，处理后的数据用密钥进行解密，得到的结果与没有进行加密时的处理结果相同。基于同态加密的位置隐私保护最常用的场景是邻近用户相对距离的计算，它能够实现在不知道双方确切位置的情况下，计算出双方间的距离，如微信的"摇一摇"功能。Paillier 同态加密是基于加密隐私保护技术常用的同态加密算法，最为典型的有 Louis 协议和 Lester 协议。Louis 协议允许用户 A 计算其与用户 B 的距离，Lester 协议规定只有当用户 A 和用户 B 之间的距离在用户 B 设置的范围内时，才允许用户 A 计算两者之间的距离。

6.4.5　位置隐私攻击模型

网络中的攻击者是用户位置隐私最大的威胁来源。攻击者针对不同的位置隐私保护技术形成了不同的攻击模型。这些攻击模型根据攻击者的行为主要可分为主动攻击模型和被动攻击模型。

6.4.5.1　主动攻击模型

攻击者向受害用户或 LBS 服务器发送恶意的信息，从而获取用户的位置信息或者干扰用户使用 LBS 服务。主要包括伪装用户攻击和信息洪水攻击。

（1）伪装用户攻击

伪装用户攻击主要针对基于 P2P 结构的位置隐私保护技术。在 P2P 结构下，同一网络中的用户相互信任。攻击者可以假扮用户的好友或其他普通用户，也可以在该网络中的用户的移动设备中植入病毒来控制这些设备。这时攻击者会主动向受害者用户提出协助定位申请，由于得到受害用户的信任，攻击者可以轻松地获取用户精确的位置信息。

伪装用户攻击对于基于同态加密的位置隐私保护技术也有很好的攻击效果。当攻击者得到受害用户信任或距离受害用户的距离在受害用户设置的限定范围之内时，攻击者可以计算得知他与受害者的相对距离。根据三角定位原理，攻击者在成功取得 3 次及以上相对距离的时候，经过简单的计算就可以得知受害用户的精确位置。

目前已有的位置隐私保护算法中还没有能够很好地解决伪装用户攻击的方法。

（2）信息洪水攻击

信息洪水攻击的原理是拒绝服务。在独立结构和集中式结构中，攻击者向 LBS 服务器发送大量的 LBS 请求，占用 LBS 服务器的带宽和流量，以影响 LBS 服务器对受害用户的服务效率。在 P2P 结构中，由于用户之间可以发送协助定位申请，因此攻击者可直接向受害用户发送大量的协助定位申请，这些申请会像洪水一样涌向受害用户，受害用户不仅需要接受这些信息，还需要对这些信息进行处理和转发。数量巨大的信息会导致受害用户的移动网络阻塞，甚至会导致移动设备崩溃。

6.4.5.2　被动攻击模型

被动攻击是指攻击者被动收集受害用户的信息，并通过收集到的信息来推断用户的真实位置。被动攻击主要包括基于历史信息的攻击、基于语义信息的攻击和基于社交关系的攻击。

（1）基于历史信息的攻击

基于历史信息的攻击主要通过收集受害用户相关的历史信息，分析用户对 LBS 的使用习惯来推测用户的具体位置。其中历史信息包括受害用户之前发起 LBS 请求的时间、内容、频率等。例如，如果受害用户经常在晚上或者周末在不同的地点使用导航到达同一地点，则该地点很可能是受害用户的家庭住址。同理，如果受害用户经常在工作日查询某一地点附近的餐厅，则该地点很可能是用户的工作地点。

（2）基于语义信息的攻击

基于语义信息的攻击者通过分析受害用户所在位置区域的信息及其周围环境的语义信息，可缩小用户所在区域的范围，增加识别用户位置的概率。例如，攻击者截获了一个受害用户所在的位置区域信息，经过对该信息进行分析，发现该区域包括一片人工湖、几栋高层楼房和一个停车场。由此可以推断用户位于湖面的概率远小于位于楼房内和停车场的概率。如果又知道用户正在使用导航功能查找去往某地的路线，则用户位于停车场的概率就高于位于楼房内的概率。

（3）基于社交关系的攻击

基于社交关系的攻击主要利用了如今发达的社交网络。首先攻击者收集受害用户的社交信息，通过对其社交网络中的其他用户进行攻击以间接地攻击该受害用户。如果用户甲对自己的位置隐私保护非常重视，攻击者很难直接对用户甲进行攻击，而通过社交网络了解到，用户甲和用户乙是同事，则攻击者就可以对用户乙实施攻击，通过获取用户乙的工作地点来推断出用户甲的工作地点。

6.5 轨迹隐私保护

轨迹隐私是一种特殊的个人隐私，指用户的运行轨迹本身含有的敏感信息（如用户去过的一些敏感区域等），或者可以通过运行轨迹推导出其他的个人信息（如用户的家庭住址、工作地点、健康状况、生活习惯等）。因此，轨迹隐私保护既要保证轨迹本身的敏感信息不泄露，又要防止攻击者通过轨迹推导出其他的个人信息。

6.5.1 轨迹隐私的度量

在轨迹数据的发布过程中，发布的数据为了方便研究者研究利用，在进行隐私保护时需要具有较高的数据可用性。针对位置隐私保护，保护技术既要保护用户的隐私安全，又要保证用户能够享受到较高的服务质量。

针对轨迹隐私的保护程度，一般可用 3 个指标来对其进行度量：轨迹上点与点之间的关联性、轨迹中数据点的精确性、轨迹的隐私泄露概率。

轨迹是指某个用户在一天内的位置和时间关联排序的一组序列。一条轨迹可以表示为 $T_i = \{(x_1^i, y_1^i, t_1^i), (x_2^i, y_2^i, t_2^i), \cdots, (x_j^i, y_j^i, t_j^i), \cdots, (x_n^i, y_n^i, t_n^i)\}$。其中，$T_i$ 表示第 i 个用户的轨迹，$(x_j^i, y_j^i, t_j^i)(1 \leq j \leq n)$ 表示此移动的用户在 t_j 时刻所在的位置为 (x_j^i, y_j^i)，t_j 为采样时刻。基站或服务器将用户在一天内所有的数据收集起来，然后将位置数据根据时间串联起来就是此用户的轨迹。轨迹数据蕴含了丰富的时空信息，对轨迹的分析和挖掘可以支持许多移动应用。例如：研究者通过分析人们的日常轨迹可以研究人类的行为模式；政府机构可以利用用户的移动 GPS 轨迹数据可以分析基础交通设施的建设情况。由此可知，用户的轨迹数据对社会的发展提供了许多信息，同样也会带来隐私安全问题。

轨迹隐私与位置隐私最大的不同是轨迹包含时间和位置的关联信息，很容易通过一个信息来推测出其他的信息。在传统的轨迹隐私度量方法中，大都用时间和空间两者进行分析度量，之后加入了轨迹形状来对轨迹进行度量，其更能准确地衡量出两条轨迹之间的相似性。

在定义轨迹相似性的度量标准时，需要从两方面进行考虑。如图 6-14 所示，有 3 条轨迹，每条轨迹都具有 5 个数据点，每个数据点都是在同一采样时间上通过采样得到的，假设每个

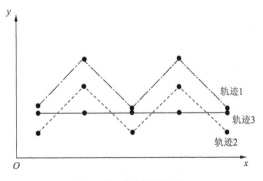

图 6-14　轨迹相似性对比

采样时刻的 3 个数据点的 x 轴坐标相同，只有 y 轴坐标不同。通过计算对应的 5 个数据点之间的欧氏距离，最后得出轨迹 2 和轨迹 3 到轨迹 1 的距离相等，但是从图中可以观察看出，轨迹 2 与轨迹 1 的形状完全相同，而轨迹 3 与轨迹 1 不同，所以轨迹 2 与轨迹 1 的相似性明显强于轨迹 3 与轨迹 1 的相似性。所以，在进行轨迹相似性度量时，要从两个方面着手。以下将从两方面进行定义。

定义 6-1：轨迹形状距离，给定两条轨迹 $T_i = \{(x_1^i, y_1^i, t_1^i), (x_2^i, y_2^i, t_2^i), \cdots, (x_n^i, y_n^i, t_n^i)\}$ 和 $T_j = \{(x_1^j, y_1^j, t_1^j), (x_2^j, y_2^j, t_2^j), \cdots, (x_n^j, y_n^j, t_n^j)\}$，则两条轨迹之间的形状距离如式（6-1）所示：

$$d_{\text{shape}}(T_i, T_j) = \sqrt{\sum_{t_S, t_{S+1}} \in T_i, T_j \left(\frac{(x_{S+1}^i - x_S^i)}{(t_{S+1}^i - t_S^i)} - \frac{(x_{S+1}^j - x_S^j)}{(t_{S+1}^j - t_S^j)}\right)^2 + \left(\frac{(y_{S+1}^i - y_S^i)}{(t_{S+1}^i - t_S^i)} - \frac{(y_{S+1}^j - u_S^j)}{(t_{S+1}^j - t_S^j)}\right)^2} \quad (6\text{-}1)$$

定义 6-2：轨迹位置距离，针对定义 6.1 中给定的两条轨迹，它们之间的位置距离如式（6-2）所示：

$$d_{\text{loc}}(T_i, T_j) = \sqrt{\sum_{t_S} \in T_i, T_j (x_S^i - x_S^j)^2 + (x_S^i - x_S^j)^2} \quad (6\text{-}2)$$

基于上述两种距离形式的定义，将它们进行加权合并，即可得到两条轨迹的轨迹距离。

定义 6-3：轨迹距离，轨迹距离的定义如式（6-3）所示：

$$d(T_i, T_j) = \alpha d_{\text{shape}}(T_i, T_j) + (1 - \alpha) d_{\text{loc}}(T_i, T_j) \quad (6\text{-}3)$$

这里，$\alpha \in [0,1]$ 为轨迹形状距离和轨迹位置距离两者的一个权重，一般取值为 $\alpha = 0.5$。

6.5.2 轨迹隐私保护场景

目前，关于轨迹隐私保护的研究工作主要解决下述两种应用场景中的隐私问题。

6.5.2.1 数据发布中的轨迹隐私保护

轨迹数据本身蕴含了丰富的时空信息，对轨迹数据的分析和挖掘结果可以支持多种移动应用，因此，许多政府及科研机构都加大了对轨迹数据的研究力度。例如：美国政府利用移动用户的 GPS 轨迹数据分析基础交通设施的建设情况，进而为是否更新和优化交通设施提供依据；社会学的研究者们通过分析人们的日常轨迹来研究人类的行为模式；某些公司通过分析雇员的上下班轨迹来提高雇员的工作效率等。然而，假如恶意攻击者在未经授权的情况下，计算推理获取与轨迹相关的其他个人信息，则用户的个人隐私会通过其轨迹完全暴露。数据发布中的轨迹隐私泄露情况大致可分为以下两类。

① 轨迹上敏感或频繁访问位置的泄露导致移动对象的隐私泄露。轨迹上的敏感或频繁访问的位置很可能暴露其个人兴趣爱好、健康状况、政治倾向等个人隐私，如某人在某个时间段内频繁访问医院或诊所，攻击者可以由此推断出这个人近期患上了某种疾病。

② 移动对象的轨迹与外部知识的关联导致隐私泄露。例如，某人每天早上在固定的时间段从地点 A 出发到地点 B，每天下午在固定的时间段从地点 B 出发到地点 A，通过挖掘分析，攻击者很容易做出判断：A 是某人的家庭住址，B 是其工作单位。通过查找 A 所在区域和 B 所在区域的邮编、电话簿等公开内容，很容易确定某人的身份、姓名、工作地点、家庭住址等信息。因此，某人的个人隐私通过其运行轨迹被完全泄露。

在轨迹数据发布中，最简单的隐私保护方法是删除每条轨迹的准标志属性，即 QI 属性。然而，单纯地将 QI 属性移除并不能保护移动对象的轨迹隐私，攻击者通过将背景知识（如受攻击者的博客、谈话记录或其他外部信息等）与特定用户相匹配，亦可推导出个体的隐私信息。例如，在删除了 QI 属性的数据中，攻击者发现某个移动对象在某个时刻 t_i 访问了地点 L1 和 L2，在攻击者已知的背景知识中，小王曾在时刻 t_i 左右分别访问过这两个位置，如果小王是在 t_i 时刻唯一分别访问过 L1 和 L2 的移动对象，那么攻击者就可以断定该轨迹属于小王，继而可从轨迹中发现小王访问过的其他位置。可见，简单地删除移动对象的 QI 属性并不能起到隐私保护的目的。

6.5.2.2　位置服务中的轨迹隐私保护

用户在获取 LBS 服务时，需要提供自己的位置信息，为了保护移动对象的位置隐私，出现了位置隐私保护技术。然而，保护了移动对象的位置隐私并不代表能保护移动对象的实时运行轨迹隐私，攻击者极有可能通过其他手段获得移动对象的实时运行轨迹。例如，利用位置 k-匿名模型对发出连续查询的用户进行位置隐私保护时，移动对象的匿名框的位置和大小会产生连续更新。如果将移动对象发出 LBS 请求时各个时刻的匿名框连接起来，就可以得到移动对象大致的运行路线。这是由于移动对象在查询过程中生成的匿名框包含了不同移动对象的信息，单纯地延长匿名框的有效时间会导致服务质量下降。虽然，目前已有针对连续查询的位置隐私保护技术，但是，其查询有效期处于秒级，无法满足轨迹隐私保护的需求。因此，在 LBS 中也需要轨迹隐私保护技术。

在上述两种场景中，轨迹隐私保护需要解决以下几个关键问题：

① 保护轨迹上的敏感 / 频繁访问位置信息不泄露；

② 保护个体和轨迹之间的关联关系不泄露，即保证个体无法与某条轨迹相匹配；

③ 防止由移动对象的相关参数限制（如最大速度、路网等）而泄露移动对象轨迹隐私的问题发生。

6.5.3　轨迹隐私保护技术分类

轨迹隐私保护技术大致可以分为 3 类。

（1）基于假数据的轨迹隐私保护技术

该技术通过添加假轨迹对原始数据进行干扰，同时又要保证被干扰的轨迹数据的某些统计属性不发生严重失真。基于假数据的轨迹隐私保护技术主要是在原始数据的基础上添加假数据，进而对原始轨迹数据进行干扰，同时又不会使原始轨迹数据失真。例如，在表 6-8 中有 3 个移动对象 O_1、O_2、O_3，表中数据分别对应它们在时刻 t_1、t_2、t_3 中的数据点，每个对象可根据时间关联形成一条轨迹。

表 6-8　原始数据

移动对象	t_1	t_2	t_3
O_1	（2,3）	（4,4）	（6,4）
O_2	（4,5）	（4,9）	（5,10）
O_3	（0,3）	（2,5）	（4,7）

利用假数据法对表 6-8 中的数据进行干扰之后，形成了 6 条轨迹，如表 6-9 所示，在此 6 条轨迹中，I_1、I_2、I_3 是 O_1、O_2、O_3 的假名。由此可将每条真实轨迹被泄露的风险降至 0.5。

表 6-9　用假数据法干扰后的数据

移动对象	t_1	t_2	t_3
I_1	（2,3）	（4,4）	（6,4）
I_2	（4,5）	（4,9）	（5,10）
I_3	（0,3）	（2,5）	（4,7）
I_4	（2,2）	（3,3）	（4,4）
I_5	（4,6）	（4,8）	（6,8）
I_6	（0,2）	（1,4）	（2,6）

针对假数据方法，假轨迹的数量越多，被泄露的风险就越低，但是这会对原始数据产生较大的影响。假轨迹的产生在空间关系中增加了复杂性，会产生许多交叉点，因易于混淆而可降低风险。在运行模式中，假轨迹的运行模式与原始轨迹相似，也会对攻击者的攻击造成一定的影响。此类方法较简单且计算量小，但易造成存储量的扩大，使数据可用性降低。

（2）基于泛化法的轨迹隐私保护技术

该技术是指将轨迹上所有的采样点都泛化为对应的匿名区域，以达到隐私保护的目的。基于泛化法的轨迹隐私保护技术针对所有轨迹中的每一个点进行泛化，并将它们泛化成数据点对应的匿名区，从而达到隐私保护的目的。在泛化的保护技术中，最常用的是轨迹 k-匿名保护技术，其主要的保护技术是将其需要保护的核心属性进行泛化，使其无法与其他 $k-1$ 条记录区分开。针对表 6-8 中的轨迹数据，将其中的 3 条轨迹进行轨迹泛化匿名，即针对每个采样时刻的点，将数据点泛化为匿名区，如表 6-10 所示。

表 6-10　轨迹 6-匿名

移动对象	t_1	t_2	t_3
I_1	（0,3）～（4,5）	（2,4）～（4,9）	（4,4）～（6,10）
I_2	（0,3）～（4,5）	（2,4）～（4,9）	（4,4）～（6,10）
I_3	（0,3）～（4,5）	（2,4）～（4,9）	（4,4）～（6,10）

在进行匿名时依然通过假名进行发布，同时也须对 3 个匿名时刻中的数据点进行匿名泛化。此方法可以保证数据均为真实数据，但是由于计算开销比较大，因此需要考虑性能的问题。

（3）基于抑制法的轨迹隐私保护技术

该技术根据具体情况有条件地发布轨迹数据，不发布轨迹上的某些敏感位置或频繁访问的位置以实现隐私保护。表 6-11 所示为表 6-9 进行抑制发布后的数据。

表 6-11　抑制法进行轨迹匿名

移动对象	t_1	t_2	t_3
I_1	—	（4,4）	（6,4）
I_2	（4,5）	—	（5,10）
I_3	（0,3）	（2,5）	—

抑制法较其他方法来说简单有效，在攻击者具有一定背景知识的前提下亦可进行轨迹保护，效率也比较高。但在不能确切地了解攻击者具有的背景知识时，这种方法就不再适用了。另一方面，此方法虽然限制了敏感数据的发布且实现过程简单，但是信息丢失量过大。

总之，基于假数据的轨迹隐私保护技术简单、计算量小，但易造成假数据的存储量大及数据可用性降低等问题；基于泛化法的轨迹隐私保护技术可以保证数据的真实性，但计算开销较大；基于抑制法的轨迹隐私保护技术可限制发布某些敏感数据，实现也简单，但信息丢失量较大。目前，基于泛化法的轨迹 k-匿名技术在隐私保护度和数据可用性上取得了较好的平衡，是目前轨迹隐私保护使用的主流方法。

6.5.4　基于语义的轨迹隐私保护方法

原始的轨迹数据与用户的各类隐私信息紧密相关，如果不对收集到的轨迹数据做任何处理就发布，恶意攻击者就可以通过对轨迹数据进行挖掘分析，获得用户的家庭住址、兴趣爱好、行为模式等敏感信息。因此，离线轨迹数据发布必须遵循"数据采集、隐私保护处理、轨迹发布"的原则。

轨迹发布后，不论是商业机构还是科研单位，都希望能够从保护后的轨迹中分析出可用的信息。因此，轨迹隐私保护处理的目标是：既要能防止恶意攻击者从处理后的轨迹中推测出用户的敏感信息，也要确保处理后的轨迹仍然具有较高的完整性和数据可用性。

目前，离线轨迹发布中的隐私保护方法，如轨迹聚类、假轨迹等，都仅把轨迹数据看作欧式空间中具有时间属性的位置点序列，只考虑到了轨迹的时间和空间属性，却忽视了轨迹上各个采样点在实际环境中对应的位置信息，即轨迹的语义属性。

通常，用户轨迹上的位置点可以分为移动点和停留点。移动点只能分析出用户途经了哪些道路，而停留点却能反映出用户某个时间段的重要位置特征。通过对停留点进行分析可以知道用户频繁访问的地点，进而推测出用户的工作地址、兴趣爱好甚至是宗教信仰、身体状况等私密信息。因此相比移动点，停留点会暴露用户更多的敏感信息。保护停留点不仅能够确保用户的隐私，还能减少对原始轨迹的破坏，在隐私保护和数据可用性之间取得了较好的平衡。

实际生活中，不同用户对相同语义位置的敏感程度可能并不相同，如患者和医生对医院的敏感性就不一样，患者可能并不想暴露自己的身体健康状况，但医生一般不介意自己的工作地点被泄露，因此，对轨迹进行保护时不能忽略用户的个性化隐私需求。假如对所有用户采用相同的处理标准，就可能会导致部分用户的轨迹保护程度不够而造成隐私泄露，部分用户的轨迹保护过度而造成数据损失。

忽略轨迹的语义属性会导致部分现有方案容易遭受语义攻击。相比自己路过的位置，用户更关心自己曾经频繁访问、长时间逗留的地点是否会泄露隐私。因此，为了维持轨迹的最大完整性，无须对轨迹上的所有采样点进行保护处理。

图 6-15 提出的方案旨在维持轨迹安全性与数据可用性之间良好的平衡，用停留点周围不同语义的兴趣点取代用户敏感的停留点，同时重置少量采样点以隐藏用户的敏感信息。该方案采取了个性化隐私保护，用户可以自定义自身的敏感语义位置集和隐私保护程度，以在保证轨迹隐私安全的同时确保轨迹不被过度处理。

6.5.4.1　基于语义的轨迹隐私保护方案

该方案首先根据原始轨迹数据，分析用户的移动特征，针对时间、经度和纬度 3 个属性进行多维聚类，提取出用户一天内的停留点集合，利用地图反解析获取停留点对应的实际位置并标记其语义；其次，根据用户自定义的敏感语义位置集，获取用户的敏感停留点集合（即

图 6-15 中的银行和酒店）；然后，结合用户的移动方向，为每个敏感停留点合理地规划一个候选区，分析候选区内兴趣点的语义和距离特性，查找到满足用户隐私需求的不同语义的兴趣点，将包含这些兴趣点的最小矩形作为敏感区，并在敏感区内随机选取一个替代停留点（即图 6-15 中的 KFC 和理发店）；最后，为了防止替换停留点导致轨迹上位置点发生突变，以减少轨迹变动，仅对敏感区内的局部采样位置点进行重新选择，并确保敏感区内的采样位置点数量与原始轨迹的一致，进而形成最终可发布的轨迹数据。

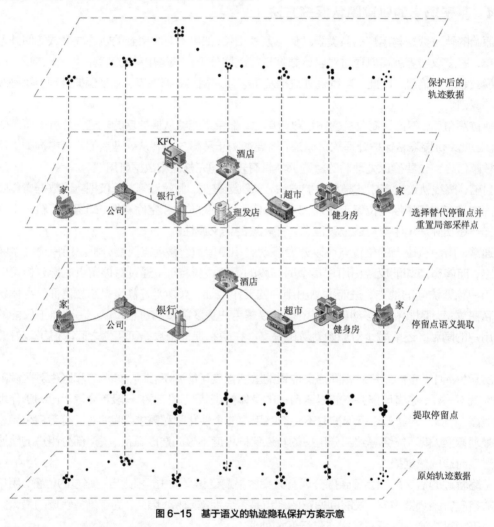

图 6-15 基于语义的轨迹隐私保护方案示意

6.5.4.2 语义停留点的提取

根据用户轨迹进行语义停留点提取是本方案的首要工作。

一个用户在日常生活中会产生大量的停留点：对于大部分用户来说，在夜间 12 点到早晨 6 点都在自己家中，此时用户的家庭位置就成为了他的一个停留点；用户的日常工作地点也会成为他的一个停留点；在银行办理业务的用户，银行也会成为他的一个停留点。

对于具有地图背景知识的恶意攻击者，通过提取用户轨迹中的停留点并将其映射到语义地图上，可以获取用户大量的个人隐私。

用户轨迹上的所有采样位置点都具有相对应的语义属性。相比移动中的位置点，恶意攻击者对用户频繁访问和长时间停留的位置点更感兴趣，这是因为他们能从中挖掘分析出更多的用户隐私信息。因此，对停留点进行隐私保护至关重要。

图 6-16 所示为某个用户在一段时间内的轨迹数据 $\text{Traj} = \{P_1, P_2, \cdots, P_9\}$。通过分析可知，轨迹中的 5 个连续采样位置点 $\{P_3, P_4, P_5, P_6, P_7\}$ 均处于一定的范围内，由此推断该用户曾经在这个地点（图中虚线圈）停留过。具有地图背景知识的恶意攻击者此时就可以通过将停留点映射到真实地图中，得到该用户停留的地点，并由此获得用户的某些隐私信息。

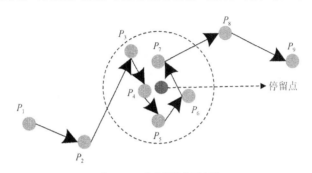

图 6-16　个人停留点示意图

从上面的例子不难看出，通过挖掘分析用户停留点，具有背景知识的攻击者就可以轻易获得用户大量隐私信息。而对敏感停留点进行保护，无须处理轨迹上所有的采样位置点，这不仅能隐藏轨迹上用户的敏感信息，还能减少对原始轨迹的破坏。

该方法首先读取某个区域在一段时间内全体用户的原始轨迹数据，如图 6-17 所示，L_{ij} 表示用户 $M_i(1 \leqslant i \leqslant m)$ 在 $t_j(1 \leqslant j \leqslant n)$ 时刻的位置，依次对每个用户的轨迹进行多维聚类，包括时间、经度和纬度聚类，以提取用户个人停留点集合。聚类时需要 3 个阈值：时间阈值 σ_t、距离阈值 σ_d 和位置点数阈值 σ_n。

	t_1	t_2	t_3	t_4	...	t_j	...	t_n
M_1	L_{11}	L_{12}	L_{13}	L_{14}	...	L_{1j}	...	L_{1n}
M_2	L_{21}	L_{22}	L_{23}	L_{24}	...	L_{2j}	...	L_{2n}
M_3	L_{31}	L_{32}	L_{33}	L_{34}	...	L_{3j}	...	L_{3n}
M_4	L_{41}	L_{42}	L_{43}	L_{44}	...	L_{4j}	...	L_{4n}
...	...	...	...	...		...		...
M_i	L_{i1}	L_{i2}	L_{i3}	L_{i4}	...	L_{ij}	...	L_{in}
...	...	...	...	...		...		...
M_m	L_{m1}	L_{m2}	L_{m3}	L_{m4}		L_{mj}	...	L_{mn}

图 6-17　用户原始轨迹数据

然后，通过遍历一个用户轨迹上的采样位置点，可以找到所有停留核心点。停留核心点是用户 M_i 在 t_j 时刻的位置点 L_{ij}，遍历该用户轨迹上的所有位置点 $L_{ik}(1 \leqslant k \leqslant n)$ 并使它们与其进行比较，找到所有满足 $|L_{ij}-L_{ik}| \leqslant \sigma_d$ 且 $|t_j-t_k| \leqslant \sigma_t$ 的点。如果 L_{ij} 处满足以上条件的点的数量不少于 σ_n，则 L_{ij} 为停留核心点。

最后，将时空上邻近的停留核心点划分到一个集合，最终得到多个停留核心点的集合，这个集合称为语义停留点。

由此可见，通过多维聚类的方法对个体用户的多维空间数据进行分析，可以得到用户的移动特征；根据用户的移动特征，可以提取个人停留点集合；将停留点一一映射到地图上，通过标记其语义，并根据用户自定义的敏感语义位置集，即可获得个人敏感停留点集合（即语义停留点集合）。

6.5.4.3 语义停留点的合并

采样的用户轨迹上可能由于某种原因存在采样异常点，如一个采样位置点与其前后相邻时刻的采样位置点之间的距离过大，如图 6-18 所示。P_5 与 P_4 和 P_6 之间的距离差过大，不符合实际，即该采样位置点和它相邻的位置点在采样时间内是不可到达的。异常点的存在会影响个人停留点的提取及其语义标记的精度，因此，在将相邻的停留核心点聚集成停留点之前需要对轨迹数据进行扫描以检测异常点。正常用户行走的速度大致为 3 km/h，用户在某个地方停留时一般会处于静止或者慢速移动的状态，速度不应该大于正常移动速度，结合采样时间可以计算出一个距离 δ，如果 t_j 时刻的采样位置 L_{ij} 与其前后相邻时刻采样位置点之间的距离差 $|L_{ij}-L_{i(j-1)}|$ 和 $|L_{ij}-L_{i(j+1)}|$ 均大于 δ，则认为 L_{ij} 是采样异常点，在合并相邻停留核心点时应舍弃该异常点。完成轨迹数据检测和异常点舍弃之后，便可以进行停留核心点的合并。

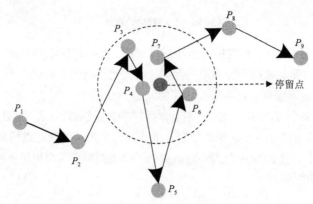

图 6-18　采样异常点

通过上述方法，可以提取到每个用户在一段时间内的停留点集合 $SP=\{SP_1, SP_2, \cdots, SP_n\}$，其中 $SP_i(1 \leqslant i \leqslant n)$ 是包含多个停留核心点的停留点，每个停留点内包含的停留核心点可以表示为 $SP_i=\{P_1, P_2, \cdots, P_m\}$。后续需要对停留点进行替换和采样点的重置，本书将能够覆盖 SP_i 内所有停留核心点的最小覆盖圆的圆心作为停留点的代表坐标，如图 6-18 中的停留点，同时须求出最小覆盖圆半径以备后续重置采样点。

针对每个停留点 $SP_i=\{P_1, P_2, \cdots, P_m\}$，求其最小覆盖圆，基本思想为：首先在 SP_i 内任选 3 个停留核心点组成三角形，求出该三角形的最小覆盖圆圆心与半径；然后依次遍历剩余的停留核心点，判断该点是否在已得到的圆内，如果在圆内，则说明该圆依旧是最小覆盖圆，如果不在圆内，则随机在上述 3 个点中选择两个点与该点形成新的三角形，并重新计算新的最小覆盖圆的圆心与半径。重复以上过程，直到求出能覆盖所有停留核心点的最小覆盖圆的圆心与半径。

通过上述方法可以获得每个停留点的坐标信息及覆盖范围。接着调用百度地图 Web 服务 API，利用逆地址编码服务，获取停留点坐标所在的位置并标记其语义属性。

6.5.4.4 敏感停留点的替换

在完成用户原始轨迹上所有敏感停留点的提取后，接下来须根据用户个性化的隐私保护程度要求，在合理的空间范围内将敏感停留点替换成不同语义的兴趣点。其中，选择合适的替代停留点是关键，为了保证处理后的轨迹的安全性和完整性，替代停留点的选取不能完全随机，需要充分考虑用户的移动方向，兴趣点的语义、距离等特性。替代停留点的选择过程分为两部分：首先为每个敏感停留点构建一个合适的候选区，然后在候选区内选择一个合适的兴趣点并将其作为替代停留点。

（1）候选区的构建

为了防止替代停留点偏离相应的敏感停留点太远，影响受保护后轨迹数据的可用性，须根据敏感停留点自身构建候选区，候选区的范围由该敏感停留点以及在轨迹上与其时空相邻的前后两个停留点之间的距离共同决定。

如图 6-19 所示，用户轨迹上分别有敏感停留点 SP_2 和 SP_3。若在候选区的重叠区域内选择了各自的替代停留点 SP'_2 和 SP'_3，则通过比较发现保护后的轨迹与原始轨迹在形状、方向上都出现了较大的偏差，严重降低了两条轨迹之间的相似性。由于保护后的轨迹与原始轨迹之间的相似性是衡量轨迹数据可用性的重要指标，因此，为了防止敏感停留点替换后会破坏轨迹的可用性，需要确保相邻敏感停留点的候选区不能存在重叠区域。若现有候选区范围内的兴趣点无法满足用户隐私需求，则为了搜索更多的兴趣点，应扩大候选区。如果候选区的扩张导致部分候选区出现重叠，则应避免在候选区的重叠区域选择替代停留点。

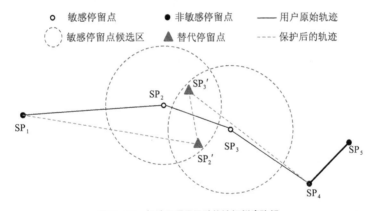

图 6-19　候选区重叠导致轨迹相似度降低

方案中每个敏感停留点的候选区均是以其自身为圆心、其到相邻停留点的距离中的较小值为直径的圆域。对于轨迹上的第一个停留点，若它为敏感停留点，则由于它没有上一个相邻停留点，因此，它的候选区直径为它与下一个停留点间的距离；同样，若轨迹上的最后一个停留点为敏感停留点，则由于它不存在下一个相邻停留点，因此，它的候选区直径为它与上一个停留点间的距离。

如图 6-20 所示，对某用户进行移动特征分析，从其轨迹上提取出了 5 个停留点{SP_1, SP_2, SP_3, SP_4, SP_5}。若其中{SP_1, SP_2, SP_3}为敏感停留点集合，则虚线圆域分别为它们的候选区。其中 SP_1 和 SP_5 由于是边界点，仅有一个相邻停留点，因此，它们的候选区半径分别为 SP_1 到 SP_2、SP_4 到 SP_5 距离的一半；而 SP_3 存在前后相邻停留点 SP_2 和 SP_4，因此它的候选区半径为 SP_3 到 SP_4 距离的一半（因为 SP_3 到 SP_4 的距离小于 SP_2 到 SP_3 的距离）。如此构建的候选区不会导致替代位置点太偏离停留点本身，同时也能避免出现候选区重叠导致轨迹相似度降低的情况。

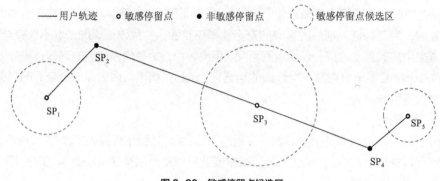

$———$ 用户轨迹　◦ 敏感停留点　● 非敏感停留点　⌜⌝ 敏感停留点候选区

图 6-20　敏感停留点候选区

（2）替代停留点的选择

隐私保护程度 l 表示敏感区中与敏感停留点距离最近但语义不同的其他兴趣点的个数至少为 l 个。隐私保护程度体现了敏感区内兴趣点的多样性。l 值越大表示用户隐私需求越高。

为每个敏感停留点构造好合理的候选区之后，下一项工作是结合用户自定义的隐私需求，在候选区内为每个敏感停留点选取合适的兴趣点并将它们作为替代停留点。如果选取与敏感停留点语义相同或者相似的兴趣点并将它们作为替代停留点，则恶意攻击者还是能够从替换后的停留点的语义中推测出用户的敏感信息；而且在实际环境中，某些具有相同语义的兴趣点一般距离较远，这可能会导致选择的替代停留点偏离敏感停留点较远，要重置的采样位置点数量较多，轨迹的完整性较低。

在本方案中，敏感停留点会被替换成语义不同的兴趣点。首先，以敏感停留点自身为中心，搜索替代停留点，并逐渐扩大搜索半径，直至找到不少于 l 个且语义与敏感停留点不同的兴趣点；然后，将搜索到的兴趣点按照离敏感停留点的距离由近至远排序，取前 l 个作为替代停留点的候选集，并把包含敏感停留点和这 l 个兴趣点的最小矩形作为敏感区 SA；最后，在敏感区内随机选择一个兴趣点并将其作为替代停留点。

在查找替代停留点集时，遍历每一个新搜索到的兴趣点，如果其语义与敏感停留点不同，则将其加入候选集，反之，则忽略它，最终在形成的敏感区内随机选择一个兴趣点并将其作为替代停留点。敏感区内包含了位置和语义多样性的兴趣点，这加大了攻击者推测出真实敏感停留点的难度，同时兴趣点选择的随机性也提高了真实敏感停留点的安全性。将最小包围矩形作为敏感区，可减少之后须重置的采样点数量，为提高轨迹的完整性奠定基础。

（3）局部采样点的重置

为敏感停留点 SP_i 选取合适的替代位置后，需要为替代停留点 SP_{if} 选择其包含的停留核心点。同时停留点替换后可能会造成部分移动采样点在采样间隔内不可到达替代停留点，从而导致位置突变，使攻击者易推断出该轨迹段被替换过，因此，为了提高发布后轨迹的安全性，还需要重新选择轨迹上的部分移动点。为了最大程度保持轨迹形状的一致性，尽量少修改原始轨迹，局部采样点重置仅在敏感区内进行，且重置时要充分考虑原始轨迹上移动点的速度。同时敏感区内包含的采样点数量应该与原来的相同，以提高重置后轨迹段的真实性。

局部采样点重置分为 3 部分：敏感区入口到替代停留点之间的移动采样点重置、替代停留点包含的停留核心点重置，以及替代停留点到敏感区出口之间的移动采样点重置。首先进行局部采样点的重置，如图 6-21 所示，敏感区内的第一个采样点为 A，最后一个采样点为 B；在 A 到 SP_i 的原始轨迹段上寻找点 C，使 C 到 SP_i 与 C 到 SP_{if} 的距离差最小，同理在 B 到 SP_i 的原始轨迹段上找到点 D，使 D 到 SP_i 与 D 到 SP_{if} 的距离差最小；同时将敏感停留点 SP_i 的覆盖范围作为替代停留点 SP_{if} 的覆盖范围；然后获取敏感区内移动点的速度取值范围 $\{V_{min}, V_{max}\}$，分别在 C 到 SP_{if} 和 D 到 SP_{if} 段根据速度值和采样时间确定合适的新采样位置，并保证两条轨迹段上重置的采样点数与对应原始轨迹段上的采样点数相等。最后进行停留核心点的重置，在 SP_{if} 覆盖范围内随机选取采样点，同样须保证采样位置点数不变。同时，为了提高轨迹抵抗攻击的能力，在选取任何新的采样点时需要检测其位置是否合理，采样点一般不应该位于湖泊中央等小概率的位置处。

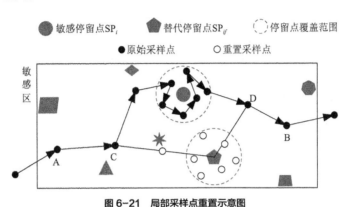

图 6-21　局部采样点重置示意图

查找到 C、D 两个采样点使得在局部采样点重置的过程中，不需要重新选择整个敏感区的采样位置点了。这不仅减少了需要处理的采样位置点的数量，同时也提高了轨迹的完整性。局部采样点重置后，用户轨迹的敏感隐私信息已不存在，可直接发布共享，用于数据分析与研究。

6.6　基于差分隐私的数据发布

物联网会感知大量数据，感知数据通常需要发布和共享。但数据在发布和共享时面临巨大的隐私泄露风险。特别地，随着数据挖掘技术的不断提高，经过隐私保护的物联网数据中的敏感信息也越来越容易被数据挖掘者获取，因此，如何保护发布数据中的隐私问题，成为了一个新的研究热点。

从根本上来讲，数据发布隐私保护就是在数据发布的同时，尽可能地保护发布数据中的隐私信息。差分隐私作为目前数据发布隐私保护的一个标准，它能够在数据发布的过程中，对原始数据进行一定的处理，从而达到保护原始数据中敏感信息的目的。简单来说，差分隐私数据发布就是数据拥有者将数据通过某种形式向外界展示，并利用差分隐私技术对数据中的隐私信息进行保护的过程。

6.6.1　差分隐私的概念

差分隐私是目前数据发布隐私保护技术中具有强大理论保证和严格数学证明的隐私保护模型。差分隐私保护是对数据添加扰动保护的一种保护技术，它可以不考虑攻击者的背景知识，通过添加一定规律的噪声来保证数据集的统计特征不变，同时也对数据集进行了保护，方便研究者在数据进行保护以后对数据进行一些挖掘、统计工作，不泄露用户的隐私。

差分隐私具有严格的数学证明，该机制可以确保在对数据进行保护以后不会影响输出结果的统计特性，攻击者无法判断该用户是不是在该数据集中，因为使用差分隐私保护以后对于数据的查询结果在形式上不可区分，所以保证了用户的个人隐私信息不被泄露。

差分隐私可以增加或删除数据库中的一条记录，使得攻击者在具有任何知识背景的情况下都无法判断某条记录是否存在于正在被分析的数据库中。假设存在一个数据表，如表6-12所示，该数据表是某医院的门诊病历记录，其中包括病人的姓名、年龄、性别、临床诊断等信息，图6-22（a）是表6-12中原始数据记录的直方图发布形式。如果攻击者想要知道Cole的诊断情况，并且具有强大的背景知识，如攻击者已经知道Cole的性别为男、年龄在60~80岁之间，以及其他人的临床诊断信息，那么攻击者将能够推断出Cole的临床诊断信息，从而导致Cole的隐私信息被泄露。差分隐私想要解决的也正是这类问题，即在攻击者具有任何背景知识的情况下，都不会泄露数据集中的隐私信息。

图6-22（b）给出了经过差分隐私技术处理过的直方图发布的结果，从图中可以看出，即使攻击者知道年龄在60~80岁之间除了Cole以外所有人的信息，他也没办法获取Cole的诊断信息。

表6-12 医院门诊病历记录

姓名	年龄	性别	临床诊断
Alice	15	女	感冒
Bob	20	男	胃炎
Cole	65	男	肺癌
David	26	男	糖尿病

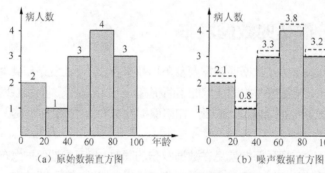

（a）原始数据直方图　　　　　（b）噪声数据直方图

图6-22 统计数据直方图发布

定义6-4：差分隐私。 经典的差分隐私（DP）最初是基于数据集提出的隐私保护概念，它可为数据隐私的保护效果提供严格的信息论层次的保证。DP以概率的形式描述原始数据集的微小变化对最终统计输出的影响，并通过隐私参数£来约束这一概率变化，达到隐私保护的目的。

假设 D 是具有 n 个记录、d 个属性的数据集，并且假设变量 r 表示数据集中的一条记录。两个数据集 D 和 D' 是兄弟数据集，即如果它们有相同的属性，并且只有一个记录不同，令 r_i 表示这个记录，D^i 表示带有 r_i 记录的数据集，D^{-i} 表示删除 r_i 记录的数据集，则差分隐私定义如下。

ε-差分隐私：对于差别至多为一个记录的两个数据集 D 和 D'，Range(A)表示一个随机函数 A 的取值范围，Pr[E_s]表示事件 E_s 的披露风险，若随机函数 A 提供 ε-差分隐私保护，则对于所有的 $S \subseteq \mathrm{Range}(A)$，都满足式（6-4）。

$$\Pr[A(D) \in S] \leqslant \exp(\varepsilon) \times \Pr[A(D') \in S] \qquad (6\text{-}4)$$

如图 6-23 所示，算法通过添加一些规律的噪声来实现差分隐私，同时保证在删除或者添加某一条记录的时候，查询的一些统计概率不发生变化，从而保护了用户之间的隐私信息。

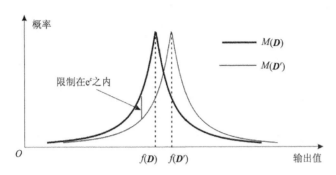

图 6-23　随机算法在邻近数据集上的输出概率

(ε,δ)-差分隐私：对于差别至多为一个记录的两个数据集 D 和 D'，Range(A)表示一个随机函数 K 的取值范围，Pr[E_s]表示事件 E_s 的披露风险，若随机函数 A 提供 (ε,δ) 差分隐私保护，则对于所有的 $S \subseteq \mathrm{Range}(A)$，都满足式（6-5）。

$$\Pr[A(D) \in S] \leqslant \exp(\varepsilon) \times \Pr[A(D)' \in S] + \delta \qquad (6\text{-}5)$$

其中，D 和 D' 表示相邻数据集，根据相邻数据集的差异，可将差分隐私分为有界差分隐私（Bounded Differential Privacy，BDP）和无界差分隐私（Unbounded Differential Privacy，UDP）。在 BDP 中，D 和 D' 是相邻数据集，可以通过替代 D' 中的一个实体而得到 D。在 UDP 中，D 和 D' 是相邻数据集，可以通过添加或删除 D' 中的一个实体而得到 D。BDP 中的相邻数据集具有相同的大小，而 UDP 中却没有这个约束。

(ε,δ)-差分隐私是 ε-差分隐私的松弛版本，其允许违反隐私的概率被参数 δ 控制在一个很小的范围内。这个定义的隐私保护在 ε-差分隐私带来过量噪声而导致较低的效用性的场景中，可以展现出明显的优势。

差分隐私能通过添加随机噪声来实现查询操作，这个被添加的噪声是隐私参数 ε 的一个函数，这个查询的性质被称为敏感度。敏感度的类型会随着两个相邻的数据库的查询结果而改变，在大多数情况下，我们会将全局敏感度作为决定查询结果安全性的一个重要的参数。

ε 表示隐私预算，是衡量隐私保护强度的参数。由式（6-5）可知，ε 值越小，算法的隐私保护程度就越强。反之，隐私保护程度就越弱。差分隐私保证了无论数据库中任意一条记录存在与否，对算法的输出分布几乎没有影响。

定义 6-5：相邻数据集。若 D 与 D' 为相邻数据集，则 D 可通过 D' 添加、删除或修改一个数据元组得到。

从上述定义可以看出，对于任意两个相邻的数据集，它们输出同一结果的概率比率差距介于 $e^{-\varepsilon}$ 和 e^{ε} 之间；由此可知，参数 ε 对控制隐私泄露量起着至关重要的作用。

基于 DP 的定义，学者们设计出一些满足要求的随机化机制；在相同的 ε 水平下，机制的设计和适用性会极大地影响隐私化数据的可用性。

定义 6.6：全局敏感度。对于给定的查询函数 $f: D^n \rightarrow R^d$，f 的 L_p 全局敏感度定义为：

$$GS_f = \max_{D, D'} \| f(D) - f(D') \|_p \qquad (6\text{-}6)$$

数据集 D 和 D' 之间最多相差一条数据记录。

定义 6.7：局部敏感度。对于给定的查询函数 $f: D^n \rightarrow R^d$，其中 $D \in D^n$，D 的 L_p 局部敏感度定义为：

$$LS_f(D) = \max_{D'} \| f(D) - f(D') \|_p \qquad (6\text{-}7)$$

对于一些查询操作函数 f，得到的 Δf 都是比较小的，对于计数查询函数来说 $\Delta f = 1$，并且这个属性和查询函数有关，和数据集的属性无关，可以通过这个属性来对数据集进行发布操作，即进行多种函数操作以使数据集满足数据保护要求，一般使用拉普拉斯机制和指数机制进行差分隐私保护。

差分隐私算法具有组合特性，即几个满足差分隐私的独立算法通过组合得到的算法仍满足差分隐私。差分隐私的组合特性保证了一系列差分隐私算法计算的隐私，根据这个特性可得出以下性质。

性质 6-1 顺序组合（Sequential Composition）。如果一个机制 M 由多个子机制构成，如 $M = (M_1, M_2, \cdots, M_n)$，其中 M_i 满足 ε_i-差分隐私，那么机制 M 满足 ε_i-差分隐私，其中 $\varepsilon = \sum_{i=1}^{n} \varepsilon_i$。

性质 6-2 并行组合（Parallel Composition）。如果数据库中的每个不相交的子集 D_i 在机制 M_i 下都满足 ε_i-差分隐私，那么 $D = \sum_{i=1}^{n} D_i$ 在机制 M_i 下也满足 ε_i-差分隐私。

6.6.2 差分隐私保护模型

差分隐私数据发布主要有两种保护模型：交互式保护模型和非交互式保护模型。如图 6-24 所示，在交互式保护模型下，数据拥有者根据实际需要设计满足差分隐私的数据发布算法 A，当用户向服务器发出查询请求 Q 时，在隐私预算没有消耗完的情况下，返回给用户的查询结果将经过差分隐私算法 A 添加一定量的噪声，即用户获得的查询结果是添加噪声后的答案，而不是真实答案。这种交互式保护模型具有时效性较好的特点，能够及时更新数据库并实时返回查询结果。但该模型存在的问题就是隐私预算消耗过快，需要利用有限的隐私预算尽可能多地对查询请求进行回答，这其中也涉及如何为每次查询分配隐私预算的问题。

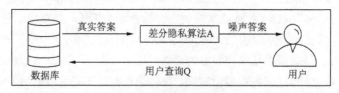

图 6-24 交互式保护模型

图 6-25 所示为差分隐私数据发布的非交互式保护模型。数据拥有者首先利用差分隐私算法 A 对要发布的数据进行隐私保护，然后形成一个新的合成数据库，合成数据库与原始数据库具有相似的统计特征。此时，用户所有的查询以及数据挖掘等操作都是在合成数据库上进行的，以保证原始数据中的隐私信息不被泄露。这种模型的特点就是不限制用户的查询次数，但会导致数据发布的可用性较低、数据查询的时效性较差。

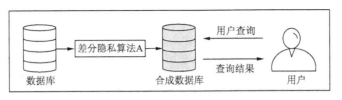

图 6-25　非交互式保护模型

6.6.3　差分隐私数据发布机制

　　任何满足差分隐私定义的机制都可以被看作差分隐私数据发布机制,目前很多差分隐私数据发布机制被提出,如拉普拉斯机制、指数机制、中位数机制、矩阵机制等,但拉普拉斯机制和指数机制是在差分隐私数据发布中应用最广泛的两种机制。这两种机制都可以在满足差分隐私的情况下,对发布的数据进行隐私保护。此外还有敏感数据集发布机制和非敏感数据集发布机制。

　　(1)拉普拉斯机制

　　拉普拉斯机制(Laplace Mechanism)适用于输出结果是数值型的查询函数。该机制通过在真实的输出结果中添加合适的拉普拉斯噪声以获得差分隐私,噪声是根据满足概率分布 $\Pr(x|\lambda)=\dfrac{1}{2\lambda}\mathrm{e}^{\frac{-|x|}{\lambda}}$ 的拉普拉斯分布 LAP(λ)而产生的,其中 λ 是分布的规模因子,其值取决于全局敏感度 Δf 和预期的差分隐私变量 ε,该分布的方差为 $\sigma^2=2\lambda^2$。下面的定理与定义具体给出了这些变量之间的关系。

　　定理 6-1:对于任意的 $f:D^n\to R^d$,当 $\lambda=\dfrac{\Delta f}{\varepsilon}$ 时,添加满足拉普拉斯分布 LAP(λ)的机制的输出结果满足 ε-差分隐私。

　　定义 6-8:拉普拉斯机制。若一个机制 M 满足 ε-差分隐私,并且在数据集 D 上存在一个函数 $f:D\to R$,则拉普拉斯机制可表示为: $M(D)=f(D)+\mathrm{LAP}(\Delta/\varepsilon)$

　　拉普拉斯机制的原理就是向真实的数据中加入独立的拉普拉斯噪声,该噪声由尺度参数为 λ 的拉普拉斯概率密度函数产生。如果用 LAP(λ)表示拉普拉斯噪声,则拉普拉斯机制有如下定义:

$$M(D)=\left(\text{return}\,\Phi\propto\exp\left(\frac{\varepsilon q(D,\Phi)}{2\Delta q}\right)\right)\tag{6-8}$$

　　(2)指数机制

　　对于非数值型数据,差分隐私利用指数机制对结果进行随机化的处理,并用一个打分函数 $q(D,\Phi)$ 来评估输出 Φ 的质量。另外,由于打分函数依赖于实际的应用,因此不同的应用会有不同的打分函数,这导致没有一个通用的打分函数可以利用。

　　定义 6-9:指数机制(Exponential Mechanism)。令 $q(D,\Phi)$ 表示数据集 D 的一个打分函数,该函数可以度量输出 Φ 的质量。Δq 表示输出 Φ 的敏感度,当指数机制 M 满足下式时,其满足差分隐私。

$$M(D,q)\propto\mathrm{e}^{\frac{\varepsilon u(D,r)}{2\Delta u}}\tag{6-9}$$

在实际应用中,有许多查询函数的输出结果是非数值型的,这导致添加拉普拉斯噪声没有任何意义。为此,部分学者提出了指数机制以实现非数值型数据的差分隐私保护,并设计了可以获得更好查询响应的应用场景。首先定义一个效用函数 $u:(D \times \tau) \to R$,向输出域 R 中的输出 r 中添加实数值噪声。这里,数值越大表示效用性越好。然后以满足 $e^{\frac{\varepsilon u(D,r)}{2\Delta u}}$ 的概率选择一个输出 $r \in R$,其中,$\Delta u = \max_{D,D',\forall r} |u(D,r) - u(D',r)|$ 是效用函数的敏感度。由于 u 值越大越容易被选择,因此该机制可以看作对 u 的最优化。此外,效用函数对数据库中单条记录的改变是不敏感的。

下面给出一个具体的实例来说明指数机制。假如班级举办运动会,需要挑选一个项目来进行比赛,为了保护投票的信息不被泄露,因为最后得到的结果不是数值型的,所以使用指数机制进行保护;对票数进行计数统计时,很显然函数的 $\Delta q = 1$,因此,按照指数机制的要求对表 6-13 中的投票结果进行保护,即可算出各个项目的概率值。

表 6-13　指数机制应用实例

项目	可用性 $\Delta q=1$	概率		
		$\varepsilon=0$	$\varepsilon=0.1$	$\varepsilon=1$
足球	30	0.25	0.424	0.927
排球	25	0.25	0.330	0.075
篮球	8	0.25	0.141	0.000 015
网球	2	0.25	0.105	0.000 000 77

从上表的计算结果可以看出,当隐私保护参数比较大的时候,输出结果的概率值也比较大,同时,如果隐私保护参数变小的话,则最后的结果会趋于相等。

定理 6-2:对于任意的查询函数 $u:(D \times \tau) \to R$,指数机制以 $e^{\frac{\varepsilon u(D,r)}{2\Delta u}}$ 的概率选择一个输出 r 时可以保证 ε-差分隐私。

(3)敏感候选集发布机制

针对敏感候选集,因为里面包含的不仅是群体用户的行为特征区域,还有用户之间的关联位置信息,所以为了重点保护用户的位置信息不被攻击者推断攻击而泄露用户的位置关联信息,针对敏感候选集提出了关联敏感度差分隐私保护方法,即对差分隐私中的全局敏感度进行改进,进而减少噪声的引入。然后对敏感候选集中的所有聚类簇进行隐私保护,以保护用户的关联位置隐私。上文得到了用户个体的关联敏感度,并且根据得到的敏感候选集的关联属性的强弱可以合理地分配 ε 的大小,保证数据保护的隐私预算满足差分隐私的要求。针对每个敏感候选集中的用户个体进行个性化重点保护,对于那些关联信息比较强的用户,使用比较强的机制进行数据保护;对于那些关联性比较弱的用户,使用相对弱的机制进行数据保护,进而把用户的关联信息降到一个可接受的范围之内,这样攻击者进行关联攻击的时候,可以得到用户的关联属性的个数就会大大减少。

在处理完用户的敏感候选集以后,得到的数据既保护了用户的位置信息,又保护了用户的关联信息,并且把数据操作转化到了矩阵上进行,这使得算法的复杂度进一步降低。

(4)非敏感候选集发布机制

针对非敏感候选集的用户位置数据,主要是对其中的非停留点位置数据进行隐私保护。用户的非停留点包含了大量的路径问题，如果不加以保护，则会使用户的隐私信息泄露。针对用户轨迹点，虽然其也有一部分的关联信息，但是并没有停留区域表现得那么严重。如果对用户的轨迹点单纯地使用差分隐私的拉普拉斯噪声进行处理，则会在现有的轨迹位置上形成毛刺点，这样很难抵抗攻击者的滤波攻击。因此，本书针对这个问题使用了指数机制，并且在极坐标系下结合用户位置的速度和方向因素来添加相邻位置点的噪声，使得噪声的添加更能保护用户的隐私，对抗滤波攻击。算法主要是针对相邻位置点，计算出下一个点的速度、方向和距离，然后把笛卡尔坐标系转换成极坐标系进行不同维度的噪声添加，这样添加的噪声更加符合现实生活的要求，并且对于攻击者有更好的抵抗能力。这样得到的数据就可以防止攻击者的滤波攻击，使得在添加了保护的基础上还维护了数据集的可用性，还能使得隐私保护和数据集的可用性都有一个很好的平衡。

6.6.4 数据发布面临的挑战

目前，虽然许多研究人员致力于数据发布隐私保护技术的研究，但随着信息技术的发展，数据的规模不断增大，数据种类也变得更加复杂多样，尤其是随着数据挖掘技术水平的提高，隐私保护技术在数据发布中的研究意义更加凸显。差分隐私作为数据发布隐私保护技术的标准，对于解决当前数据发布与隐私保护之间的矛盾至关重要。因此，研究更好的差分隐私数据发布方法有着重要的现实意义。综上可知，现有差分隐私数据发布主要面临的挑战如下。

（1）数据类型的变化

目前由于现实生活中的许多应用都倾向于动态的产生并发布数据，与之前相比，数据类型由静态转为了动态，这导致之前提出的许多差分隐私数据发布方法并不适用于当前的动态数据发布。如果用静态数据的发布方法来发布动态数据，就可能会由隐私预算有限而导致发布数据的可用性极差。即使目前已提出一些适用于动态数据发布的差分隐私方法，但动态数据发布的可用性仍有待提高。

（2）隐私预算的分配

在差分隐私数据发布中，隐私预算的分配和数据的发布效用息息相关，尤其在动态数据的发布过程中，如果不能合理分配有限的隐私预算，就可能会导致动态数据发布的效用变差。现有差分隐私动态数据发布方法大部分采用了比较朴素的方法来分配隐私预算，如将隐私预算以均匀、递增或递减的方式分配到需要发布的采样点上，而并没有根据动态数据的特点将有限的隐私预算进行合理的分配，从而导致隐私预算过早耗尽或浪费。因此，如何在动态数据发布中合理分配有限的隐私预算成为了差分隐私动态数据发布面临的一个挑战。

6.7 本章小结

本章首先介绍了物联网系统中的位置服务技术，讨论了位置隐私保护结构和位置隐私保护技术，重点介绍了一种基于 k-匿名栅格化的位置隐私保护方法；然后描述了位置隐私攻击中的主动攻击模型和被动攻击模型；最后介绍了轨迹隐私的度量、轨迹隐私保护场景、轨迹隐私保护技术分类和几种典型的轨迹隐私保护方法。

6.8 习题

（1）简要说明隐私的概念。

（2）简要说明隐私与信息安全的联系与区别。

（3）分析和讨论隐私威胁的概念。

（4）分析和探讨物联网是否会侵犯用户的隐私。

（5）实施隐私保护需要考虑哪几个方面的问题？

（6）简要论述位置隐私保护技术的分类与度量标准。

（7）讨论位置隐私的概念与威胁。

（8）简述位置隐私的体系结构与威胁模型。

（9）分析并讨论位置隐私保护技术有哪几类？它们采用了哪些技术？

（10）什么是轨迹隐私？

（11）轨迹隐私保护技术有哪几类？都采用了哪些技术？具有什么优缺点？

（12）分析并讨论数据发布共享过程的隐私保护方法。

（13）什么是差分隐私？差分隐私的主要功能是什么？

（14）什么是拉普拉斯差分隐私保护机制？试举例说明。

（15）什么是指数机制？试举例说明。

参考文献

[1] 黄汝维，桂小林，余思，等. 云环境中支持隐私保护的可计算加密方法[J]. 计算机学报，2011, 34(12)：2391-2402.

[2] 周水庚，李丰，陶宇飞，等. 面向数据库应用的隐私保护研究综述[J]. 计算机学报，2009, 32(5)：847-861.

[3] XIAO X, TAO Y. Anatomy: Simple and effective privacy preservation[C]//Proceedings of the 32nd Very Large Data Bases Conference. Seoul, Korea, 2006：139-150.

[4] SWEENEY L. k-anonymity: A model for protecting privacy[J]. International Journal on Uncertainty, Fuzziness and Knowledge-based System, 2002, 10(5)：557-570.

[5] LI N, LI T. t-closeness: Privacy beyond k-anonymity and l-diversity[C]// Proceedings of the 23nd International conference on Data Engineering. Istanbul, Turkey, 2007：106-115.

[6] 周傲英，杨彬，金澈清，等. 基于位置的服务：架构与进展[J]. 计算机学报，2011, 34(7)：1155-1171.

[7] 霍峥，孟晓峰. 轨迹隐私保护技术研究[J]. 计算机学报，2011, 34(10)：1820-1830.

[8] 潘晓，肖珍，孟小峰. 位置隐私研究综述[J]. 计算机科学与探索，2007, 1(3)：268-280.

[9] 罗军舟，吴文甲，杨明. 移动互联网：终端、网络与服务[J]. 计算机学报，2011, 34(11)：2029-2051.

[10] KHOSHGOZARAN A, SHIRANI-MEHR H. Blind evaluation of location based queries using space transformation to preserve location privacy[J]. Geoinformatical, 2012, 11：1-36.

[11] BERESFORD A R, STAJANO F. Location privacy in pervasive computing[J]. IEEE Pervasive Computing, 2003, 2(1)：46-55.

[12] GHINITA G. Private queries and trajectory anonymization: A dual perspective on location privacy[J]. Transactions on Data Privacy, 2009, 2(1)：3-19.

[13] KRUMM J. A survey of computational location privacy[J]. Personal and Ubiquitous Computing, 2008, 13(6)：391-399.

[14] KHOSHGOZARAN A, SHAHABI C, SHIRANI-MEHR H. Location privacy: Going beyond K-anonymity, cloaking and anonymizers[J]. Knowledge and Information Systems, 2011, 26(3)：435-465.

[15] 郑琼琼. 基于 IPv6 的物联网感知层接入研究[D]. 广州：华南理工大学，2012.

[16] 李晓记. 无线传感器网络同步于接入技术研究[D]. 西安：西安电子科技大学，2012.

[17] 徐光侠，肖云鹏，刘宴兵. 物联网及其安全技术解析[M]. 北京：电子工业出版社，2013.

[18] 冯林，孙焘，吴昊，等. 基于手机和二维条码的无线身份认证方法[J]. 计算机工程，2012, 36(3)：167-170.

[19] BLAZE M, FEIGENBAUM J, IOANNIDIS J, et al. The role of trust management in distributed systems security[C]//Secure Internet Programming: Issues for Mobile and Distributed Objects. Berlin: Springer-Verlag, 1999:185-210.

[20] 李小勇，桂小林. 大规模分布式环境下动态信任模型研究[J]. 软件学报，2007, 18(6)：

1510-1521.

[21] 徐锋，吕建. Web 安全中的信任管理研究与进展[J]. 软件学报，2002, 13(11)：2057-2064.

[22] 夏鸿斌，须文波，刘渊. 生物特征识别技术研究进展[J]. 计算机工程与应用，2003，20：77-79.

[23] 吴永英，邓路，肖道举，等. 一种基于 USB Key 的双因子身份认证与密钥交换[J]. 计算机科学与工程，2007，29(5)：56-59.

[24] 颜儒. 基于步态的身份识别技术研究[D]. 哈尔滨：哈尔滨工程大学，2011.

[25] 司天歌，张尧学，戴一奇. 局域网中的 L-BLP 安全模型[J]. 电子学报，2007, 35(5)：1005-1008.

[26] 桂小林，张学军，赵建强，等. 物联网信息安全[M]. 北京：机械工业出版社，2014.

[27] 覃建诚，白中英. 网络安全基础[M]. 北京：科学出版社，2011.

[28] 戴英侠，连一峰. 系统安全与入侵检测[J]. 信息网络安全, 2003(1)：38-38.

[29] 蒋建春，冯登国. 网络入侵检测原理与技术[M]. 北京：国防工业出版社，2001.

[30] Vern P B.A system for detecting network intruders in real-time[C]//Proceedings of the 7th USENIX Security Symposium . 1998.

[31] 张玉清，周威，彭安妮. 物联网安全综述[J]. 计算机研究与发展，2017, 54(10)：2130-2143.

[32] 周世杰，张文清，罗嘉庆. 射频识别（RFID）隐私保护技术综述[J]. 软件学报，2015, 26(4)：960-976.

[33] 周建乐. 蜜罐系统在网络服务攻击防范中的研究[D]. 上海：上海交通大学，2011.

[34] 徐兰云. 增强蜜罐系统安全性的相关技术研究[D]. 长沙：湖南大学，2010.

[35] 刘世世. 虚拟分布式蜜罐技术在入侵检测中的应用[D]. 天津：天津大学，2004.

[36] 潘新新. 基于重定向机制的蜜罐系统的研究与实现[D]. 西安：西安电子科技大学，2008.

[37] 侯明.定位服务中基于 k-匿名的位置隐私保护技术研究[D]. 哈尔滨：哈尔滨工业大学，2018.

[38] 武健. 位置服务中轨迹隐私保护方法研究[D]. 秦皇岛：燕山大学，2018.

[39] 代兆胜. 基于移动特征分析的位置关联差分隐私保护方法研究[D]. 西安：西安交通大学，2018.

[40] 郑宇清. 面向位置数据查询与发布的隐私保护方法研究[D]. 西安：西安交通大学，2019.

[41] 胡卫，吴邱涵，顾晨阳. 基于二维码的物流业个人信息隐私保护方案设计[J]. 通信技术，2017，50(9)：2074-2079.

[42] 赵海. 基于加密二维码的隐私保护技术研究与实现[D]. 西安：西安电子科技大学，2018.

[43] 李伟嘉. 面向个人医疗信息的隐私保护系统的设计与实现[D]. 沈阳：东北大学，2015.

[44] 罗鑫. 基于区块链的可信存储系统设计与实现[D]. 哈尔滨：黑龙江大学，2019.

[45] 张霄涵. 基于区块链的物联网设备身份认证协议研究[D]. 合肥：中国科学技术大学，2019.

[46] 丁佳晨. 基于区块链的私有信息检索相关研究[D]. 合肥：中国科学技术大学，2019.

[47] 解雯霖. 许可区块链高效共识及跨链机制研究[D]. 济南：山东大学，2019.

[48] 张亚伟. 基于区块链的数字资产存证系统设计与实现[D]. 济南：山东师范大学，2019.

物联网安全与隐私保护